普通高等教育信息安全类国家级特色专业系列规划教材

信息安全标准与法律法规

周世杰　蓝　天　傅　翀　赵　洋　编著

科学出版社

北　京

内 容 简 介

本书主要介绍了国内外信息安全标准和法律法规的背景知识、发展状况，并对较有影响力的标准和法律法规进行了详细说明。通过对本书的学习，读者可对标准的概念、国内外信息安全标准及法律法规有一个较为全面的了解。全书共分为三个部分，由12章组成，内容包括标准概述，立法、司法和执法概述，信息安全国际标准概况，我国信息安全标准概况，信息安全主要应用标准介绍，信息安全管理相关国际标准，我国计算机信息系统安全等级保护标准，信息安全法律法规概况，信息安全国家法律，信息安全行政法规，信息安全部门规章和规范性文件。

本书可作为高等院校信息安全专业高年级本科生与研究生的教材，也可作为信息安全专业人员培训班的培训教材，以及供从事相关工作的技术人员和对信息安全感兴趣的读者阅读参考。

图书在版编目(CIP)数据

信息安全标准与法律法规 / 周世杰等编著. —北京：科学出版社，2012

(普通高等教育信息安全类国家级特色专业系列规划教材)

ISBN 978-7-03-034434-2

Ⅰ. ①信… Ⅱ. ①周… Ⅲ. ①信息系统-安全技术-标准-高等学校-教材 ②信息系统-安全技术-法规-世界-高等学校-教材 Ⅳ. ①TP309-65 ②D912.1

中国版本图书馆CIP数据核字(2012)第105741号

丛书策划：匡　敏　潘斯斯

责任编辑：潘斯斯　张丽花 / 责任校对：包志虹

责任印制：徐晓晨 / 封面设计：迷底书装

科学出版社出版

北京东黄城根北街16号

邮政编码：100717

http://www.sciencep.com

北京九州迅驰传媒文化有限公司 印刷

科学出版社发行　各地新华书店经销

*

2012年12月第　一　版　开本：787×1092　1/16

2018年 2 月第四次印刷　印张：16 1/4

字数：426 000

定价：49.00元

(如有印装质量问题，我社负责调换)

《普通高等教育信息安全类国家级特色专业系列规划教材》

编 委 会

丛 书 序

当今社会，信息已经成为最具活力的生产要素和重要战略资源。信息技术改变着人们的生活和工作方式。信息产业已成为世界第一大产业。信息的获取、处理和安全保障能力成为综合国力的重要组成部分，信息安全已成为影响国家安全、社会稳定和经济发展的决定性因素之一。

目前关于信息安全的定义和内涵，尚未形成一个统一的说法。不同的学者给出了不同的诠释。尽管这些诠释不尽相同，但是其主要内容却是相同的。我们应当从信息系统角度来全面诠释信息安全的内涵。

信息安全学科是综合计算机、电子、通信、数学、物理、生物、管理、法律、教育等学科演绎而成的交叉学科，它与这些学科既有紧密的联系和渊源，又具有本质的不同，从而构成一门独立的学科。

随着学科的交叉发展和产业的整合，各专业方向已彼此渗透交融。如何拓宽专业方向，如何体现专业特色，是当前我国高等学校信息安全类专业在办学方面所迫切需要探讨的问题。教育部高等学校信息安全类专业教学指导委员会起草的《普通高等学校信息安全本科指导性专业规范》，按照“统一与特色相结合，宽口径，最小集合，最低标准，分类指导”的原则，对本专业的核心知识领域和知识单元的覆盖范围作了规定，旨在培养德、智、体等全面发展，掌握自然科学、人文科学基础和信息科学基础知识，系统掌握信息安全学的基本理论、技术和应用知识，并具备科学研究和实际工作能力的信息安全高级专门人才。

教育部为推进“质量工程”，自 2007 年 10 月开始，先后三批遴选了国家级特色专业建设点。目前，有十余所高校被批准为信息安全国家级特色专业建设点。在教材建设方面，2008 年 10 月，教育部高教司在《关于加强“质量工程”本科特色专业建设的指导性意见》中指出：“教材建设要反映教学内容改革的成果，积极推进教材、教学参考资料和教学课件三位一体的立体化教材建设，选用高质量教材，编写新教材。”为了适应新形势下对信息安全领域人才培养的需求，本届信息安全类专业教学指导委员会经过广泛深入调研，主要依托信息安全专业国家级特色专业建设点，与科学出版社共同组织出版本套《普通高等教育信息安全类国家级特色专业系列规划教材》，旨在贯彻专业规范和教学基本要求，总结和推广各特色专业建设点的教学经验和教学成果，提高我国信息安全专业本科教学的整体水平。

本套丛书在组织编写中，重点突出了以下几方面的特色。

1. 体现专业特色，贯彻专业规范和教学基本要求。依托“国家级特色专业建设点”，汇总优秀教学成果，将特色专业教育的内容、国内外科研教学的成果、信息安全专业规范与教学基本要求结合起来，内容安排围绕专业规范，体现核心知识单元与知识点。

2. 按照分类指导原则，满足多层面的需求。针对同一类课程，根据不同的教学层次（普通院校、重点院校或研究型大学、应用型大学）和学时要求（多学时、少学时），涵盖不同范围的拓展知识单元，编写适合不同层面需求的教材。注重与先修课程、后续课程的有机衔接，每本书在重视系统性和完整性的基础上，尽量减少内容重复。

3. 拓宽专业基础，面向工程应用，加强实践环节。注重反映本学科领域的最新成果和发展方向，适当拓宽专业基础知识的范围，以增强所培养人才的适应性；面向工程应用，突出工科特色，反映新技术、新工艺；注重实践环节的设置，以促进学生的实际动手能力和创新能力的培养，真正使教材能够达到培养"厚基础、宽口径、会设计、可操作、能发展"人才的目的。

4. 注重立体化建设。本套丛书除了主教材外，还将逐步配套学习辅导书、教师参考书和多媒体课件等，为任课教师提供丰富的配套教学资源，方便教师教学，同时帮助学生复习与自学，使本套丛书更加易教易学。

本套丛书的编写汇聚了全国高校的优势资源，突出了多层次与适应性、综合性与多样性、前沿性与先进性、理论与实践的结合。在教材的组织和出版过程中得到了相关高校教务处及学院的帮助，在此表示衷心的感谢。

根据信息安全发展战略的要求，我们将对本套丛书不断更新，以保持教材的先进性和适用性。热忱欢迎全国同行以及关注信息安全领域教育及发展前景的广大有识之士对我们的工作提出宝贵意见和建议！

沈昌祥

教育部高等学校信息安全类专业教学指导委员会主任委员

中国工程院院士

2011年4月

前　言

随着信息技术的不断发展和我国社会信息化进程的不断深入，信息系统本身的脆弱性和复杂性也日益呈现出来。信息安全事件和问题不断暴露，受到了政府和社会的广泛关注。各国纷纷研制和颁布信息安全相关标准与法律法规，我国也对信息安全的标准和法律法规建设相当重视，已经建成一套基本上满足我国经济和社会发展需要的标准和法律体系，为促进国民经济和社会发展发挥了积极作用。掌握相关标准和法律法规，使得信息安全从业人员能够有据可依、有法可循；了解相关标准和法律法规，对于规范信息系统使用者的行为也是有必要的。

本书主要介绍了国内外信息安全标准和法律法规的背景知识、发展状况，并对较有影响力的标准和法律法规进行了详细说明。通过对本书的学习，读者可对标准的概念、国内外信息安全标准及法律法规有一个较为全面的了解。全书共分为三个部分，由 12 章组成，内容包括标准和法律法规基本概念、信息安全国际国内标准概况、信息安全主要应用和管理标准、我国计算机信息系统安全等级保护标准、信息安全国际国内法律法规概况、信息安全国家法律、行政法规、部门规章、规范性文件和地方法规等。

第 1 章为绪论。本章主要介绍了信息和信息安全的基本概念以及信息安全涉及的法律问题。

第 2 章为标准概述。本章主要介绍了标准和标准化的概念，标准化的意义、发展过程和原理。

第 3 章为立法、司法和执法概述。本章从立法、司法和执法三个方面对国内外主要的法律体制、制度和组织进行了介绍。

第 4 章为信息安全国际标准概况。本章对主要的信息安全国际标准体系进行了介绍，包括 ISO/IEC、ITU、美国标准体系、英国标准体系、IETF 和 RFC。

第 5 章为我国信息安全标准概况。本章首先对我国信息安全标准化情况、标准概况和标准化未来发展趋势进行了简介，然后从安全技术、物理安全、系统与网络、应用与工程、管理五方面介绍了我国的信息安全标准体系的组成。

第 6 章为信息安全主要应用标准介绍。本章主要介绍了应用相关的信息安全标准，包括密码学相关、计算机网络相关、电子商务相关以及数据库相关的安全标准。

第 7 章为信息安全管理相关国际标准。本章首先简要介绍了管理相关的信息安全国际标准 BS 7799、ISO/IEC 17799 和 ISO/IEC 27000 族，然后围绕 ISO/IEC 27002 及 ISO/IEC 27001 对信息安全管理相关的国际标准进行了阐述。

第 8 章为我国计算机信息系统安全等级保护标准。本章单独介绍我国的信息安全重要标准——计算机信息系统安全等级保护标准，首先是对安全保护等级划分的概述，然后分别对信息系统安全保护等级划分准则、安全管理要求和通用安全技术要求进行了详细的说明。

第 9 章为信息安全法律法规概况。本章主要对国内外信息安全法律法规的现状进行了介绍，包括美国、欧洲、亚洲和我国的信息安全法律法规概况。

第 10 章为信息安全国家法律。本章对我国已有的主要信息安全国家法律进行了详细解读，包括保守国家秘密法、国家安全法、反不正当竞争法、电子签名法、关于维护互联网安全的决定和刑法修正案(七)关于信息安全的修订与解读等。

第 11 章为信息安全行政法规。本章对我国已有的主要信息安全行政法规进行了详细解读，包括计算机信息系统安全保护条例、计算机信息网络国际联网管理暂行规定实施办法、商用密码管理条例、互联网信息服务管理办法、电信条例、计算机软件保护条例、认证认可条例和信息网络传播权保护条例等。

第 12 章为信息安全部门规章和规范性文件。本章对我国目前主要的信息安全部门规章和规范性文件进行了详细解读，包括保密局、科委、公安部、密码管理局和其他部门发布的部门规章和规范性文件等。

赵洋参与第 1～4 章以及其他部分章节的编写工作；傅翀参与第 5～8 章以及其他部分章节的编写工作；蓝天参与第 9～12 章以及其他部分章节的编写工作；周世杰负责全书统稿工作。在本书完稿之际，作者要衷心感谢所有对本书出版作出贡献的人，感谢电子科技大学信息安全系的所有教师，特别是程红蓉博士、聂旭云博士、陈伟博士和曹晟博士对本书的审阅，他们为本书的顺利出版做了大量有益的工作。

由于时间仓促和水平有限，内容难免有所疏漏，恳请读者批评指正，使本书得以进一步改进和完善。本书中的规范性文件仅供参考，若要使用，请与发文原件进行核对。

编　者

2012 年于蓉城

目　　录

第1部分　总　论

第2部分　信息安全标准

第3部分 信息安全法律法规

第 1 部分　总　论

第1章　绪　　论

1.1　信息安全概述

信息安全本身包括的范围很大。大到国家军事政治等机密的安全，小到如防范商业企业机密泄露、青少年对不良信息的浏览、个人信息的泄露等。网络环境下的信息安全体系是保证信息安全的关键，包括计算机安全操作系统、各种安全协议、安全机制(数字签名、信息认证、数据加密等)，直至安全系统，其中任何一个安全漏洞便可以威胁全局安全。信息安全服务至少应该包括支持信息网络安全服务的基本理论，以及基于新一代信息网络体系结构的网络安全服务体系结构。

1.1.1　信息的定义

中文“信息”一词有着很悠久的历史，早在两千多年前的西汉，即有“信”字的出现，常可作消息来理解。一千多年前，唐代诗人杜牧在《寄远》诗中写到：“塞外音书无信息，道傍车马起尘埃”。李中的《暮春怀故人》中也有“梦断美人沉信息，目穿长路倚楼台”的佳句。宋代的李清照则发出“不乞隋珠与和璧，只乞乡关新信息”的感叹，在她心目中，来自家乡的信息比珍贵的“隋珠”与“和璧”的价值更高。

在《红楼梦》第十六回里，讲到贾政突然奉旨入朝，贾府上下不知是祸是福，都惶惶不安。后来，随从贾政入朝的赖大等三四个管家气喘吁吁地跑回府来，贾母便唤进赖大来细问端的。赖大禀道：“小的们只在临敬门外伺候，里头的信息一概不能得知。后来还是夏太监出来道喜，说咱们家大小姐晋封为风藻宫尚书，加封贤德妃。……”《红楼梦》是一部现实主义的伟大古典著作，作者曹雪芹在这部作品中为我们留下了他那个时代的极为丰富的活语言材料。在上面那段引文中，“信息”一词十分自然地出于赖大之口，说明它在当时民间口语中已使用得很平常了。

在古人的文章里，信息的意思多指消息。因为“信息”能够带来家人的问候与平安的消息，所以，在通讯并不发达的古代，古人对“信息”充满了期盼。一个词能历经时代的变迁而保持生命的活力是一回事，使用它的人对它的内涵作何理解则是另一回事。从李中到曹雪芹，“信息”这个词基本上是作为“音信”、“消息”的同义词来使用的。在现代汉语中，在这样的意义上使用“信息”一词，在很长一个时期反倒少了。

“信息”一词来源于拉丁文“informatio”，意思是指解释、陈述。在英语中，表达这个概念的词是 information。早些时候出版的英汉词典中，information 的汉语释义是“消息、见闻、情报、知识、通知、报道”等等。就是说，英语中的 information 与汉语中的“信息”，本来的涵义是大体相当的。后来，information 在收入专业英汉词典时，只用“信息”作为它的汉语释义，这时，它已经作为现代科学技术的一个基本概念而崭露头角了。information(信息)被改造和发展成新的科学概念，是在通信理论的研究中发生的。通信，即使在狭义上理解，在人类社会也有悠久的历史沿革；information(信息)的本来涵义，即音信、消息、情报等等，也是与人类的通信行为或通信过程密不可分的。

人类社会的进步和科学技术的进步，就包含着通信手段和通信技术的不断进步。不过，通信在严格意义上成为科学研究的对象，还只是20世纪才发生的事。随着社会的进步、科学技术的发展，人们对信息的认识也越来越深入，信息概念的含义也在不断地改变和发展。现在，人们所说的"信息"已成为一个包含内容很丰富、意义很深刻的概念，以至人们很难给它下一个确切的定义。作为一个严谨的科学术语，信息的定义却不存在一个统一的观点，这是由它的极端复杂性决定的。信息的表现形式数不胜数：声音、图片、温度、体积、颜色……信息的分类也不计其数：电子信息、财经信息、天气信息、生物信息……要对信息作一个严密而又具有普适性的定义，就必须从本质上来把握信息。现在学术界主要有以下几种观点：

美国数学家、信息论的奠基人克劳德·艾尔伍德·香农(Claude Elwood Shannon)在他的著名论文《通信的数学理论》(1948)中提出计算信息量的公式，即若一个信息由 n 个符号所构成，符号 k 出现的几率为 p_k，则有

$$H = \sum_{k=1}^{n} p_k \log_2 p_k$$

这个公式和热力学的熵的计算方式一样，故也称为信息熵。从公式可知，当各个符号出现的几率相等，即"不确定性"最高时，信息熵最大。故信息可以视为"不确定性"或"选择的自由度"的度量。

美国数学家、控制论的奠基人诺伯特·维纳在他的《控制论——动物和机器中的通讯与控制问题》中认为，信息是"我们在适应外部世界，控制外部世界的过程中同外部世界交换的内容的名称"。英国学者阿希贝认为，信息的本性在于事物本身具有变异度。意大利学者朗高在《信息论：新的趋势与未决问题》中认为，信息是反映事物的形成、关系和差别的东西，它包含于事物的差异之中，而不在事物本身。

狭义上，信息就是符号的排列顺序。但作为一个概念，信息有着多种多样的含义。一般来说，与信息这一概念密切相关的概念包括约束(constraint)、沟通(communication)、控制、数据、形式、指令、知识、含义、精神刺激、模式、感知以及表达。信息是人们在适应外部世界并使这种适应反作用于外部世界过程中，同外部世界进行互相交换的内容和名称。

尽管从不同的角度出发对信息存在不同的定义，但是就信息的一些基本性质还是达成以下一些了共识。

• 普遍性：只要有事物的地方，就必然存在信息。信息在自然界和人类社会活动中广泛存在。

• 客观性：信息是客观现实的反映，不随人的主观意志而改变。如果人为地篡改信息，那么信息就会失去它的价值，甚至不能称之为"信息"了。

• 动态性：事物是在不断变化发展的，信息也必然随之运动发展，其内容、形式、容量都会随时间而改变。

• 时效性：由于信息的动态性，那么一个固定的信息的使用价值必然会随着时间的流逝而衰减。

• 可识别性：人类可以通过感觉器官和科学仪器等方式来获取、整理、认知信息。这是人类利用信息的前提。

• 可传递性：信息可以通过各种媒介在人一人，人一物，物一物等之间传递。

• 可共享性：信息与物质、能量显著不同的是，信息在传递过程中并不是"此消彼长"，同一信息可以在同一时间被多个主体共有，而且还能够无限的复制、传递。

1.1.2 信息安全的定义

“安全”作为现代汉语的一个基本语词，在各种现代汉语辞书中有着基本相同的解释。《现代汉语词典》对“安全”的解释是“没有危险；不受威胁；不出事故”。当汉语的“安全”一词用来译指英文时，可以与其对应的主要有 safety 和 security 两个单词，虽然这两个单词的含义及用法有所不同，但都可在不同意义上与中文“安全”相对应。在这里，与信息安全相联系的“安全”一词，是 security。按照英文词典解释，security 也有多种含义，其中经常被提到的含义有两方面，一方面是指安全的状态，即免于危险，没有恐惧；另一方面是指对安全的维护，指安全措施和安全机构。没有危险是安全的特有属性，也是本质属性。单是没有外在威胁，并不是安全的特有属性；单是没有内在的疾患，也不是安全的特有属性。但是，包括了没有威胁和没有疾患这样内外两个方面的“没有危险”，则是安全的特有属性了。

那么，信息安全(information security)就是指信息处于“没有危险”的状态，是指信息网络的硬件、软件及其系统中的数据受到保护，不受偶然的或者恶意的原因而遭到破坏、更改、泄露，系统连续可靠正常地运行，信息服务不中断。

自从世界上出现了文字之后，各国元首和军队指挥官就逐渐明白，非常有必要使用一些技巧来保证通信的机密性以及获知其是否被篡改。恺撒在公元前 50 年发明了恺撒密码，它被用来防止秘密的消息落入错误的人手中时被读取。第二次世界大战使得信息安全的研究取得了许多进展，并且标志着它开始成为一门专业的学问。20 世纪末以及 21 世纪初，通信、计算机软硬件以及数据加密领域得到巨大发展，小巧、功能强大、价格低廉的计算设备使得小公司和家庭用户能够负担和掌握对电子数据的加工处理，这些计算机进而很快被因特网连接起来。在因特网上快速增长的电子数据处理和电子商务应用，以及不断出现的国际恐怖主义事件，大大增加了对保护计算机及其存储、加工和传输的信息的需求。计算机安全、信息安全以及信息保障等学科，是和许多专业的组织一起出现的。它们都持有共同的目标，即确保信息系统的安全和可靠。

信息安全，简称信安，意为保护信息及信息系统免受未经授权的进入、使用、披露、破坏、修改、检视、记录及销毁。政府、军队、公司、金融机构、医院、私人企业积累了大量的有关它们的雇员、顾客、产品、研究、金融数据的机密信息。绝大多数此类信息现在被收集、产生、存储在电子计算机内，并通过网络传送到别的计算机。万一一家企业的顾客、财政状况、新产品线的机密信息落入了其竞争对手的手中，这种安全性的丧失可能会导致经济上的损失、法律诉讼甚至该企业的破产。保护机密的信息是商业上的需求，并且在许多情况中也是道德和法律上的需求。对于个人来说，信息安全对于其个人隐私具有重大的影响，但这在不同的文化中的看法差异相当大。信息安全的领域在最近这些年经历了巨大的成长和进化，有很多方式进入这一领域，并将之发展为一项事业。它提供了许多专门的研究领域，包括安全的网络和公共基础设施、安全的应用软件和数据库、安全测试、信息系统评估、企业安全规划以及数字取证技术等。

1.1.3 信息安全的基本属性

信息安全具有以下基本属性。

(1)保密性(Confindentialy)：保证未授权者无法享用信息，信息不会被非法泄漏而扩散；

(2)完整性(Integrity)：保证信息的来源、去向、内容真实无误；

(3)可用性(Availability)：保证网络和信息系统随时可用；

(4)可控性(Controllability)：保证信息管理者能对传播的信息及内容实施必要的控制及

管理；

(5)不可否认性(Non-Repudiation)：又称不可抵赖性，保证每个信息参与者对各自的信息行为负责。

其中，前三者又称为信息安全的目标——CIA。对信息安全的认识经历了数据保安阶段(强调保密通信)、网络信息安全时代(强调网络环境)和目前的信息保障时代(强调不能只是被动地保护，需要有保护——检测——反应——恢复四个环节)。

除了上述的信息安全五性外，还有信息安全的可审计性(Audiability)、可鉴别性(Authenticity)等。信息安全的可审计性是指信息系统的行为人不能否认自己的信息处理行为，与具有不可否认性的信息交换过程中行为可认定性相比，可审计性的含义更宽泛一些。信息安全的可鉴别性是指信息的接收者能对信息的发送者的身份进行判定，它也是一个与不可否认性相关的概念。

1.1.4 信息保障

保障信息安全有三个支柱，一个是技术，一个是管理，一个是法律法规。而我们日常提及信息安全时，多是在技术相关的领域，例如入侵检测技术、防火墙技术、防病毒技术、加密技术、认证技术等等，这是因为技术提供商在培育市场。而世界各国信息安全领域的研究，已经从早期的通信保密到信息安全发展到目前的信息保障。

1998年5月22日，美国政府颁发了《保护美国关键基础设施》总统令(PDD-63)。围绕“信息保障”成立了多个组织，其中包括全国信息保障委员会、全国信息保障同盟、关键基础设施保障办公室、首席信息官委员会、联邦计算机事件响应能动组等10多个全国性机构。1998年美国国家安全局(NSA)制定了《信息保障技术框架》(IATF)，提出了“深度防御策略”，确定了包括网络与基础设施防御、区域边界防御、计算环境防御和支撑性基础设施的深度防御目标。2000年1月，美国发布了《保卫美国的计算机空间——保护信息系统的国家计划》。该计划分析了美国关键基础设施所面临的威胁，确定了计划的目标和范围，制定出联邦政府关键基础设施保护计划(其中包括民用机构的基础设施保护方案和国防部基础设施保护计划)以及私营部门、州和地方政府的关键基础设施保障框架。

1995年，俄罗斯颁布了《联邦信息、信息化和信息保护法》，为提供高效益、高质量的信息保障创造条件，明确界定了信息资源开放和保密的范畴，提出了保护信息的法律责任。1997年，俄罗斯出台的《俄罗斯国家安全构想》明确提出“保障国家安全应把保障经济安全放在第一位”，而“信息安全又是经济安全的重中之重”。2000年，普京总统批准了《国家信息安全学说》，明确了联邦信息安全建设的目的、任务、原则和主要内容。第一次明确指出了俄罗斯在信息领域的利益是什么，受到的威胁是什么以及为确保信息安全首先要采取的措施等。

党的十五届五中全会提出了大力推进国民经济和社会信息化的战略举措——“以信息化带动工业化，发挥后发优势，实现社会生产力的跨越式发展”。同时，要求强化信息网络安全保障体系。

目前我国信息与网络安全的防护能力处于发展的初级阶段，许多应用系统处于不设防状态。国防科技大学的一项研究表明，目前我国与互联网相连的网络管理中心有95%都遭到过境内外黑客的攻击或侵入，其中银行和证券机构是攻击重点。

当前我国的信息与网络安全研究，处于忙于封堵现有信息系统的安全漏洞阶段。要彻底解决这些迫在眉睫的问题，归根结底取决于信息安全保障体系的建设。目前，我们迫切需要根据国情，从安全体系整体着手，在建立全方位的防护体系的同时，完善法律体系并加强管理体系。只有这样，才能保证国家信息化的健康发展，确保国家安全和社会稳定。

1.2 信息安全涉及的法律问题

1.2.1 犯罪

根据公安部在2010年组织开展的第九次全国信息网络安全状况与计算机病毒疫情调查显示，网络违法犯罪数量持续大幅上升。2010年公安机关专项打击查处网络赌博刑事案件1364起，治安案件2900多起，抓获犯罪嫌疑人6368名，查扣冻结赌资10亿元。网络黑客攻击破坏活动专项行动打击、破获案件169起，抓获犯罪嫌疑人397名，打掉14个非法黑客教学网站。世博会和亚运会期间，切断了僵尸网络对境内200万台“肉机”的控制。2011年6月，我国境内感染网络病毒的终端数约为815万个；境内被篡改网站数量为3164个，其中被篡改政府网站数量为333个；国家信息安全漏洞共享平台(CNVD)收集整理信息系统安全漏洞447个，其中，高危漏洞250个，可被利用来实施远程攻击的漏洞有406个，这说明目前我国计算机病毒传播状况仍然十分严重。与此同时境外间谍机关利用我一些单位、人员和信息系统防范不严、警惕性不高、安全措施不力的漏洞，大肆进行窃密活动，目标直指我党政军要害部门和重要信息系统，发生了多起党政机关外网使用的个别主机被敌情报机关掌控，发生网上窃密、失密的事件。此外因管理不善、安全措施不落实，信息系统运行和管理事故时有发生。据有关部门通报，2008年国家人事部的公务员招考网站、国家统计局的内网相继出现木马植入和ARP欺骗病毒爆发，金融、证券、广电、民航、税务等重要信息系统近年来也发生了多起安全事故。

1. 计算机犯罪的概念界定

计算机犯罪与计算机技术密切相关。随着计算机技术的飞速发展，计算机在社会中应用领域急剧扩大，计算机犯罪的类型和领域不断地增加和扩展，从而使“计算机犯罪”这一术语随着时间的推移而不断获得新的涵义。因此在学术研究上关于计算机犯罪迄今为止尚无统一的定义(大致说来，计算机犯罪的概念可归为五种：相关说、滥用说、工具说、工具对象说和信息对象说)。

结合刑法条文的有关规定和我国计算机犯罪的实际情况来看，计算机犯罪的概念可以有广义和狭义之分：广义的计算机犯罪是指行为人故意直接对计算机实施侵入或破坏，或者利用计算机实施有关金融诈骗，盗窃，贪污，挪用公款，窃取国家秘密或其他犯罪行为的总称；狭义的计算机犯罪仅指行为人违反国家规定，故意侵入国家事务、国防建设、尖端科学技术等计算机信息系统，或者利用各种技术手段对计算机信息系统的功能及有关数据、应用程序等进行破坏，制作、传播计算机病毒，影响计算机系统正常运行且造成严重后果的行为。

2. 计算机犯罪的特点分析

1)作案手段智能化、隐蔽性强

大多数的计算机犯罪，都是行为人经过狡诈而周密的安排，运用计算机专业知识所从事的智力犯罪行为。进行这种犯罪行为时，犯罪分子只需要向计算机输入错误指令，篡改软件程序，作案时间短且对计算机硬件和信息载体不会造成任何损害，作案不留痕迹，使一般人很难觉察到计算机内部软件上发生的变化。

另外，有些计算机犯罪，经过一段时间之后，犯罪行为才能发生作用而达到犯罪目的。如计算机“逻辑炸弹”，行为人可设计犯罪程序在数月甚至数年后才发生破坏作用。也就是行为时与结果时是分离的，这对作案人起了一定的掩护作用，使计算机犯罪手段更趋向于隐蔽。

2)犯罪侵害的目标较集中

就国内已经破获的计算机犯罪案件来看，作案人主要是为了非法占有财富和蓄意报复，因而目标主要集中在金融、证券、电信、大型公司等重要经济部门和单位，其中以金融、证券等部门尤为突出。

3)侦查取证困难，破案难度大，存在较高的犯罪黑数

计算机犯罪黑数相当高。据统计，99%的计算机犯罪不能被人们发现。另外，在受理的这类案件中，侦查工作和犯罪证据的采集相当困难。

4)犯罪后果严重，社会危害性大

国际计算机安全专家认为，计算机犯罪社会危害性的大小，取决于计算机信息系统的社会作用，取决于社会资产计算机化的程度和计算机普及应用的程度，其作用和程度越大，计算机犯罪的社会危害性也越大。

3. 计算机犯罪的犯罪构成要件

1)犯罪主体

犯罪主体是指实施危害社会的行为、依法应当负刑事责任的自然人和单位。计算机犯罪的主体为一般主体。从计算机犯罪的具体表现来看，犯罪主体具有多样性，各种年龄、各种职业的人都可以进行计算机犯罪。一般来说，进行计算机犯罪的主体必须是具有一定计算机知识水平的行为人，而且这种水平还比较高，至少在一般人之上。

2)犯罪主观方面

犯罪主观方面是指犯罪主体对自己的危害行为及其危害社会的结果所抱的心理态度，它包括罪过(即犯罪的故意或者犯罪的过失)以及犯罪的目的和动机这几种因素。

从犯罪的一般要件来看，任何犯罪都必须存在故意或者过失，如果行为人在主观上没有故意或者过失，那么其行为就不能构成犯罪。计算机犯罪中的故意表现在行为人明知其行为会造成对计算机系统内部信息的危害和破坏，但是由于各种动机而希望或是放任这种危害后果的发生。计算机犯罪中的过失则表现为行为人应当预见到自己的行为可能会发生破坏系统数据的后果，但是由于疏忽大意而没有预见，或是行为人已经预见到这种后果但轻信能够避免这种后果而导致系统数据的破坏。

3)犯罪客体方面

犯罪客体是指我国刑法所保护的，为犯罪行为所侵害的社会关系。从犯罪客体来说，计算机犯罪侵犯的是复杂客体，这就是说计算机犯罪是对两种或者两种以上直接客体进行侵害的行为。非法侵入计算机系统的犯罪一方面侵害了计算机系统所有人的权益，另一方面则对国家的计算机信息管理秩序造成了破坏，同时还有可能对受害的计算机系统当中数据所涉及的第三人的权益造成危害。这也是计算机犯罪在理论上比较复杂的原因之一。

4)犯罪客观方面

犯罪客观方面是刑法所规定的、说明行为对刑法所保护的社会关系造成侵害的客观外在事实特征。在计算机犯罪中，绝大多数危害行为都是作为，即行为人通过完成一定的行为，从而使得危害后果发生。还有一部分是不作为，构成计算机犯罪的不作为是指由于种种原因，行为人担负有排除计算机系统危险的义务，但行为人拒不履行这种义务的行为。例如由于意外，行为人编制的程序出现错误，对计算机系统内部数据造成威胁，但行为人对此放任不管，不采取任何补救和预防措施，导致危害后果的发生，这种行为就构成计算机犯罪的不作为。

1.2.2 民事问题

2005 年 9 月 3 日，国务院信息化工作办公室网络与信息安全组副组长吕诚昭在参加 2005 反垃圾邮件国际高层论坛时说："垃圾邮件不只是信息安全问题，很多情况下它是一个民事问题。"

吕诚昭在讲话中多次强调，针对垃圾邮件应专门立法。他认为，如果收到垃圾邮件的人想去告发件方、经营方，这时候行政法规是没有办法处理的，所以垃圾邮件问题应当立项。但是在此法律使用之前，应向有关方面呼吁出台互联网方面的相关法规，以便做一些准备工作。

据了解，中国互联网协会反垃圾邮件组的最新统计表明，用户收到垃圾邮件的数量由 2011 年一季度每周 13.8 封提高到 2012 年一季度平均每周 16.7 封，但垃圾邮件的比例呈同比逐步下降趋势，在垃圾邮件处理方面取得阶段性成果的情况下，还存在许多问题，比如病毒垃圾邮件越来越多，垃圾邮件给社会造成的危害日益严重，群发软件的行为非常猖獗，这占到国内垃圾邮件的一半以上。

吕诚昭提出了治理垃圾邮件的 3 个方案：第一，推进反垃圾邮件法律建设进程，规范互联网信息服务管理，制定相关技术规范和服务标准，提高企业和互联网用户的守法意识和道德水平，依法保障和促进互联网信息服务健康发展，加强反垃圾邮件的相关法律和政策宣传工作，使垃圾邮件治理尽快步入法制化和规范化的轨道。第二，大力倡导行业自律，发挥行业组织作用。中国互联网协会在垃圾邮件管理上初见成效，与国际上建立了互通互益的渠道，积极探索有益尝试，也得到了有关部门和社会的充分肯定。第三，与国际合作共同治理垃圾邮件。加强各国政府之间的合作，共同治理垃圾邮件已经成为国际社会的广泛共识。

信息产业部电信管理局副局长王秀军说，信息产业部在积极起草制定互联网邮件管理办法，以规范互联网电子邮件服务。她说，在治理垃圾邮件方面应当进一步做好以下工作：第一，进一步完善互联网信息服务的法规建设；第二，积极研究制定电子邮件的标准，共同推进电子邮件的规范化；第三，建立统一的互联网电子邮件举报受理中心，提高广大网民防范垃圾邮件的意识，形成一套适合中国国情的垃圾邮件防御体系。

网易创始人丁磊说，自己是一个受害者。网易打算与几家大的免费邮件服务商联合起来，把这些发送垃圾邮件的企业或个人告上法庭，并且是见一个告一个。希望将来人们对待垃圾邮件的发送者，能够像对待"过街老鼠"一样，人人喊打。

对于垃圾邮件泛滥的原因，中国互联网协会反垃圾邮件协调小组李欲晓归纳为三点：网络成本低廉，并且覆盖广泛；利益的驱动；网络结构的缺陷。

信产部王秀军说，中国的网络提供商和电子邮件服务提供商同美国三家著名跨国企业就开展垃圾邮件综合治理的研究等进行了探讨，并已经达成了一些共识。

1.2.3 隐私问题

2010 年初，广东高院对外宣布，珠海市香洲区法院以诈骗罪判处邵国松、王剑波、黄燕万等 7 名被告人有期徒刑 3 到 11 年不等，并处罚金 4 万元到 15 万元不等；而周建平则因向上述被告人非法出售个人信息资料被以非法获取公民个人信息罪判处有期徒刑一年六个月，并处罚金 2000 元。

法院审理查明，2008 年 11 月，周建平在广州市昌岗中路成立广州市华探调查有限公司，违反规定非法获取他人电话清单、手机清单和人员资料。同年 12 月，林桂余来到其公司要求周建平向该诈骗团伙提供 14 位领导的电话号码及通话清单。周建平以每份 1200 元或 1500 元不等的价格先后向林桂余出售了 14 份电话清单，从中获利 1.6 万元。根据周建平提供的电话清单，2009 年 2 月 2 日，李斌海、林桂余、黄燕万、邵国松伙同他人冒充珠海市霍副市长，骗得其亲友马某 5 万元。2008 年 10 月至 2009 年 2 月 19 日，邵国松、王剑波、黄燕万、李斌海、林桂余、邵金华、黄晓万等 7 人共先后作案 5 起，分别冒充恩平市委书记、深圳市宝安区消防中队队长、佛山市纪委书记等人以急需用钱为由对其亲友进行电话诈骗，共非法敛财 83 万元。

据介绍，周建平是国内被法院以侵犯个人信息安全的新罪名追究刑事责任的第一人。为了打击日益严重的侵犯公民个人信息安全的行为，《刑法修正案(七)》第七条规定了侵犯公民个人信息安全犯罪。虽然该修正案对侵犯公民个人信息安全犯罪进行了较为全面的规定，但在司法实践中仍然会遇到执法上的困难，尤其是个人信息的界定。

关于公民个人信息的范围，应当从广义上对其进行界定。所谓“个人信息”，是指以任何形式存在的、与公民个人存在关联并可以识别特定个人的信息。其外延十分广泛，几乎有关个人的一切信息、数据或者情况都可以被认定为个人信息；“个人信息”是一个相对较抽象的概念，但不是所有的可公开或半公开的信息都由刑法来保护，应从立法本义和法益保护的初衷相对确定由刑法保护的对象。通常需要保护的个人信息可以理解为任何生物的、物理的和其他用于识别个人的信息，具体包括姓名、身份证号码、职业、学历、婚姻状况、收入和财产状况、家庭住址、电话号码、血型、医疗记录、书写的签名、电子签名、网上登录的账号和密码、信用卡号码、账号、护照号码、驾驶证号码、指纹、DNA 亲子鉴定结论等。刑法保护的应该是那些能给他人谋取正当或不正当的利益提供便利且泄露后将给公民本人合法利益带来严重侵害的个人信息。

侵犯公民个人信息安全犯罪保护的犯罪对象主要应为以下三个方面：

第一，与公民个人身份密切相关的信息，如求职者简历上的信息，这些信息的泄露往往会给不法分子实施诈骗等犯罪带来便利，从而给公民个人的人身、财产安全带来严重的危害。

第二，是与公民个人财产状况相关的信息，如公民在购买房屋和私家车等财产时，一般都必须在销售单位或者中介机构留下详细的个人信息，这些信息经常被相关单位出售或非法提供给单位或个人，导致众多公民的生活受到严重的干扰甚至遭受重大的财产损失。

第三，是涉及公民个人隐私方面的信息，如公民个人的医疗记录、DNA 亲子鉴定结论等，这些个人信息一旦泄露，将严重侵犯公民的隐私权。

习　题

1. 信息的基本性质有哪些？
2. 信息安全的基本属性有哪些？
3. 信息保障的三个支柱是什么？
4. 广义和狭义的计算机犯罪概念有何区别？
5. 计算机犯罪有哪些特点？
6. 进行计算机犯罪的主体一般具有什么特点？
7. 举一个例子说明信息安全涉及的隐私问题。
8. 简述侵犯公民个人信息安全犯罪保护的犯罪对象。
9. 信息量大则信息熵越大，这种说法正确吗？
10. 盗窃个人电脑是否属于计算机犯罪？

第 2 章　标准概述

2.1　标准和标准化的概念

2.1.1　标准和标准化的定义

标准和标准化是一个比较抽象的概念，其外延很广，要把握其内涵本质，给予完善而稳定的定义，尚有较大的难度。迄今为止，世界各国由于社会制度不同，经济发展水平不一，对标准和标准化的理解和要达到的目的也有差异，所以对标准和标准化的定义还不完全一致。

国际标准化组织（ISO）和国际电工委员会（IEC）自 20 世纪 70 年代以来对标准和标准化的定义加强了研究，并在 1996 年以 ISO/IEC 第 2 号指南予以确定。我国等同采用了该指南，其标准号是 GB/T 20000.1-2002。

1. 标准

GB/T 20000.1-2002《标准化工作指南　第 1 部分：标准化和相关活动的通用词汇》和《ISO/IEC 指南 2：1996》中规定：标准是“为了在一定范围内获得最佳秩序，经协商一致制定并由公认机构批准，共同使用的和重复使用的一种规范性文件”。并注明：“标准宜以科学、技术和经验的综合成果为基础，以促进最佳的共同效益为目的”。

标准包含了 6 大要义：

对象——重复性的事物；

目的——获得最佳秩序（确保质量，提高效益）；

制定规则——各方协商一致；

批准发布——公认的权威机构；

内容——科学技术成果和生产经验的总结；

适用范围——一定范围内共同实施。

标准可分为技术标准和管理标准两大类。技术标准是对技术活动中，需要统一协调的事物制定的技术准则。它是根据不同时期的科学技术水平和实践经验，针对具有普遍性和重复出现的技术问题，提出的最佳解决方案。管理标准是企业为了保证与提高产品质量，实现总的质量目标而规定的各方面经营管理活动、管理业务的具体标准。若按发生作用的范围分，标准又可分为国际标准、国家标准、部颁标准和企业标准。以生产过程的地位分，又有原材料标准、零部件标准、工艺和工艺装备标准、产品标准等。

2. 标准化

英国著名的标准化工作者桑德斯在《标准化的目的与原理》一书中，给标准化的定义为：“标准化是为了所有有关方面的利益，特别是为了促进最佳的全面经济并适当考虑到产品使用条件与安全要求，在所有有关方面的协作下，进行有秩序的特定活动所制定并实施各项规则的过程”，“标准化是指以制定和贯彻标准为主要内容的全部活动过程”，“标准化以科学、技术与实践的综合成果为依据，它不仅奠定当前的基础，而且还决定了将来的发展，它始终和发展的步伐保持一致”。

1983 年我国颁布的国家标准《标准化基本术语　第一部分：基本术语》(GB 3935.1)所给出的标准化定义为：“标准化是指在经济、技术、科技及管理等社会实践中，对重复性的事物和概念，通过制定、发布和实施标准达到统一，以获得最佳秩序和社会效益”。

GB/T 20000.1-2002 对 GB 3935.1 进行了修订，采用了《ISO/IEC 指南 2:1996》中对标准化的定义：标准化是“为了在一定范围内获得最佳秩序，对现实问题或潜在问题制定共同使用和重复使用的条款的活动”。并有两条注解：“①上述活动主要包括编制、发布和实施标准的过程；②标准化的主要作用在于为了其预期的目的改进产品、过程或服务的适用性，防止贸易壁垒，并促进技术合作”。

标准化与标准相比，多一个“化”字，形象地说，标准是规范性“文件”，标准化指的是制定标准、实施标准的一系列“活动”，如标准的制定，依据标准所进行的培训、检验检测、认证、监督抽查等等。简单地说，标准化就是有目的的制定、发布、实施标准的活动。

2.1.2　标准化的对象

标准化作为一门学科，像其他学科一样，具有自己特定的研究对象和工作对象。从标准和标准化的定义中可知，凡是人类的“活动或其结果”以及“现实的或潜在的问题”，只要具有“共同使用的和重复使用的”特征，均可作为标准化的对象。

GB/T 20000.1-2002 中给出了标准化对象的定义。标准化对象是指需要标准化的主题。

注：①下面使用的“产品、过程或服务”的表述，含有对标准化对象的广义理解，宜等同理解为包括如材料、元件、设备、系统、接口、协议、程序、功能、方法或活动。②标准化可以限定在任何对象的特定方面，例如，可对鞋子的尺码和耐用性分别标准化。

上述定义中，“主题”通常针对实体，实体通常是指“能被单独描述和考虑的事物”。实体可以是某一产品，即活动或过程的结果；可以是某一过程，即将输入转化成输出的一组彼此相关的资源(包括设施、设备、技术、方法等)和活动；可以是服务，即为满足客户需求，提供产品方与接受产品方之间接口处的活动以及供方内部的活动所产生的结果。

2.1.3　标准化工作

标准化工作主要指制定标准、组织实施标准和对标准的实施进行监督检查的活动。在标准化工作中通常把标准归纳为基础标准、产品标准、方法标准和安全标准等。

标准化工作的对象很多，从宏观上讲可以与标准化的基本任务紧密联系在一起。按我国《标准化法》的规定，标准化工作的主要任务是制定标准、组织实施标准和对标准的实施进行监督。从制定与实施的各方面看，标准化工作的对象包括非物质对象和物质对象两部分。非物质对象主要指技术基础标准，包括术语与词汇、符号与代码、互换配合、技术管理、质量管理等标准化对象；物质对象主要指产品、过程、服务，包括硬件与软件(含流程性材料或它们的组合)、研制与生产、检验与试验、包装与运输、服务与维修等标准化对象。从合格评定方面看，标准化工作的对象主要包括认证与认可两部分，涉及产品质量认证、质量管理体系认证、安全认证、电磁兼容认证、有关机构和人员认可等内容。从标准监督方面看，标准化工作的对象主要包括市场监督对象(如产品标准)、企业自我监督对象(如过程标准、基础标准)、社会监督对象(如产品标准)。

2.2 标准化的意义

标准化是社会化分工的必然结果，只要有分工就有标准化的需求。在全球经济一体化的形势下，标准化是企业实现跨国战略、纵横全球的基本门槛和必然选择。根据 IDC 的调查报告，70%以上的 IT 经理提出会采用标准化的产品，因为这样会大幅度降低总体成本，如今各个世界级的 IT 企业正是抓住用户的这一需求，大举开发国际认证的标准化 IT 产品，在全球获得发展商机，并能以很快的速度占领国际市场。中国的许多企业虽然在拓展全球市场中不遗余力，但由于缺乏与国际接轨的标准化产品、标准化操作方式、标准化组织管理，结果在国际市场上时常处于徘徊、观望的地位。实际上早在 20 世纪 70 年代，著名科学家钱学森就站在应对现代化、国际化的发展环境的战略高度，提出要大力加强标准、标准化工作及其科学研究。通过标准及标准化工作，以及相关技术政策的实施，可以整合和引导社会资源，激活科技要素，推动自主创新与开放创新，加速技术积累、科技进步、成果推广、创新扩散和产业升级。

《ISO/IEC 指南 2:1996》明确地提出“标准化的重要意义在于改进产品、过程和服务的适用性，以便于技术协作，消除贸易壁垒”。此外，还可以实现品种控制，兼容互换，安全健康，环境保护，相互理解和提高经济效益等目的。具体来说，标准化的意义包括：

1)提升企业社会声誉

当今社会，企业之间产品的竞争，已经不再是价格的竞争，而是品牌的竞争，而品牌则是通过企业产品质量、售后服务等来体现的。企业采用标准化能够促进企业品牌形象的建立，提高企业的社会声誉。比如，企业采用 ISO 产品质量认证体系，说明企业在产品质量方面已经达到一定的水平。对于一些专业性很强的产品，消费者或用户在这方面的知识短缺，他们选择产品，很大程度上依靠其他消费者或用户的推荐、该企业通过的认证，以及采用标准化的多少。

2)降低国民经济及企业成本

标准化的采用，提高了企业产品之间的兼容性，减少了由于企业产品之间标准不一致带来的巨大社会浪费。另外，企业通过标准化可以避免对某一个供货商的依赖，因为其他供货商依据公开的标准可以补充市场，于是企业的供货渠道不断增加。供货商数量的增加，加大了供货商之间的竞争，从而促使产品质量不断提高，价格也会不断降低。因此标准化可以降低企业的成本。

3)有利于企业之间战略同盟的形成

标准化形成了一个统一的产品和技术规则体系。在这种情况下，企业之间的合作，以及战略同盟的形成更加容易。标准化层面的合作对于企业很重要，因为通过协作效应，成本降低的潜力及成功的可能性都会提高。战略同盟的建立，可以为企业带来风险共担、技术共享、规模经济以及固定成本分摊的好处。

4)打破技术贸易壁垒

近年来，发达国家不断通过各种国家或区域标准设置技术壁垒，阻止发展中国家产品进入其市场。标准是在区域经济内针对其他标准作为一种非关税贸易壁垒的武器。如果企业在全球市场上通过 ISO 或 IEC 标准，在欧洲市场上通过相应的 EN 标准，可以很好地打破发达国家设置的技术壁垒，提高出口。

2.3 标准化的发展

2.3.1 标准化的发展概述

1. 古代标准化

标准化是人类由自然人进入社会共同生活中的必然产物，它随着生产的发展、科技的进步和生活质量的提高而发生、发展，受生产力发展的制约，同时又为生产力的进一步发展创造条件。

人类从原始的自然人开始，在与自然的生存搏斗中为了交流感情和传达信息的需要，逐步出现了原始的语言、符号、记号、象形文字和数字，西安半坡遗址出土的陶钵口上刻划的符号可以说明它们的萌芽状态。元谋、蓝田、北京出土的石制工具说明原始人类开始制造工具，样式和形状从多样走向统一，建筑洞穴和房舍对方圆高矮提出了要求。从第一次人类社会的农业、畜牧业分工中，由于物资交换的需要，要求遵循公平交换、等价交换的原则，从而决定了度、量、衡单位和器具标准的统一，逐步从使用人体的特定部位或自然物发展到标准化的器物。当人类社会第二次产业大分工到来，即农业、手工业分化时，为了提高生产率，对工具和技术的规范化就成了迫切的要求，从遗世的青铜器、铁器上可以看到那时科学技术和标准化水平的发展，如春秋战国时代的《考工记》就有青铜冶炼配方和30项生产设计规范和制造工艺要求，如用规校准轮子圆周，用平整的圆盘基面检验轮子的平直性，用垂线校验辐条的直线性，用水的浮力观察轮子的平衡，同时对用材、轴的坚固性和灵活性及结构的坚固性和适用性等都作出了规定，不失为严密而科学的车辆质量标准。在工程建设上，如我国宋代李诫的《营造法式》对建筑材料和结构作出了规定。李时珍的《本草纲目》对药物、特性、制备工艺进行了说明，可视为标准化“药典”。秦统一中国之后，用政令对量衡、文字、货币、道路、兵器进行大规模的标准化，用律令如《工律》、《金布律》、《田律》规定“与器同物者，其大小长短必等”，这是集古代工业标准化之大成。宋代毕昇发明的活字印刷术，运用了标准件、互换性、分解组合、重复利用等标准化原则，更是古代标准化的里程碑。

2. 近代标准化

进入以机器生产、社会化大生产为基础的近代标准化阶段，科学技术适应工业的发展，为标准化提供了大量生产实践经验，也为之提供了系统实验手段，摆脱了凭直观和零散的形式对现象进行表述和总结经验的阶段，从而使标准化活动进入了定量地以实验数据为依据的科学阶段，并开始通过民主协商的方式在广阔的领域推行工业标准化体系，作为提高生产率的途径。如1789年美国的艾利·惠特尼在武器工业中用互换性原理以批量制备零部件，制定了相应的公差与配合标准；1834年英国制定了惠物沃思“螺纹型标准”，并于1904年以英国标准BS84颁布；1897年英国的斯开尔顿建议在钢梁生产中实现生产规格和图纸的统一，并促成建立了工程标准委员会；1901年英国标准化学会正式成立；1902年英国纽瓦尔公司制定了公差和配合方面的公司标准——“极限表”，这是最早出现的公差制，后正式成为英国标准BS27；1906年国际电工委员会(IEC)成立；1911年美国的泰勒发表了《科学管理原理》，应用标准化方法制定“标准时间”和“作业”规范，在生产过程中实现标准化管理，提高了生产率，创立了科学管理理论；1914年美国福特汽车公司运用标准化原理把生产过程的时空统一起来创造了连续生产流水线；1927年美国总统胡佛得出了“标准化对工业化极端重要”的论断。此后，荷兰(1916年)、菲律宾(1916年)、德国(1917年)、美国(1981年)、瑞士(1918年)、法国(1918年)、瑞典(1919年)、比利时(1919年)、奥地利(1920年)、日本(1921年)等，到1932年已有25个国家相继成立了国家标准化组织，在此基础上1926年国际上成立了国家标准化协会国际联合会(ISA),标准化活动由企业行为步入国家管理,进而成为全球的事业,活动范围从机电行业扩展到各行各业,标准化使生产的各个环节,各个分散的组织到各个工业部门,扩散到全球经济的各个领域,由保障互换性的手段,发展成为保障合理配置资源、降低贸易壁垒和提高生产力的重要手段。1946年国际标准化组织正式成立,现在,世界上已有100多个国家成立了自己的国家标准化组织。1952年ISO成立了标准化原理委员会(ISO/STACO),该组织从世界各地聘请专家作为成员,从事标准化理论和方法的研究。

3. 现代标准化

工业的现代进程中,由于生产和管理高度现代化、专业化、综合化,这就使现代产品或工程、服务具有明确的系统性和社会化,一项产品或工程、过程和服务,往往涉及几十个行业和几万个组织及许多门科学技术,如美国的"阿波罗计划"、"曼哈顿计划",从而使标准化活动更具有现代化特征。伴随着经济全球化不可逆转的过程,特别是信息技术高速发展和市场全球化的需要,要求标准化摆脱传统的方式和观念,不仅要以系统的理念处理问题,而且要尽快建立与经济全球化相适应的标准化体系,不仅工业标准化要适应产品多样化、中间(半成品)简单化(标准化)乃至零部件及要素标准化的辩证关系的需求,而且随着生产全球化和虚拟化的发展以及信息全球化的需要,组合化和接口标准化将成为标准化发展的关键环节,综合标准化、超前标准化的概念和活动将应运而生,标准化的特点从个体水平评价发展为整体、系统评价,标准化的对象从静态演变为动态、从局部联系发展到综合复杂的系统。现代标准化更需要运用方法论、系统论、控制论、信息论和行为科学理论,以标准化参数最优化为目的,以系统最优化为方法,运用数字方法和电子计算技术等手段,建立与全球经济一体化、技术现代化相适应的标准化体系。目前,要遵循世界贸易组织贸易技术壁垒协定的要求,加强诸如保障国家安全、防止欺诈行为、保护人身健康或安全、保护动植物生命健康、保护环境等方面以及能源利用、信息技术、生物工程、包装运输、企业管理等方面的标准化,为全球经济可持续发展提供标准化支持。

2.3.2 标准化学科的理论基础

标准化作为一门学科,它与具体的标准化工作有所不同,它是人类数千年来从事标准化实践活动的科学总结和理论概括,它来源于成千上万个标准化活动。1992年11月,国家技术监督部门发布了由中国标准化与信息分类编码研究所、西安交通大学、中国社会科学院、中国科学院、国家科学技术委员会、国家教育委员会、国家统计局、中国科学技术协会和国家自然科学基金委员会等部门起草的国家标准GB 13745《学科分类与代码》。这项国家标准按照科学性、实用性、简明性、兼容性、扩展性和唯一性原则,依据学科研究对象、研究特征、研究方法、派生来源和研究目的目标等五个方面,对各类学科设立了58个一级学科,尔后依次设计其二级和三级学科。标准化科学技术即标准化学被定位在工程与技术科学基础学科中的二级学科。具体来说,标准化学是管理工程学科与专业技术学科的交叉学科和基础学科。

从认识世界的哲学,到改造世界的管理工程与技术学科,人类各类学科大致上有一个序列,如图2-1所示。

图2-1是一个十分清晰、符合现代科学发展规律的学科体系结构,其中哲学(包括自然辩证法和历史唯物主义)是各种学科的最高概括。自然科学、社会科学与数学是揭示客观世界中各项事物普遍性规律的基础科学,技术科学是直接为工程技术提供理论基础的学科,如流体力学为航空技术提供了理论基础,工程技术是直接改造客观世界的技术或管理方法学科。标准化学的理论基础是控制论、信息论、统计学及相关的专业技术科学,其基础科学既有法学、语言学等社会科

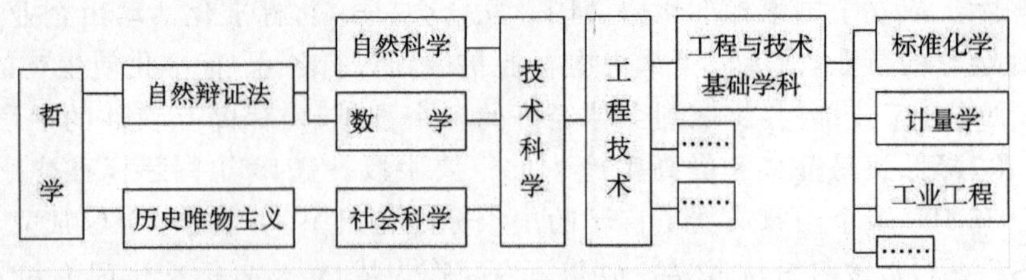

图 2-1 标准化学科的发展脉络

学，物理、化学等自然科学，还有概率论、数理统计学、应用统计数学、运筹学等数学，而以自然辩证法、逻辑学、辩证唯物主义和历史唯物主义等构成的哲学则是指导标准化的最基本的方法。

1972 年桑德斯(T. R. B. Sanders)、松浦四郎分别出版了《标准化的目的和原理》以及《工业标准化原理》两部著作，全面总结了 ISO/STACO 的研究工作，并上升到理论高度，为标准化学科建设奠定了基础。另外，印度标准学会主席威尔曼博士也于 1972 年出版了《标准化是一门新学科》的专著，产生了广泛的影响。三部著作的出版，标志着标准化学科的基础已经建立。如今标准化已经成为一门方兴未艾的学科，全世界有众多的机构和高校对其进行研究，并且对经济和社会的发展起到了很大的推动作用。

2.3.3 世界经济技术发展对标准化的影响

进入 21 世纪，人类正为迈向高技术的信息时代而进行科技知识和经济实力的准备，一些高技术发展的前沿地区和国家同样也在为这一新时代的标准化做认真的准备，现在已经表现出来的将对未来标准化产生重大影响的因素如下。

(1)经济发展的国际化趋势，把标准的国际化问题提到了每个国家的日程中。国际贸易的发展尤其是世界贸易组织(WTO)的建立，成为标准国际化的强大推进器。在 1972 年签订的《贸易技术壁垒协议》(又称《标准守则》)中规定：在一切需要有技术法规和标准的地方，当已经有国际标准或相应的国际标准即将制定出来时，参加国均应以这些国际技术法规或标准的有关部分作为制定本国技术法规和标准的依据。目的是为了克服因各国标准的不一致而造成的技术障碍。这一国际准则的确立不仅使国际标准化活动出现了空前活跃的局面，而且使全世界都认识到采用国际标准是商品进入国际市场的有力竞争武器，并成为一种世界潮流。

(2)随着科学技术的飞速发展，企业组织形式和生产方式已呈现出柔性化的发展趋势，这就需要重新开辟标准化的领域，以适应这种新的生产方式的要求。

从工业经济到知识经济是划时代的转变，是社会经济技术发展的质的飞跃。一系列高新技术产业的出现，层出不穷的新产品，以及为适应市场需求而采取的全新的产品开发模式和生产组织形式，尤其是虚拟技术、网络技术和数字技术的迅速普及和广泛应用，都是知识经济发展的表现，都对标准化提出了新要求。

(3)信息时代的标准化是建立在信息技术基础上的标准化，它的形式、内容和工作方法都要按照信息化社会和信息技术的特点重新构筑。我们将不得不更多地注意国际标准的 3 项主要功能：作为信息社会的技术结构的基础；作为控制信息流动的工具(过量信息的控制功能)；作为信息的存储库。

(4)在未来的社会里标准化将发挥重大作用。计算机技术和通信技术发展十分迅速，必须在极短的时间里把标准制定出来，才能赶上新技术的发展速度。标准化要为新技术的开发和应用创造条件。

除此之外，办公自动化的普及、柔性制造系统的应用，以及 CAD(计算机辅助设计)、CAE(计算机辅助工程)、CAM(计算机辅助制造)、CAPC(计算机辅助管理)和 ERP(制造资源计划)等现代化管理技术的广泛应用，都将提出一系列紧迫的标准化课题。

在未来的信息社会，标准化的工作量和工作难度会很大，今后的标准化工程师应该是站在信息技术前沿的最优秀的专家，必须通晓信息技术的诸多方面，把握信息技术发展的趋势，方能担当这个时代标准化的使命。

2.3.4 信息技术标准的发展趋势

随着信息技术的飞速发展，特别是 Internet 的广泛使用全面推动了信息的全球化，人类社会进入了一个新的时代——信息时代。信息技术标准有以下的发展趋势。

1)标准逐步从技术驱动向市场驱动发展

信息技术标准过去总是由于新技术或新产品的出现而导出，标准的需求来源于技术和产品的发展；全球信息社会的建设使得社会各个方面的需求骤增，而以市场驱动为主要动力的信息社会发展特征，使得信息技术标准由技术驱动向市场驱动快速发展。

2)信息技术标准化机构由分散走向联合

如 ISO、IEC 和 IETF(因特网工程任务组)等组织一方面积极听取工业界、政府和用户等各方面对标准化的急迫需求，另一方面都表示在建立信息技术标准的过程中，彼此之间建立相应的联系，避免工作交叉和竞争。许多标准制定组织正在制定合作机制，共同制定信息技术标准，各组织都在逐步使自己更加开放，并由分散走向联合。

3)信息技术标准化的内容将更加广泛，重点更加突出

信息技术标准化从信息技术领域向社会各个领域渗透，涉及教育、文化、医疗、交通和商务等广泛领域，需求大量增加。从技术角度来看，信息技术标准化的重点将放在网络、软件、信息格式安全等方面，并向以技术中立为前提，以互操作为目的的方向发展。

习　题

1. 标准的定义是什么？
2. GB/T 20000.1-2002 中定义的标准概念包含哪些要义？
3. 简述标准的分类。
4. 标准化的含义是什么？
5. 简述标准和标准化的关系。
6. 标准化的对象是什么？标准化有何意义？
7. 简述标准化的理论基础。
8. 简述建立了标准化学科基础的相关著作的内容。
9. 世界经济技术发展对标准化有哪些影响？
10. 简述当今信息技术标准的发展趋势。

第3章 立法、司法和执法概述

3.1 立 法

3.1.1 立法概念

立法一词早见于中外古代典籍。《商君·修权》有“立法明分”的言论。《史记·律书》有“王者制事立法”的说法。《汉书·刑法志》有“立法设刑”的记录。在《商君·更法》、《汉书·艺文志》、荀悦的《汉纪》、刘勰的《新论》和庾信的《羽调曲》中,也可读到诸如“各当时而立法”、“观象立法”、“立法施教”、“立法所以静乱”这样的文句。在古西方,立法一词的使用更远远多于古中国。希腊、罗马思想家差不多都对立法问题发表过议论。但无论中西古代典籍,迄无关于立法概念的规范化定义或诠释。这种定义或诠释的出现,是立法学作为理论法学的一个分支得以萌生之后的事。

当代西方学者关于立法概念的界说主要有两种:一是过程、结果两义说。认为立法既指制定或变动法的过程,又指在立法过程中产生的结果即所制定的法本身。二是活动性质、活动结果两义说。认为立法是制定和变动法因而有别于司法和行政的活动,同时又是这种活动的结果,这种结果与司法决定不同。在中国,近年来对立法概念的解释渐多,较普遍的观点有:第一,立法是指从中央到地方一切国家机关制定和变动各种不同规范性文件的活动。这是所谓最广义的解释。第二,立法是指最高国家权力机关及其常设机关制定和变动法律这种特定规范性文件的活动。这是所谓最狭义的解释。第三,立法是指一切有权主体制定和变动规范性法律文件的活动。这是介乎广狭两义之间的解释。这些解释虽能抓住立法的某些特征,可以说明某些立法,却不能说明一般的立法,不适宜作为一般立法的定义。

要把握一般的立法概念,需要全面把握立法的内涵和外延,揭示出可以反映各种立法共同特征的、适合于说明各种立法而不只是某些立法的定义。基于这一方法,我们对立法概念界说如下:

立法是由特定主体,依据一定职权和程序,运用一定技术,制定、认可和变动法这种特定社会规范的活动。

按照这一界说,立法的特征亦即立法的内涵在于以下几点。

1)立法是由特定主体进行的活动

立法是以国家的名义进行的,但不是所有国家机关都有权立法,只有特定国家机关亦即有权立法的主体才能立法。一国哪个或哪些机关有权立法,主要取决于国家的性质、组织形式、立法体制和其他国情因素。在现代各国,议会(代表机关)以及他们授权的国家机关可以称为有权立法的主体;在君主独掌立法权的专制制度下,专制君主则是最主要的立法主体。立法之所以要由特定的主体进行,根本原因在于立法活动在国家的各种活动中,是最重要的活动之一,关系到国家能否产生适合自己所要维护的社会关系需要的社会规范。立法的问题,也直接关系到国计民生。这样重要的问题,只有交由特定的主体处理,才能保证大权不致旁落,也才可能处理得好。

2)立法是依据一定职权进行的活动

有权立法的主体不能随便立法,而要依据一定职权立法:①就自己享有的特定级别或层次的立法权立法。例如,只能享有地方立法权的主体便不能行使国家立法权。②就自己享有的特定种类的立法权立法。例如,只能制定行政法规的主体便不能制定法律。③就自己有权采取的特定法的形式立法。例如,只能制定行政法规的主体,便不能制定基本法律。④就自己所行使的立法权的完整性、独立性立法。例如,只能就制定某种法行使提案权的主体,便不能就制定该种法行使审议权、表决权和公布权。⑤就自己所能调整和应当调整的事项立法。例如,只能就一般事项立法的主体,便不能就重大事项立法;应当就一定事项立法的主体,便不能不就这些事项立法。立法主体不依自己的立法职权立法,就可能超越或滥用职权,或不努力行使自己应当行使的职权,就会生出诸多弊端。

3)立法是依据一定程序进行的活动

现代立法一般经过立法准备、由法案到法和立法完善诸阶段。其中由法案到法的阶段,一般都经过法案提出、审议、表决和法的公布诸道程序。在特殊情况下可以有特殊程序。古代立法似乎是随便进行的,但实际上也有自己的程序。在实行民主、共和政体的古代国家,立法要遵循一定的程序自不必说,即使在君主"言出法随"的专制国家,立法一般也都有问题的提出、处理和法的形成过程,这个过程通常总要按常例进行,这种常例便是立法程序。立法程序本无固定模式,今天的立法程序同古代的立法程序存在的差别,只表明不同文化形态下的立法文化的多样化和差异性,不表明古代立法没有程序。立法依据一定程序进行,才能保证立法具有严肃性、权威性和稳定性。

4)立法是运用一定技术进行的活动

立法是一门科学。要使所立的法能有效地发挥作用,必须重视立法技术。明智的立法者一般都能比较自觉地重视立法技术。不重视立法技术,立法就缺乏科学性,就会有许多弊端,立法的目的就难以实现。随着法学的发展特别是立法科学的发展,立法技术将会成为立法者和法学家更加重视的问题,那种不讲立法技术,所立的法漏洞百出的情况,将会愈益少见。立法技术在不同时代和国情之下有很大差别,但就其基本含义来说,是指一定的立法主体在立法的过程中所采取的如何使所立的法臻于完善的技术性规则,或是制定和变动规范性法律文件活动中的操作技巧和方法。

5)立法是制定、认可和变动法的活动

立法是一项系统工程,包括制定法、认可法、修改法、补充法和废止法等一系列活动。制定,通常指有权的国家机关进行的直接立法活动,如全国人大及其常委会制定法律、国务院制定行政法规。认可,指有权的国家机关进行的旨在赋予某些习惯、判例、法理、国际条约或其他规范以法的效力的活动。修改、补充和废止法,则指有权的国家机关变更现行法的活动。

这些特征结合在一起,使立法与其他活动区别开来,而成为具有自己特色和独自属性的活动。

立法也有其外延,这种外延亦即适合于说明各种立法而不只是某些立法的特征。立法的外延表明以下几层含义。

1)立法是历史的范畴

每一历史阶段的立法都有自己所独有的特点。以立法制度而论,在奴隶制和封建制历史阶段,虽然有的国家如奴隶制雅典城邦,有的时期如欧洲中世纪实行等级代表君主制时期,立法权不是由君主独掌或不完全由君主独掌,但绝大多数国家的大部分时期中,立法权是独掌于君主之手的。在君主之外无所谓立法机关，只是在君主认为必要时，才指定有关大臣组成临时的、对君主负责的起草法的机关，某项法起草完毕并由君主审议颁布后，该机关便不复存在。现代国家则大不相同：虽然有的国家还存在君主立宪制，君主也参与行使部分立法权，但君主独掌立法权的现象不存在了。现代国家中作为一种普遍现象存在的，是设置了专门立法机关或主要职能是立法的机关。

2）立法是国情的产物

同一历史阶段的不同国家中，立法往往也有种种差别。造成差别的原因在于国情不同。例如，都是奴隶制立法，由于国情不同，中国奴隶制立法权由君主行使，而希腊雅典城邦的立法权则主要由作为议事机关的公民大会行使，一个实行的是奴隶制的专制式的立法制度，一个实行的是奴隶制的民主式的立法制度。

3）立法的种类多样化

在历史的和现实的立法中，立法种类是多样化的。从立法的主体看，有君主立法、代议机关立法、法定立法机关立法、非法定立法机关立法之分；从立法的效力等级和效力范围看，有中央立法、地方立法之分；从立法的内容看，有实体立法、程序立法、刑事立法、民事立法、行政立法以及其他立法之分；从立法的方式看，有制定法、认可法、修改法、废止法之分。

注意这三点，才能避免只抓住不同情形下的立法独有的特征去认识立法，才能从各种不同情形之下的立法中抽出它们的共同特征来认识一般的立法。

3.1.2 立法制度与立法体制

1. 立法制度

立法制度是立法活动、立法过程所须遵循的各种实体性准则的总称，是国家法制的重要组成部分。

立法制度是国家法制整体中前提性、基础性的组成部分。没有好的立法制度，便难有好的法律、法规、规章和其他规范性文件，因而再好的执法、司法制度也不能发挥应有的作用，实现法治或建设现代法治国家便没有起码的条件。

立法制度的状况是国家法制状况的更直接、更明显的标志。从结构的角度看，有没有健全的立法制度，直接反映出一国法制健全与否。从民主的角度看，立法权是否属于人民，立法机关是否由民意产生，立法程序或立法过程是否民主、是否有透明度，都直接和明显地反映出一国法制的民主化程度。从特色的角度看，立法机关所立之法在国家法的渊源体系中居于何种地位，其他国家机关对法的渊源的作用程度，是当今民法法系与普通法法系各具特色的一个重要分野。

立法制度有成文和不成文两种形式。成文立法制度是以法的形式确定的立法活动、立法过程所须遵循的各种准则。不成文立法制度是立法活动、立法过程实际上所须遵循但并没有以法的形式确定的各种准则。一国立法制度成文化的程度与该国整个法制和法治的发达程度一般成正比。现代立法制度主要是成文制度，许多国家不仅在宪法和宪法性法律中对立法制度作出规定，还有关于立法制度的专门立法。现时中国立法制度处于走向完善的发展过程中，宪法对立法制度的有关方面作出了原则规定，新近通过实施的《立法法》对中国现行立法制度的有关方面作出了较为具体的规定。

现代立法制度主要由下列制度所构成。其一，关于立法体制的制度。其二，关于立法主体的制度。其三，关于立法权的制度。其四，关于立法运作的制度。其五，关于立法监督的制度。其六，立法与有关方面关系的制度。

在这种立法制度中，立法体制，尤其是立法权限划分体制，是更具大局性的制度。

2. 立法体制

立法体制是关于立法权、立法权运行和立法权载体诸方面的体系和制度所构成的有机整体。其核心是有关立法权限的体系和制度。立法体制是静态和动态的统一，立法权限的划分，是立法体制中的静态内容；立法权的行使是立法体制中的动态内容；作为立法权载体的立法主体的建置和活动，则是立法体制中兼有静态和动态两种状态的内容。

立法体制由三要素构成。一是立法权限的体系和制度，包括立法权的归属、立法权的性质、立法权的种类和构成、立法权的范围、立法权的限制、各种立法权之间的关系、立法权在国家权力体系中的地位和作用、立法权与其他国家权力的关系等方面的体系和制度。二是立法权的运行体系和制度，包括立法权的运行原则、运行过程、运行方式等方面的体系和制度。三是立法权的载体体系和制度，包括行使立法权的立法主体或机构的建置、组织原则、活动形式、活动程序等方面的体系和制度。

这里所谓立法权的运行体系和制度，其含义与通常所说的立法程序不同。后者指行使立法权的国家机关在立法活动中所须遵循的有关提案、审议、表决、通过法案和公布规范性法律文件的法定步骤和方法。前者除包括这些内容外，还包括行使立法权的国家机关在提案前和公布后的所有立法活动中所须遵循的法定的和非法定的步骤和方法，以及所须遵循的原则。例如，在进行立法预测、立法规划、立法决策、立法解释、立法信息反馈、法的汇编和编纂过程中所有与立法权的运行有关的步骤、方法和原则。除包括行使立法权的国家机关所须遵循的步骤、方法和原则外，还包括不行使立法权但却担负立法工作或参与立法工作的机构在立法活动中应当遵循的步骤、方法和原则。

这里所谓立法权的载体体系和制度，其含义与通常所说的立法机关的体系和制度不同。后者指专门制定和变动规范性法律文件的立法机关，或虽非专门立法机关但却行使立法权的国家机关的体系和制度。前者除包括这些内容外，还包括上述国家机关中受命完成立法任务的工作机构和其他不行使立法权但参与立法活动的工作机构的体系和制度。

这三方面的体系和制度构成的有机整体，即为立法体制。在这个体制中，立法权限是基础和核心，立法权的运行和立法权的载体是基于立法权限而产生和存在的，并成为立法体制的组成部分。

立法体制是多样化的。以立法权的归属和立法机关的设置来说：当立法权掌握在以民主、法沿原则为基础的政权机关之手时，这种立法体制是民主立法体制；当立法权掌握在君主一人之手或法西斯独裁者一人之手时，这种立法体制是专制或独裁立法体制；当立法权由一个政权机关甚至一个人掌握时，这种立法体制是单一的立法体制；当立法权由两个或两个以上的政权机关共同掌握时，这种立法体制是复合的立法体制；当立法权虽然属于一个机关，但另外的机关对立法权也有相当制约作用时，这种立法体制则是制衡的立法体制。而所有这些立法体制，如果按立法权和立法机关是属于中央专有还是分别属于中央和地方来划分，又可以分为一级立法体制和两级立法体制。在立法权专属中央、不存在中央立法与地方立法区分的情况下，可以称其为一级立法体制；如果中央和地方都可以立法，这种立法体制可以称其为两级立法体制。

一国采用何种立法体制，主要原因不在于人们的主观爱好，而取决于客观因素。立法体制如同整个立法一样，是历史的范畴、国情的概念。当今世界已不存在君主专制制度，由君主一人掌握立法权的立法体制早已消逝，代之而起的是以一系列民主、法治原则为基础的民主立法体制。但由于国情不同，今日各国立法体制仍有许多差别，有些国家的立法体制之间还大相径庭。

3.1.3 当今世界主要立法体制

综观当今世界立法体制，主要有单一的立法体制、复合的立法体制、制衡的立法体制，还有若干特殊的立法体制。

(1)单一的立法体制是指立法权由一个政权机关甚至一个人行使的立法体制。包括单一的一级立法体制和单一的两级立法体制。单一的一级立法体制，不仅指立法权由中央一级的政权机关行使，也指由一个而不是由几个中央政权机关行使。实行单一的一级立法体制的国家较多。单一的两级立法体制，主要指中央和地方两级立法权各自由一个而不是由两个或几个机关行使。实行单一的两级立法体制的国家，主要是实行共和政体的一些联邦制国家，也有少数单一制国家。

(2)复合的立法体制，是指立法权由两个或两个以上的政权机关共同行使的立法体制。实行这种立法体制的国家一般是单一制国家。由于这些国家的立法权由两个以上的中央政权机关行使，它们的立法体制实际上是复合的一级立法体制。实行这种立法体制的国家较少。

(3)制衡的立法体制是建立在立法、行政、司法三权既相互独立又相互制约的原则基础上的立法体制。实行制衡这种立法体制的国家，立法职能原则上属于议会，但行政机关的首脑如作为国家元首的总统，有权对议会的立法活动施以重大影响，甚至直接参与行使立法权。例如，总统有权批准或颁布法律，有权要求将法律草案提交公民投票，有权要求议会对某项法律重新审议，甚至有权否决议会立法或解散议会。制衡的立法体制中的总统对立法的作用，远远大于其他立法体制中总统对立法的作用，他们在立法中的权力来源于宪法或宪政制度，不属于议会立法权范畴。在许多实行制衡的立法体制的国家，司法机关也对立法起制衡作用，这些国家的宪法法院或高级法院有权通过审判，宣布议会某一立法或某一法律条文违反宪法因而无效。

(4)其他立法体制。当今世界除存在上述三种主要立法体制外，还存在其他一些特殊的立法体制，这些立法体制都是特殊国情的产物。前苏联和南斯拉夫实行的就不是简单的中央与地方实行分权的两级立法体制，而是多级的特殊的立法体制。又如，安道尔的立法体制也有特殊性。安道尔由邻邦西班牙教区的乌尔盖主教和法国政府首脑共同进行统治，没有立法机关，包括立法权在内的国家权力由两个共同统治者各自任命的两名常设代表代为行使。再如梵蒂冈，教皇是最高首脑，他作为教会最高政府的附属权力机关，在梵蒂冈拥有立法的、行政的、司法的无限权力。中国现行立法体制也是特殊的立法体制。

3.1.4 中国现行立法体制

同当今世界普遍存在的单一的立法体制、复合的立法体制、制衡的立法体制相比，中国现行立法体制独具特色。其一，在中国，立法权不是由一个政权机关甚至一个人行使的，因而不属于单一的立法体制。其二，在中国，立法权由两个以上的政权机关行使，是指中国存在多种立法权，如国家立法权、行政法规立法权、地方性法规立法权，它们分别由不同的政权机关行使，而不简单是同一个立法权由几个政权机关行使，因而也不属于复合的立法体制。其三，中国立法体制也不是制衡的立法体制，不是建立在立法、行政、司法三权既相互分立又相互制约的原则基础上的，国家主席和政府总理都产生于全国人大，国家主席是根据人大的决定公布法律，总理不存在批准或否决人大立法的权力，行政法规不得与人大法律相抵触，地方性法规不得与法律和行政法规相抵触，人大有权撤销与其所制定的法律相抵触的行政法规和地方性法规，这些只表明中国立法体制内部的从属关系、统一关系、监督关系，不表明制衡关系。

中国现行立法体制是特色甚浓的立法体制。从立法权限划分的角度看,它是中央统一领导和一定程度分权的,多级并存、多类结合的立法权限划分体制。最高国家权力机关及其常设机关统一领导,国务院行使相当大的权力,地方行使一定权力,是中国现行立法权限划分体制突出的特征。

实行中央统一领导和一定程度分权,一方面是指最重要的立法权亦即国家立法权——立宪权和立法律权,属于中央,并在整个立法体制中处于领导地位。国家立法权只能由最高国家权力机关及其常设机关行使,地方没有这个权,其他任何机关都没有这个权。行政法规、地方性法规都不得与宪法、法律相抵触。虽然自治法规可以有同宪法、法律不完全一致的例外规定,但制定自治法规作为一种自治权必须依照宪法、民族区域自治法和立法法所规定的权限行使,并须报全国人大常委会批准或备案。这些制度实质上确保了国家立法权对自治法规制定权的领导地位。另一方面,是指国家的整个立法权力,由中央和地方多方面的主体行使。这是中国现行立法体制最深刻的进步或变化。这种相当程度上的分权,通过多级并存和多类结合两个特征进一步表现出来。

多级(多层次)并存,即全国人大及其常委会制定国家法律,国务院及其所属部门分别制定行政法规和部门规章,一般地方的有关国家权力机关和政府制定地方性法规和地方政府规章。全国人大及其常委会、国务院及其所属部门、一般地方的有关国家权力机关和政府,在立法上以及在它们所立的规范性法律文件的效力上有着级别之差,但这些不同级别的立法和规范性法律文件并存于现行中国立法体制中。

多类结合,即上述立法及其所制定的规范性法律文件,同民族自治地方的立法及其所制定的自治法规,以及经济特区和港澳特别行政区的立法及其所制定的规范性法律文件,在类别上有差别。之所以要在"中央统一领导"、"分权"和"多级(多层次)"的提法之外,又使用"多类"的提法,是因为仅用"统一领导"、"多级(多层次)"的提法不能概括现行中国立法体制的全部主要特征。因为:第一,自治法规(自治条例、单行条例)和港澳特区的法律既属地方规范性法律文件范畴,又不同于地方性法规和地方政府规章,在立法上把它们划入同等级别未必妥善。第二,在法的效力上,行政法规一般能在全国有效,而自治立法和特区立法产生的规范性文件不能在全国有效,因此行政法规比后两者高一级;但自治立法和特区立法产生的规范性文件并不需要像一般地方性法规那样必须以行政法规为依据,在这一点上又不能说它们比行政法规低一级;但如果把它们看成与行政法规平级或在级别上高于地方性法规,显然也不妥。鉴于这些原因,有必要使用"类"的概念。

中国现行立法体制,有深刻的国情根据。

(1)中国是人民当家做主的国家,法是人民意志的反映,由体现全国人民最高意志的最高国家权力机关全国人大及其常委会行使国家立法权,统一领导全国立法,制定、变动反映国家和社会的基本制度、基本关系的法律,中国立法的本质才符合国情的要求。

(2)中国幅员广阔,人口众多,各地区、各民族经济、文化发展很不平衡,不可能单靠国家立法来解决各地复杂的问题,许多情况国家立法不好规定,规定粗了不能解决问题,规定细了又不可能。因此,要适应国情需要,除了要用国家立法作为统一标准解决国家基本问题外,还有必要在立法上实行一定程度的分权,让有关方面分别制定行政法规、地方性法规、自治法规和特区规范性法律文件等。

(3)现阶段中国,经济上实行以国有经济为主导的多种经济形式并存发展的市场经济结构,政治上实行民主集中制。经济、政治上的特点加上地理、人口、民族方面的特点和各地不平衡的特点,决定了国家在立法体制上一方面必须坚持中央统一领导,另一方面,必须充分发扬民主,使多方面参与立法，特别是要正确处理中央与地方的关系。

(4)从历史的和新鲜的经验来看，1954 年宪法改变了建国初期各大行政区和各省甚至市、县有权制定有关法令、条例的体制，实行立法的集权原则。这在当时对实现和巩固国家的统一、反对分散主义是必要的。但由于将立法权过分集中，既不利于地方发展，也分散了中央的精力，还容易助长上级机关的官僚主义。历史经验表明，有必要在立法上实行一定程度的分权制度。另一方面，这些年来国家、社会和公民生活的发展特别是市场经济的迅速发展，提出了大量的立法要求，紧迫而又繁重的立法工作单靠行使国家立法权的机关不可能完成。近年来，正由于在立法体制上采取改革措施，实行现行立法体制，才解决了许多实际问题，推动了国家的经济建设和民主、法制建设。

(5)也是特别重要的是，中国国情中的历史沉淀物也要求实行相当程度分权的立法体制。

3.2 司　　法

3.2.1 司法概念

在西方，"司法"一词大都同时作为学理上的概念和各国实定法上的用语而存在。依孟德斯鸠的三权分立学说，司法有别于立法及行政，是"处罚犯罪或裁决私人争讼"的权力，性质上属于纯粹的法律作用，而非政治作用。法官不过是法律的传声筒，只能依三段论法精确地适用法律条文，不具有违宪审查权，甚至连解释权亦严格受到限制。但从现代各国司法体制及司法机关的职权来看，孟氏对司法的定义方式显然与现实已有了很大的不同。一般认为，司法的内容受各国传统及时代因素影响，具有历史的可变性，无法以一定的方式加以界定。考察现代各国对"司法"概念的具体实践，大体上，美日与德法堪称两类典型。

美国的司法概念，依其联邦宪法第 3 条规定，以"事件及争讼"(cases and controversies)为要素，包含民事、刑事及行政事件的裁判。而且，法院审理案件时，附带对有关法令进行违宪审查，这是司法的本质性义务。日本战后对美国司法制度全盘照收，因此，在对司法的理解上，也大致采取与美国相同的态度。

法国自大革命以来，即将司法范围限定于民、刑事裁判，不包括行政案件的裁判。司法的任务亦受严格限制，大革命时期的法律规定，法官干预立法权及执行权行使的，即构成渎职罪。同时，法院"解释"法律也被绝对禁止，相应地，法官仅能一板一眼适用法律。1958 年法国第五共和宪法虽然引进违宪审查制度，但该制度与一般司法不同，这很突出地反映在相应法律条文的归属上：后者规定于第八篇"司法权威"，而前者却另外规定于第七篇"宪法院"。同属大陆法系的德国，传统类似于法国，将行政法院排除在司法体系之外，现行基本法则另设"裁判"(rechtsprechung)一语，作为"司法"的上位概念，用以统括普通法院、行政法院、财政法院、劳动法院、社会法院及具有抽象违宪审查权的宪法法院。

然而司法的实质并不在于司法范围的深广，而在于"司法"之所以成其为"司法"的底线。我国司法体制本仿苏联而建制，在我们当年所着力效仿的苏联解体之后，其国原依存的司法体制亦分崩离析。现今的俄罗斯等国在司法体制上也已全盘接收"三权分立"学说，并已完成相应改制。在此境遇下的中国司法体制既面临与前苏联旧体制的决裂，又碍于政治因素及本土国情而无法断然像俄罗斯等国一样对司法制度进行彻底改造，"有中国特色的司法体制"一词便成为国家决策层所握持的一根救命稻草，并为学界学者所着力维护。

3.2.2 我国的司法制度

在我国，司法有广义和狭义之分，广义的司法是指国家司法机关及司法组织在办理诉讼案件和非讼案件过程中的司法活动。狭义的司法指国家司法机关在办理诉讼案件中的司法活动。这里的司法指广义的司法。这里的司法机关是指负责侦查、检察、审判、执行的公安机关（含国家安全机关）、检察机关、审判机关、监狱机关。这里的司法组织是指律师、公证、仲裁组织。后者虽不是司法机关，却是司法系统中必不可少的链条和环节。

司法制度是指司法机关及其他的司法性组织的性质、任务、组织体系、组织与活动的原则以及工作制度等方面规范的总称。我国的司法制度包括侦查制度、检察制度、审判制度、监狱制度、司法行政管理制度、人民调解制度、律师制度、公证制度、国家赔偿制度等。狭义的司法权限专指审判权和监察权。

3.2.3 我国的司法组织

1. 审判组织

审判制度就是法院制度，包括法院的设置、法官、审判组织和活动等方面的法律制度。根据现行宪法和人民法院组织法的规定，人民法院是国家审判机关，其组织体系是地方各级人民法院、专门人民法院和最高人民法院。各级各类人民法院的审判工作统一接受最高人民法院的监督。地方各级人民法院根据行政区划设置，专门法院根据需要设置。

地方各级人民法院分为基层人民法院、中级人民法院、高级人民法院。为便利人民诉讼，由基层人民法院设若干人民法庭，作为派出机构，但人民法庭不是一个审级。其职权是审理一般民事和轻微刑事案件，指导人民调解委员会的工作，进行法制宣传，处理人民来信，接待人民来访。它的判决和裁定就是基层人民法院的判决和裁定。

专门人民法院是指根据实际需要在特定部门设立的审理特定案件的法院，目前在我国设军事、海事、铁路运输法院等专门法院。军事法院设三级：基层军事法院，大军区、军兵种军事法院，中国人民解放军军事法院。中国人民解放军军事法院是军内的最高审级。

海事法院是为行使海事司法管辖权而设立的专门审判一审海事、海商案件的专门人民法院。1989 年 5 月最高人民法院作出《关于海事法院收案范围的规定》，规定海事法院受理中国法人、公民之间，中国法人、公民同外国或地区法人、公民之间，外国或地区法人、公民之间的海事商事案件。

2. 检察组织

检察制度是国家检察机关的性质、任务、组织体系、组织和活动原则以及工作制度的总称。

根据宪法和人民检察院组织法规定，人民检察院是国家的法律监督机关，行使国家的检察权。人民检察院由同级人民代表大会产生，向人民代表大会负责并报告工作。人民检察院组织法第二条规定，中华人民共和国设立最高人民检察院、地方各级人民检察院和军事检察院等专门人民检察院。这种自上而下的排列反映了检察机关上下级是领导和被领导的关系及其集中统一的特点，这与人民法院上下级之间监督与被监督的关系有显著不同。为了维护国家法制的统一，检察机关必须一体化，必须具有很强的集中统一性。

最高人民检察院是国家最高检察机关，领导地方各级人民检察院和专门检察院的工作。地方各级人民检察院包括省、自治区、直辖市人民检察院；省、自治区、直辖市人民检察院分院，自治州和省辖市人民检察院；县、市、自治县和市辖区人民检察院。专门人民检察院主要包括军事检察院、铁路运输检察院。各级人民检察院都是与各级人民法院相对应而设置的，以便依照刑事诉讼法规定的程序办案。

我国的司法是司法机关以国家强制力为后盾实施法律的活动，具有国家强制性。司法机关必须依照法定程序、运用法律处理案件，具有严格的程序性及合法性。司法机关的司法活动具有被动性，不能主动地适用法律。我国的司法制度是一整套严密的人民司法制度体系，在整个国家体制中具有非常重要的地位和作用。

3.2.4 美国的司法制度

1. 美国的审判制度

美国共有52个相互独立的法院系统，包括联邦法院系统、首都哥伦比亚特区法院系统和50个州法院系统。虽然联邦最高法院是全美国的最高法院，其决定对美国各级各类法院均有约束力，但是联邦法院系统并不高于州法院系统，二者之间没有管辖或隶属关系。从一定意义上讲，美国的法院系统为“双轨制”，一边是联邦法院，一边是州法院，二者平行，直到联邦最高法院。

联邦法院和州法院管辖的案件种类不同。在刑事领域内，联邦法院审理那些违反联邦法律的犯罪案件；在民事领域内，联邦法院审理以合众国为一方当事人、涉及“联邦性质问题”以及发生在不同州的公民之间而且有管辖权争议的案件。州法院的管辖权比较广泛。按照美国宪法的规定，凡是法律没有明确授予联邦法院的司法管辖权，都属于州法院。在实践中，绝大多数刑事案件和民事案件都是由各州法院审理的。在诸如加利福尼亚等大州，州法院一年审理的案件总数可以高达百万；而所有联邦法院一年审理的案件总数不过其四分之一。

联邦和大多数州的法院系统都采用“三级模式”，只有内布拉斯加等几个州采用两级模式。所谓“三级模式”，就是说法院建立在三个级别或层次上，包括基层的审判法院、中层的上诉法院和顶层的最高法院。当然，各州所使用的法院名称并不尽相同。例如，在纽约州，基层审判法院叫“最高法院”；中层上诉法院叫“最高法院上诉庭”；实际上的最高法院则叫“上诉法院”。

无论是联邦法院还是州法院，无论是普通法院还是特别法院，都可以根据基本职能不同而分为两种：一种是审判法院(Trial Courts)，一种是上诉法院(Appellate Courts)。一般来说，美国的审判法院和上诉法院之间的职责分工是明确和严格的。审判法院只负责一审；上诉法院只负责上诉审。但是联邦最高法院和某些州的最高法院例外，它们既审理上诉审案件，也审理少数一审案件。

美国的审判法院一般都采用法官“独审制”，即只有一名法官主持审判并作出判决。上诉审法院则采用“合议制”，即由几名法官共同审理案件并作出判决。合议庭的组成人数各不相同。一般来说，中级上诉法院的合议庭由3名法官组成；最高法院的合议庭则由5名、7名或9名法官组成。此外，根据案件的种类和当事人的意愿，审判法院的审判可以有两种形式：法官审(Bench Trial)和陪审团审(Jury Trial)。

2. 美国的检察制度

美国的检察体制具有“三级双轨、相互独立”的特点。所谓“三级”，是指美国的检察机关建立在联邦、州和市镇这三个政府“级别”上。所谓“双轨”，是指美国的检察职能分别由联邦检察系统和地方检察系统行使，二者平行，互不干扰。美国的检察机关无论“级别”高低和规模大小，都是相互独立的。

美国的联邦检察系统由联邦司法部中具有检察职能的部门和联邦地区检察官办事处组成，其职能主要是调查、起诉违反联邦法律的行为，并在联邦作为当事人的民事案件中代表联邦政府参与诉讼。联邦检察系统的首脑是联邦检察长，同时也是联邦的司法部长。虽然他是联邦政府的首席检察官，但他只在极少数案件中代表联邦政府参与诉讼，而且仅限于联邦最高法院和联邦上诉法院审理的案件。其主要职责是制定联邦政府的检察政策并领导司法部的工作。实际上，司法部中的大多数部门都与检察工作无关，只有几个处具有检察职能，其中最主要的是刑事处。

美国共有95个联邦司法管辖区，每区设一个联邦检察官办事处，由一名联邦检察官和若干名助理检察官组成。他们是联邦检察工作的主要力量。在一般案件中，他们自行决定侦查和起诉，但要遵守联邦检察长制定的方针政策。在某些特别案件中，如涉及国家安全的案件和重大的政府官员腐败案件，他们往往会寻求司法部刑事处的支持和帮助，而且要得到联邦检察长或主管刑事处工作的助理检察长的批准才提起公诉。

美国的地方检察系统以州检察机关为主，由州检察长和州检察官领导的机构组成。州检察长名义上是一州的首席检察官，但他们多不承担公诉职能，也很少干涉各检察官办事处的具体事务。市镇检察机关独立于州检察系统的地方检察机关，但并非美国的所有市镇都有自己的检察机关。在有些州，市镇没有检察官员，全部检察工作都属于州检察官的职权。在那些有自己检察机关的市镇，检察官员无权起诉违反联邦或州法律的行为，只能调查和起诉那些违反市镇法令的行为。

3.3 执　　法

广义的执法就是指所有国家行政机关、司法机关及工作机关依照法定职权和程序实施法律的活动。狭义的执法专指国家行政机关及其公职人员依法行使管理职权、履行职责、实施法律的活动。

执法是以国家的名义对社会生活进行全面管理，具有国家权威性。这是因为：首先在现代社会为了避免混乱，大量法律的内容是有关各方面社会生活的组织与管理，从经济到政治，从卫生到教育，从公民的出生到公民的死亡，无不需有法可依；其次，根据法治原则，为了防止行政专横，行政机关的活动必须严格按照立法机关根据民意和理性事先制定的法律来进行。因此，行政机关执行法律的过程就是执法的过程，就是代表国家社会机关来管理的过程，社会大众应当服从。

3.3.1　我国的执法制度

执法的主体是国家行政机关公职人员。在我国，国务院和地方各级人民政府依法从事全国或本地方行政管理的同时，就是在全国或本地方执法的过程；行政职能部门依法在某一方面进行管理的同时，就是在本部门执行、实施相应的法律的过程。

执法具有国家强制性，行政机关执行法律的过程同时是行使执法权的过程，行政机关根据法律的授权对社会进行管理，一定的行政机关是进行有效管理的前提。行政权是一种国家权力，既能够改变社会的资源分配，控制城市的人口规模，也能够在很大程度上影响公民生活，如升学、就业、结婚等。

执法具有主动性和单方面性。执行法律既是国家行政机关进行社会管理的权力，也是它对社会、对民众承担的义务，既是权力也是职责。因此，行政机关在进行社会管理时，应当以积极的行动主动执行法律、履行职责，而不一定需要行政相对人的请求和同意。如果行政机关不主动执法并因此给国家或社会造成损失，就构成失职，需要承担法律责任。

3.3.2　美国的执法组织

美国联邦执法机构如下：

- 司法部(DOJ):联邦调查局(FBI),稽毒局(DEA),国际刑警组织美国中心局(USNCB),美国法警(US Marshals),酒烟火器爆破物品局(ATF)
- 国土安全部(HSD):运输安全局(TSA),保密局(Secret Service),移民与海关执法局(ICE),海关与边防保卫局(CBP),美国海岸卫队(USCG)
- 国务院(DOS):外交保安局(DSS)
- 国防部(DOD):国防调查局(DIS),陆军刑事调查司令部(CID),海军刑事调查局(NCIS),空军特别调查局(OSI)

其他联邦执法机构还包括国会警察(USCP)、美国公园警察(USPP)、所有联邦政府部门内的督察长公署(IG)和移民局(INS)。其原来的美国边防巡警(USBP)并入CBP。

美国联邦调查局(Federal Bureau of Investigation,FBI),是美国司法部的主要调查机构,根据美国法典第28条533款,授权司法部长"委任官员侦测反美国的罪行",另外其他联邦的法令给予FBI权力和职责调查特定的罪行。FBI现有的调查司法权已经超过200种联邦罪行。十大通缉犯清单从1930年起就已经公布于众了。FBI的任务是调查违反联邦犯罪法的行为,支持法律,保护美国,调查来自于外国的情报和恐怖活动,在领导阶层和法律执行方面对联邦、州、当地和国际机构提供帮助,同时在响应公众需要和忠实于美国宪法前提下履行职责。在FBI每次调查后,递交给适当的美国律师或者美国司法部官员,由他们决定是否批准起诉或采取其他行动。其中影响社会的五大方面享有最高优先权:反暴行,毒品/有组织犯罪,外国反间谍活动,暴力犯罪和白领阶层犯罪。FBI曾经有不纯的历史,既支持法律,有时候又破坏它。但在大多数美国人的通常印象里,它是打击罪行最有效的机构。特工的人数每年都在增长,现在已经超过11000名。大多数特工驻在外国,作为大使法律随员在美国使馆工作,FBI自称为"LEGATS"。

中央情报局(Central Intelligence Agency,CIA)简称中情局,是美国最大的情报机构(美国政府的间谍和反间谍机构,是美国庞大情报系统的总协调机关),主要任务是公开和秘密地收集和分析关于国外政府、公司和个人,政治、文化、科技等方面的情报,协调其他国内情报机构的活动,并把这些情报报告到美国政府各个部门。它也负责维护大量军事设备,这些设备在冷战期间用于推翻外国政府,例如前苏联,和对美国利益构成威胁的反对者,例如危地马拉的阿本斯和智利的阿连德。总部设在维吉尼亚州的兰利。有些人认为中央情报局经常进行一些暗杀活动,暗杀敌国领导人,例如古巴总统卡斯特罗,但是并没有足够的证据证明这一点。中央情报局的地位和功能相当于英国的军情六局和以色列的摩萨德。

习　题

1. 请解释立法和司法的概念。
2. 当今世界有哪些主要的立法体制?
3. 我国的司法组织有哪些?它们各自负责哪方面工作?
4. 立法制度与立法体制有什么区别?
5. 立法的特征有哪些?
6. 现代立法制度由哪些制度构成?
7. 简述立法体制的三要素。
8. 我国的立法体制有何特点?
9. 我国的司法制度包括哪些制度?
10. 我国的执法主体是什么?

第 2 部分　信息安全标准

第4章　信息安全国际标准概况

迄今为止，若干全球性或者区域性组织已制定了大量的信息技术标准，其中包括了各种信息安全标准。这些标准被世界各国广泛认同和使用。本章就对有关组织及标准体系进行介绍。

4.1　ISO/IEC

国际标准化组织(International Organization for Standardization，ISO)，是一个全球性的非政府组织，是国际标准化领域中一个十分重要的组织。ISO的任务是促进全球范围内的标准化及其有关活动，以利于国际间产品与服务的交流，以及在知识、科学、技术和经济活动中发展国际间的相互合作。它显示了强大的生命力，吸引了越来越多的国家参与其活动。

4.1.1　ISO的由来

国际标准化活动最早开始于电子领域，于1906年成立了世界上最早的国际标准化机构——国际电工委员会(IEC)。其他技术领域的工作原先由成立于1926年的国家标准化协会的国际联盟(International Federation of the National Standardizing Associations，ISA)承担，重点在于机械工程方面。ISA的工作在1942年终止。1946年，来自25个国家的代表在伦敦召开会议，决定成立一个新的国际组织，其目的是促进国际间的合作和行业标准的统一。于是，ISO这一新组织于1947年2月23日正式成立，总部设在瑞士的日内瓦。ISO于1951年发布了第一个标准——工业长度测量用标准参考温度。

许多人注意到国际标准化组织的全名与缩写之间存在差异，为什么不是“IOS”呢？其实，“ISO”并不是首字母缩写，而是一个词，它来源于希腊语，意为“相等”，现在有一系列用它做前缀的词，诸如“isometric”(意为“尺寸相等”)，“isonomy”(意为“法律平等”)。从“相等”到“标准”，内涵上的联系使“ISO”成为组织的名称。

4.1.2　ISO的组织结构

ISO的组织机构包括全体大会、主要官员、成员团体、通信成员、捐助成员、政策发展委员会、理事会、ISO中央秘书处、特别咨询组、技术管理处、标样委员会、技术咨询组、技术委员会等。

全体大会：由官员和各成员团体指定的代表组成。通信成员和捐助成员可以观察员身份参加全体大会。它一般每年举行一次，其议事日程包括ISO年度报告、ISO有关财政和战略规划及司库关于中央秘书处的财政状况报告。全体大会由主席主持。

理事会：主要由官员和18个选举出的成员团体组成，负责ISO的日常运行。理事会任命司库、12个技术管理局的成员、政策发展委员会的主席，决定中央秘书处每年的预算。

中央秘书处：是ISO所有组织机构的秘书处。

政策发展委员会：是全体大会的顾问委员会，它具体包括：①合格评定委员会，主要制订有关产品认证、质量体系认证、实验室认可和审核员注册等方面的准则；②消费者政策委员会，主要制订指导消费者利用标准保护自身利益的指南；③发展委员会，是一个专门从事帮助发展中国家工作的机构，管理 ISO 发展计划，提供经费和专家，帮助发展中国家推进标准化工作。

技术委员会：ISO 技术工作是高度分散的，由 227 个技术委员会（TC）承担。在这些委员会中，世界范围内的工业界代表、研究机构、政府权威、消费团体和国际组织都作为对等合作者共同讨论全球的标准化问题。管理一个技术委员会的主要责任由一个 ISO 成员团体（诸如 AFNOR、ANSI、BSI、CSBTS、DIN、SIS 等）担任，该成员团体负责日常秘书工作，并指定一至二人具体负责技术和管理工作，委员会主席协助成员达成一致意见。每个成员团体都可参加它所感兴趣的课题的委员会。与 ISO 有联系的国际组织、政府或非政府组织都可参与工作。

技术管理会：负责向理事会提交有关 ISO 的组织协调、战略政策以及技术工作的报告和建议等工作。

特别咨询组：为了宣传 ISO 的宗旨和目标，ISO 主席可以在理事会的批准下邀请致力于国际标准化的组织的领导人作为 ISO 的对外执行领导，由他们来组成这个咨询组。

技术咨询组：如果有需要，技术管理会将成立技术咨询组致力于为开展工作而提供部门或部门间的协调，整体政策和后台支持。

标样委员会：主要负责为标样提供相关的定义、分类和分级等工作。

常务委员会（财政/战略）：财政常务委员会主要负责为司库提供财政上的顾问，为理事会和秘书长关于 ISO 所提供的服务价值评估等问题提供建议。战略常务委员会主要负责向理事会提出恰当的政策和战略事项，并提出相关意见，准备年度战略施行计划并每五年修订一次《ISO 战略计划》等工作。

在 ISO 中，ISO/IEC JTC1 信息技术标准化委员会负责制定开放系统互连、密钥管理、数字签名、安全评估等方面的内容，其下辖的 SC27 安全技术分委员会主要从事信息技术安全的一般方法和技术的标准化工作，其前身是 SC20（数据加密技术分委员会）。而 ISO/TC68 则负责银行业务应用范围内有关信息安全标准的制定，主要制定行业应用标准，与 SC27 有着密切的联系。

4.2 IEC 相关内容介绍

4.2.1 IEC 的成员组成、宗旨和组织结构

国际电工委员会（International Electrotechnical Commission，IEC）是世界上成立最早的非政府性国际电工标准化机构，是联合国经社理事会（ECOSOC）的甲级咨询组织。1947 年他曾作为一个电工部门并入国际标准化组织 ISO 而 1976 年又从 ISO 中分立出来。IEC 负责起草和公布所有电工、电子和相关技术领域的国际标准。截至 2001 年 12 月 31 日，IEC 共有正式的国际标准 4176 个，包括修改件、补充件在内共有 4820 个。IEC 共有 63 个成员国家，包括所有的世界主要贸易国及越来越多的处于工业化进程中的国家。现 IEC 总部设在日内瓦。

国际电工委员会的成员分为正式成员、非正式成员和隶属成员。正式成员是各国的国家委员会，每个正式成员都享有平等的投票权；准成员作为观察员参加国际电工委员会的工作，但没有投票权。此外，国际电工委员会还有一个面向新兴工业化国家的成员类别，称为“隶属成员项目”。在该项目下，一些国家可以在不付会费的情况下参加国际电工委员会，并通过 IT（信息技术）工具来降低参加 IEC 活动的费用。该项目的两个主要目标是：在新兴工业化国家提高与 IEC 国际标准有关的意识及 IEC 标准更广泛的使用；帮助新兴工业化国家了解并参与 IEC 的工作。

国际电工委员会的宗旨为：通过其成员促进电工、电子和相关技术领域的国际标准、认证认

可规则等国际文件的制定及国际和区域标准化和认证认可方面的合作。该委员会的目标是:有效满足全球市场的需求;保证在全球范围内优先并最大程度地使用其标准和合格评定计划;评定并提高其标准所涉及的产品质量和服务质量;为共同使用复杂系统创造条件;提高工业化进程的有效性;提高人类健康和安全;保护环境。

国际电工委员会的组织机构如下:理事会是 IEC 的最高权力机构和立法机构,其官员特指主席、代主席(上届主席和下任主席)、副主席、司库和秘书长。理事会负责制定 IEC 政策、长期战略和金融目标。它将 IEC 的各项管理工作下达给理事局(CB),而标准和合格评定领域的管理职责具体由标准化管理局(SMB)和合格评定局(CAB)负责执行。

除了制定政策和负责财政事务外,理事会还选举 IEC 官员以及理事(CB)、标准化管理局(SMB)和合格评定局(CAB)的主席和组成人员;负责修改 IEC 章程和程序规则;处理理事局的申诉。理事会每年至少在 IEC 年会期间召开一次会议。理事局(CB)实施 IEC 理事会的政策并向理事会提出政策建议。它是一个决策机构,成员包括 IEC 官员和理事会选举的 15 个成员。理事局向理事会汇报。理事局在必要时还可设立顾问机构。理事局一般每年至少召开两次会议。标准化管理局(SMB)负责管理 IEC 标准的工作,包括设立、解散 IEC 各技术委员会(TC)及规定各技术委员会的范围,负责标准的及时制定,并负责与其他国际机构的联系。合格评定局(CAB)负责 IEC 与合格评定有关的所有管理工作。CAB 的职责包括:审查 CAB 章程和规则,批准 IEC 认证体系的建立并监督其运作(包括官员的任命和财政预决算),推进 IEC 的合格评定工作、IEC 评估和调整 IEC 合格评定活动,以及就合格评定相关事宜与其他国际组织进行联络。CAB 每年召开两次会议。管理委员会(ExCo)负责具体实施理事会和理事局的决议,监督 IEC 中央办公室的运作,并负责与 IEC 各国家委员会的联络,委员会由 IEC 官员组成。中央办公室(中央秘书处)为各委员会、分委员会及国家委员会提供支持,在 IEC 工作流程中起着非常重要的作用。它负责监督 IEC 章程、程序规则和指令的正确实施,并在管理委员会的监督下实施理事会、理事局的决议。

4.2.2 IEC 和 ISO 的关系

ISO 是在 1947 年成立的,是除电工电子领域外在其他所有技术领域制定国际标准的国际组织。其总部(中央秘书处)也设在日内瓦。根据 ISO 章程,ISO 成员是成员国内在标准化领域最有代表性的国家团体。一个国家只允许一个标准化团体参加。ISO 现有 143 个成员,其中 93 个正式成员,36 个通讯成员,14 个订户成员。

与 IEC 相似,ISO 制定标准的机构是技术委员会和分技术委员会。ISO 现有 186 个技术委员会,552 个分技术委员会。截至 2001 年 12 月 31 日,ISO 共有现行标准 13544 个。

国际电工委员会(IEC)非常重视与国际标准化组织(ISO)的技术合作。尽管 IEC 和 ISO 在工作范围上有明确的界定,但随着高新技术的迅速发展和相互渗透,IEC 和 ISO 之间相互交叉的国际标准化领域和项目越来越多。为了减少工作重叠,保证国际标准体系的协调和一致,IEC 和 ISO 不仅在 TC/SC 层次上加强合作,而且在机构和管理方面采取了一系列合作措施,其中包括:成立了 IEC/ISO 联合计划委员会(JTRC),负责对有交叉或有争议领域的事务进行协调和规划;共同制定了 IEC/ISO 导则,使两个组织在标准制定和标准格式上保持一致;在信息技术领域,成立了 ISO/IEC 第一联合技术委员会(JTC1),共同制定信息技术领域里的国际标准。

4.2.3 IEC 有关认证认可机构

1. 国际电工委员会/合格评定局(IEC/CAB)

IEC/CAB 于 1997 年 2 月 14 日正式成立,由 12 个 IEC 的成员国推荐的人员和 IEC 的 3 个认证体系,即电子元器件质量认证体系(IECQ)、电工产品安全检验与认证体系(IECEE)和防爆电器安全认证体系(IECEx)的主席组成。其主要职责是:从有利于国际贸易发展的角度来制定合格评定政策;促进和保持与有关合格评定组织的关系;监督 IEC 合格评定活动及 IEC 认证体系的运作;决策建立新的 IEC 认证体系,并通过监督检查,做出改进、暂行和解散的决定。

2. 国际电工委员会/电子元器件质量认证体系(IECQ)

IECQ 正式成立于 1981 年,宗旨是:在 IEC 的授权下,依照 IEC 的章程,根据互惠的原则和国际互认制度的建立,提高业已经 IECQ 认证的电子元器件的信誉,以促进经过质量认证的电子元器件的国际贸易。IECQ 目前有 17 个成员国。在国家质量技监局/IEC 中国国家委员会的授权下,中国电子元器件质量认证委员会作为国家代表机构、中国电子产品可靠性与环境试验研究所作为国家监督检查机构、中国电子技术标准化研究所作为国家标准机构、中国计量科学研究院作为国家计量服务机构,代表我国于 1985 年加入 IECQ。

3. 国际电工委员会/电工产品检测与认证组织(IECEE)

IECEE 于 1985 年 5 月成立,其宗旨是:通过建立电工产品安全认证的国际互认制度,逐渐消除电工产品贸易中的技术壁垒并促进国际贸易的发展。目前,IECEE 有 43 个成员国。中国电工产品认证委员会(CCEE)于 1985 年成为 IECEE 的成员并参加其活动。国家认监委作为 IECEE 的成员机构,CQC 作为国家认证机构参加 IECEE,并且正在发挥着积极的作用。

4. 国际电工委员会/防爆电气安全认证组织(IECEx)

IECEx 于 1996 年成立,其宗旨是:通过建立防爆电气认证的国际互认制度,逐渐消除防爆电气贸易中的技术壁垒,促进国际贸易的发展。目前,国际电工委员会/防爆电气安全认证组织有 22 个成员国。1997 年,国家质量技术监督局/IEC 中国国家委员会成为 IECEx 的中国代表机构。

4.2.4 IEC 标准的分类

IEC 标准的制、修订及发布程序包括预备、提案、准备、委员会、询问、批准及出版等几个阶段。截至 2001 年 12 月,IEC 总共有 4820 个标准。这些标准可按专业分为以下 8 类。

第一类(基础标准):名词术语;量值单位及其字母符号、图形符号、线端标记;标准电压;电流额定值和频率;绝缘配合;绝缘结构;环境试验;环境条件的分类;可靠性和维修性。

第二类(原材料标准):电工仪器用工作液;绝缘材料;金属材料电气特性的测量方法;磁合金和磁钢;裸铝导体。

第三类(一般安全、安装和操作标准):建筑物、船上的户外严酷条件下的电气装置;爆炸性气体中的电器;工业机械中的电气设备;外壳的保护;带电作业工具;照明保护装置;激光设备。

第四类(测量、控制和一般测试标准):电能测量和负载控制设备;电子技术和基本电量的测量设备;工业过程测量和控制;核仪表;仪表用互感器;高压试验装置和技术。

第五类(电力的产生和利用标准):旋转电机;水轮机;汽轮机;电力变压器;电力电子学;电力电容器;原电池和电池组;电力继电器;短路电流;太阳光伏系统;电气牵引设备;电焊;电热设备;电汽车和卡车。

第六类(电力的传输和分配标准):开关设备和控制设备;电缆;低压熔断器和高压熔断器;电涌放电器;电力系统的遥控、遥远保护及通信设备;架空线。

第七类(电信和电子元件及组件标准):半导体器件和集成电路;印刷电路;电容器和电阻器;微型熔断器;电子管、继电器;纤维光学;电缆、电线和波导;机电元件;压电元件;磁性元件和铁氧体材料。

第八类(电信、电子系统和设备及信息技术标准):无线电通信;信息技术设备;数据处理设备和办公机械的安全;音频视频系统的设备;医用电气设备;测量和控制系统用数字数据通信;遥控和遥护;电磁兼容性;无线电干扰的测量、限制和抑制;报警系统;导航仪表。

4.2.5 ISO/IEC JTC1

为了更好地协作和共同规范信息技术领域,ISO 和国际电工委员会(ITU)成立了联合技术委员会,即 ISO/IEC JTC1,负责信息技术领域的标准化工作。其中的子委员会 27 专门负责 IT 安全技术领域的标准化工作。

ISO/IEC JTC1 SC27 是信息安全领域最权威和国际认可的标准化组织,它已经在信息安全保障领域发布了一系列的国际标准和技术报告,为信息安全领域的标准化工作作出了巨大贡献。在 ISO/IEC JTC1 SC27 所发布的标准和技术报告中,目前最主要的标准是 ISO/IEC 13335、ISO/IEC 17799 等。另外,ISO/IEC JTC1 SC27 正在对信息安全管理系统(ISMS)国际标准族进行开发,此标准族将采用 27000 系列号码作为编号方案,并将综合信息安全管理系统要求、风险管理、度量和测量以及实施指南等一系列国际标准。在 ISO/IEC 13335 方面,一个重要的变动是从原先包含五部分的技术报告,变动为现在重新立项的包含两部分的国际标准,即信息和通信技术安全管理标准。

随着 ISO/IEC 27000 系列标准的规划和发布,ISO/IEC 已形成了以 ISMS 为核心的一整套信息安全管理体系。2005 年,ISO/IEC 在信息安全管理标准领域对 ISO/IEC 17799 启动改版工作,并正式发布 ISO/IEC 17799:2005。ISO/IEC 17799:2005 建立了组织机构内启动、实施、维护和改进信息安全管理的指导方针和通用原则。ISO/IEC 17799:2005 在 2007 年 7 月 1 日正式发布为 ISO/IEC 27002:2005,这次更新只在于标准的号码的变化,内容并没有改变。

4.3 ITU

国际电信联盟(ITU)是世界各国政府的电信主管部门之间协调电信事务方面的一个国际组织,成立于 1865 年 5 月 17 日。当时有 20 个国家的代表在巴黎签订了一个“国际电信公约”。1906 年有 27 个国家的代表在柏林签订了一个“国际无线电报公约”。1924 年在巴黎成立了国际电话咨询委员会,1925 年成立了国际电报咨询委员会,1927 年在华盛顿成立了国际无线电咨询委员会。1932 年 70 多个国家的代表在西班牙马德里开会,决定把上述两个公约合并为一个“国际电信公约”,并将电报、电话、无线电咨询委员会改为“国际电信联盟”,此名一直沿用至今。

ITU 现有 189 个成员国,总部设在日内瓦。我国由工业与信息化部派常驻代表。ITU 使用六种正式语言,即中、法、英、西、俄、阿拉伯文,出版正式文件用这六种文字,工作语言为英、法、西三种。ITU 是联合国的 15 个专门机构之一,但在法律上不是联合国附属机构,它的决议和活动不需联合国批准,但每年要向联合国提出工作报告,联合国办理电信业务的部门可以顾问身份参加 ITU 的一切大会。

ITU 的宗旨是:维持和扩大国际合作,以改进和合理地使用电信资源;促进技术设施的发展及其有效地运用,以提高电信业务的效率,扩大技术设施的用途,并尽量使公众普遍利用;协调各国行动,以达到上述的目的。ITU 的原组织有全权代表会、行政大会、行政理事会和四个常设机构:总秘书处,国际电报、电话咨询委员会(CCITT),国际无线电咨询委员会(CCIR),国际频率登记委员会(IFRB)。CCITT 和 CCIR 在 ITU 常设机构中占有很重要的地位,随着技术的进步,各种新技术、新业务不断涌现,它们相互渗透,相互交叉,已不再有明显的界限。如果 CCITT 和 CCIR 仍按原来的业务范围分工和划分研究组,已经不能准确地反映电信技术的发展现状和客观要求。从 1993 年起,ITU 对机构进行改革,将原有的三个机构 CCITT、CCIR、IFRB 进行了改组,取而代之的是电信标准部门(TSS,即 ITU-T)、无线电通信部门(RS,即 ITU-R)和电信发展部门(TDS,即 ITU-D)。

在 ITU 的各个工作组中,ITU SG17 组负责研究网络安全标准,包括通信安全项目、安全架构和框架、计算安全、安全管理、用于安全的生物测定、安全通信服务。此外 SG16 和下一代网络核心组也在通信安全、H. 323 网络安全、下一代网络安全等标准方面进行研究。

4.4 美国信息安全管理标准体系

4.4.1 NIST 标准

美国的信息安全管理标准由美国国家标准与技术研究院(National Institute of Standards and Technology,NIST)制订,其依据基础是 2002 年颁布的美国联邦信息安全管理法案 FISMA。NIST 制定的相关标准称为美国联邦信息处理标准(Federal Information Processing Standard,FIPS PUB),是在美国政府计算机标准化计划下开发的标准,定义了用于美国联邦政府机关的数据处理自动化和远程通信标准。美国联邦政府机关必须遵从 FIPS 标准。许多 FIPS 标准都是从广泛的社会标准修改而来,例如美国国家标准协会(ANSI)、美国电气和电子工程师协会(IEEE)、国际标准化组织(ISO)等标准。由于美国在信息技术领域的领先地位,很多 FIPS 标准在全球被广泛借鉴使用。除了 FIPS PUB 外,NIST 还采用 SP(Special Publications,意为指南)的形式发布一些建议性标准。比如 NIST SP800 系列标准即是 NIST 发布的一系列关于信息安全的指南。在 NIST 的标准系列文件中,虽然 NIST SP 并不作为正式法定标准,但在实际工作中,已经成为美国和国际安全界得到广泛认可的事实标准和权威指南。因此 NIST SP800 系列也成了指导美国信息安全管理建设的重要标准和参考资料。

目前,NIST SP800 系列已经出版了近 90 本同信息安全相关的正式文件,形成了包括计划、风险管理、安全意识培训和教育以及安全控制措施的一整套信息安全管理体系。例如:

- NIST SP800-53 和 SP800-60 描述了信息系统与安全目标及风险级别对应指南。
- NIST SP800-26 和 SP800-30 分别描述了自评估指南和风险管理指南。
- NIST SP800-51 描述了通用缺陷和暴露(CVE)缺陷命名方案的使用。
- NIST SP800-34 信息技术系统应急计划指南。
- NIST SP800-117 安全内容自动化协议(SCAP)指南,用来组织、表达和测量安全相关信息的标准化方法以及参考数据,如经过编译的软件缺陷和安全配置问题的标识符。

4.4.2 ANSI标准

美国国家标准学会(American National Standard Institute,ANSI)是美国非营利性民间标准化团体,经联邦政府授权作为自愿性标准体系中的协调中心。1918年10月19日,美国材料试验协会(ASTM)与美国机械工程师协会(ASME)、美国矿业与冶金工程师协会(ASMME)、美国土木工程师协会(ASCE)、美国电气工程师协会(AIEE)等组织,在美国商务部、陆军部和海军部3个政府机构的参与下,共同发起成立了美国工程标准委员会(AESC)。1928年AESC改组为美国标准协会(ASA),1966年8月又改组为美利坚合众国标准学会(USASI),1969年10月6日始改为现名,总部设在纽约。ANSI有250多个专业学会、协会、消费者组织以及1000多个公司(包括外国公司)参加,联邦政府机构的代表以个人名义参加其活动。ANSI不接受政府的资助。

ANSI的标准,绝大多数来自各专业标准。另一方面,各专业学会、协会团体也可依据已有的国家标准制订某些产品标准。当然,也可不按国家标准来制订自己的协会标准。目前,经ANSI认可的标准制定机构有180多个,制定的标准总数超过3.7万个,占非政府标准的75%。其中一部分经ANSI批准为国家标准。ANSI制定发布的1.1万个标准中,只有1600个是它自行制定的。ANSI于1946年代表美国参加国际标准化组织ISO和国际电工委员会IEC。ANSI是泛美技术标准委员会(COPANT)和太平洋地区标准会议(PASC)的积极成员。此外,ANSI还被美国国家标准技术学会(NIST)和美国联邦通信委员会(FCC)认可,授权认证无线电频率设备和电话终端设备。2003年,ANSI还成为加拿大电讯设备标准的美国认证机构。

ANSI在信息技术领域制定的一些标准不仅在美国被使用,在全球范围内也被广泛接受,比如ANSI X3.159-1989 C语言标准,以及ANSI编码标准ASCII等。

4.5 英国信息安全管理标准体系

英国标准协会(British Standards Institution,BSI)是全球领先的独立的业务服务机构,成立于1901年,并于1929年获得英国皇家特许,成为世界上第一个国家标准机构。如今,BSI已成为世界上最大的国际管理标准和商业指南研发机构,也是世界上最权威的国际管理标准认证和管理培训机构。BSI制订的信息安全管理标准称为BS 7799,是目前全球主要的信息安全标准体系之一。如今BS 7799已被广泛接受,BSI也为全世界提供BS 7799的认证服务。

4.6 IETF和RFC

IETF(The Internet Engineering Task Force,互联网工程任务组)是松散的、自律的民间学术组织,成立于1985年底,其主要任务是负责互联网相关技术规范的研发和制定。IETF汇集了与互联网架构演化和互联网稳定运作等业务相关的网络设计者、运营者和研究人员,并向所有对该行业感兴趣的人士开放。IETF大会每年举行三次,规模均在千人以上,任何人都可以注册参加IETF的会议。IETF有别于ITU这样的传统意义上的标准制定组织,它的参与者都是志愿人员。

IETF大量的技术性工作均由其内部的各种工作组(Working Group,WG)承担和完成。这些工作组依据各项不同类别的研究课题而组建。在成立工作组之前,先由一些研究人员通过邮件组自发地对某个专题展开研究,当研究较为成熟后,可以向IETF申请成立兴趣小组(birds of a feather,BOF)开展工作组筹备工作。筹备工作完成后,经过 IETF 上层研究认可后,即可成立工作组。工作组在 IETF 框架中展开专项研究,如路由、传输、安全等专项工作组,任何对此技术感兴趣的人都可以自由参加讨论,并提出自己的观点。各工作组有独立的邮件组,工作组成员内部通过邮件互通信息。

4.6.1 IETF 相关组织机构

1. 互联网协会(Internet Society,ISOC)

ISOC 是一个国际的、非盈利性的会员制组织,其作用是促进互联网在全球范围的应用。实现方式之一便是对各类互联网组织提供财政和法律支持,特别是对 IAB 管理下的 IETF 提供资助。

2. 互联网架构委员会(Internet Architecture Board,IAB)

IAB 是 ISOC 的技术咨询团体,承担 ISOC 技术顾问组的角色;IAB 负责定义整个互联网的架构和长期发展规划,通过 IESG 向 IETF 提供指导并协调各个 IETF 工作组的活动,在新的 IETF 工作组设立之前 IAB 负责审查此工作组的章程,从而保证其设置的合理性,因此可以认为 IAB 是 IETF 的最高技术决策机构。

另外,IAB 还是 IRTF 的组织和管理者,负责召集特别工作组对互联网结构问题进行深入的研讨。

3. 互联网工程指导组(Internet Engineering Steering Group,IESG)

IETF 的工作组被分为 8 个重要的研究领域,每个研究领域均有 1～3 名领域管理者(Area Directors,ADs),这些领域管理者均是 IESG 的成员。IESG 负责 IETF 活动和标准制定程序的技术管理工作,核准或纠正 IETF 各工作组的研究成果,有对工作组的设立终结权,确保非工作组草案在成为请求注解文件(Request For Comments,RFC)时的准确性。作为 ISOC(Internet 协会)的一部分,它依据 ISOC 理事会认可的条例规程进行管理。可以认为 IESG 是 IETF 的实施决策机构。IESG 的成员也由任命委员会(Nominations Committee)选举产生,任期两年。

4. 互联网编号分配机构(Internet Assigned Numbers Authority,IANA)

IANA 在 ICANN 的管理下负责分配与互联网协议有关的参数(IP 地址、端口号、域名以及其他协议参数等)。IAB 指定 IANA 在某互联网协议发布后对其另增条款说明协议参数的分配与使用情况。IANA 的活动由 ICANN 资助,IANA 与 IAB 是合作的关系。

5. RFC 编辑者(RFC Editors)

主要职责是与 IESG 协同工作,编辑、排版和发表 RFC。RFC 一旦发表就不能更改。如果标准在叙述上有变,则必须重新发表新的 RFC 并替换掉原先版本。该机构的组成和实施的政策由 IAB 掌控。

6. IETF 秘书处(IETF Secretariat)

在 IETF 中进行有偿服务的工作人员很少。IETF 秘书处负责会务及一些特殊邮件组的维护,并负责更新和规整官方互联网草案目录,维护 IETF 网站,辅助 IESG 的日常工作。

7. 互联网研究任务组(The Internet Research Task Force,IRTF)

IRTF 由众多专业研究小组构成,研究互联网协议、应用、架构和技术。其中多数是长期运作的小组,也存在少量临时的短期研究小组。各成员均为个人代表,并不代表任何组织的利益。

4.6.2 IETF 标准的种类

IETF 各工作组的标准研究包括互联网草案(Internet-Draft)和技术规范(RFC),对任何人免费公开。

互联网草案任何人都可以提交，没有任何特殊限制，而且其他成员也可以对它采取一个无所谓的态度，而 IETF 的很多重要的文件都是从这个互联网草案开始的。

互联网技术规范 RFC 是 IETF、IESG 和 IAB 的正式出版物，有多种类型，应该注意的是，并不是所有的 RFC 都是技术标准。其中只有一些 RFC 是技术标准，另外一些 RFC 只是参考性报告。

RFC 更为正式，而且历史上都是存档的，一般来讲，被批准出台以后，它的内容不做改变。

RFC 有很多种：第一种是标准；第二种是试验性的，即研究者进行的尝试性工作；还有一种是文献历史性的，它记录了研究者曾经做过一件事情是错误的，或者是不再有效的（比如被新的 RFC 取代了）；再有一种就是介绍性信息，里边什么内容都有。

作为标准的 RFC 又分为几种：

第一种是提议性的，就是说建议采用这个作为一个方案而列出。

第二种就是完全被认可的标准，这种是大家都在用，而且是不应该改变的。

第三种就是当前最佳实践法，它相当于一种介绍。

RFC 2026 中详细定义了互联网标准相关出版物（RFCs 和 Internet-Drafts）、标准规范（Technical Specifications，Applicability Statements 和 Requirement Levels）、标准轨迹（包括 Proposed Standard，Draft Standard 和 Internet Standard）、非标准轨迹（Experimental，Informational）、废弃/过期标准（Historic）、当前最佳实践（Best Current Practice (BCP) RFCs）。其中，只有标准轨迹中的 Proposed Standard，Draft Standard 和 Internet Standard 这些类型的 RFC 为各厂家在实现相关技术时所必须遵循的标准。对于发布为建议标准类型（Proposed Standard）的 RFC，通过实际使用可升级为草案标准类型（Draft Standard），广泛使用后可升级为互联网标准（Internet Standard）。

这些标准产生的过程是一种从下往上的过程，而不是从上往下，也就是说不是一个由主席或者由工作组负责人发出的指令，说要做什么大家就做什么，而是由下边自发提出，然后在工作组里讨论，讨论了以后再交给工程指导委员会进行审查。但是工程指导委员会只做审查不做修改，修改还是要拿到工作组进行。IETF 工作组标准的产生实际上就是任何人都可以来参加会议，任何人都可以提议，然后和别人进行讨论，大家形成了一个共识就可以产生这样的标准。

4.6.3 IETF 的研究领域与工作组

IETF 的实际工作大部分是在其工作组（Working Group）中完成的。这些工作组又根据主题的不同划分到若干个领域（Area），如路由、传输和网络安全等。每个领域由一到两名主管（Area Directors）负责管理，所有的领域主管组成了互联网工程指导组（Internet Engineering Steering Group，IESG）。IETF 工作组的许多工作是通过邮件列表（Mailing List）进行的，IETF 每年召开三次会议。

目前，IETF 共包括八个研究领域，132 个处于活动状态的工作组。

（1）应用研究领域（app—Applications Area），含 20 个工作组。

（2）通用研究领域（gen—General Area），含 5 个工作组。

（3）网际互联研究领域（int—Internet Area），含 21 个工作组。

（4）操作与管理研究领域（ops—Operations and Management Area），含 24 个工作组。

（5）路由研究领域（rtg—Routing Area），含 14 个工作组。

(6)安全研究领域(sec—Security Area),含 21 个工作组。

(7)传输研究领域(tsv—Transport Area),含 1 个工作组。

(8)临时研究领域(sub—Sub-IP Area),含 27 个工作组。

其中,安全研究领域主要负责研究 IP 网络中的授权、认证、审计等与私密性保护有关的协议与标准,这个领域是 IETF 中最为活跃的研究领域之一。目前,这个研究领域共包括 21 个处于活动状态的工作组:

- Credential and Provisioning(enroll)——信任与配置工作组
- Intrusion Detection Exchange Format(idwg)——入侵监测信息交换格式工作组
- Extended Incident Handling (inch) ——扩展的事件处理工作组
- IP Security Protocol (ipsec) ——IPSec 工作组
- IPSEC KEYing information resource record (ipseckey)
- IP Security Policy (ipsp) ——IP 安全策略工作组
- Kerberized Internet Negotiation of Keys (kink)
- Kerberos WG (krbwg)
- Long-Term Archive and Notary Services (ltans)
- IKEv2 Mobility and Multihoming (mobike)
- Multicast Security (msec) ——组播安全工作组
- An Open Specification for Pretty Good Privacy (openpgp)
- Profiling Use of PKI in IPSEC (pki4ipsec)
- Public-Key Infrastructure (X. 509) (pkix)
- Securely Available Credentials (sacred)
- Simple Authentication and Security Layer (sasl)
- Secure Shell (secsh)
- S/MIME Mail Security(smime)
- Secure Network Time Protocol(stime) ——安全网络时间协议工作组
- Security Issues in Network Event Logging (syslog)
- Transport Layer Security (TLS)——传输层安全工作组

许多著名的安全标准如 IPsec、TLS 等都在 RFC 系列之中,此外还有电子邮件、网络认证和密码及其他安全协议标准。

习　　题

1. 世界范围内制定信息安全标准的组织有哪些?
2. 各个信息技术标准化组织制定的标准之间有何联系?
3. ISO 制定的信息安全标准包括哪些方面的内容?
4. IEC 和 ISO 在制定的信息安全标准方面有何关系?
5. 分析 ISO/IEC 和 ITU 制定的信息安全标准侧重点的不同。
6. 查阅资料,列举若干在世界范围内被广泛借鉴的 NIST 信息安全标准。
7. 查阅资料,列举 BSI 的信息安全标准。
8. IETF 的工作组包含哪些研究领域?
9. 简述 RFC 标准的分类和产生过程。
10. 查阅资料,分析有哪些 RFC 安全标准是目前被业界广为接受的。

第 5 章　我国信息安全标准概况

5.1　我国标准化情况简介

标准化是推动技术进步、产业升级，提高产品质量，促进经济结构战略性调整，加速我国各产业发展，推进我国完成工业化建设，从而向信息化社会迈进的重要技术基础。在现代世界科学技术迅猛发展和激烈的国际经济竞争中，标准化不仅渗透到现代科技发展的前沿，促进高新技术转化为新的产业，形成新的生产力，同时还突破了传统的标准化领域，从产品标准和方法标准发展到了管理标准，直接为提高企业经济效益和国际贸易服务，为人类社会的可持续发展服务。我国正在进行经济结构的战略性调整，在发展高新技术产业、形成新的经济增长点的同时，要用信息技术、生物工程等高新技术改造传统产业，实现产业升级，提高经济运行的质量和效益。在结构调整中，需要大幅度地修订我国标准并提高标准水平，要大力推进采用国际标准和国外先进标准，只有这样，才能增强我国产品的国际竞争力。

5.1.1　我国采用国际标准的原则与规定

(1)采用国际标准和国外先进标准，应当符合我国有关法律和法规，保障国家安全，保护人体健康和人身、财产安全，保护动植物的生命和健康，保护环境，做到技术先进、经济公道、安全可靠。如我国实行的是法定计量单位，如有使用英制计量单位的国际标准则不能采用。又如采用涉及人体健康和人身财产安全的国际标准必须符合我国法律、法规规定，也不能同我国强制性标准相抵触。

(2)凡已有国际标准(包括即将制定完成的国际标准)的，应当以其为基础制定我国标准。凡尚无国际标准或国际标准不能适应需要的，应当积极采用国外先进标准。

如近几年我国高新技术行业采用国际标准比率比较高，促进了高新技术发展和治理水平进步。例如电子行业、邮电行业制定的国家标准采标率达 70%；信息技术方面制定的 300 多个国家标准采标率达到 80%，加速了我国高新技术产品同国际接轨，有的技术已达到国际先进水平。

(3)对国际标准中的安全标准、卫生标准、环境保护标准和贸易需要的标准应当先行采用，并与相关标准相协调。

产品的安全、卫生标准和环境保护标准国外特别重视。对家用电器来说，在欧洲国家 IEC 标准是重要的标准，在美国市场则要求符合 UL 标准。自行车可以选用美国自行车安全性能标准(CPSC)，我国生产的自行车，尾灯若不符合美国安全标准，就进不了美国市场。食品卫生是出口商品中很敏感的话题，我国出口到德国的食品，因对方考察我国的生产工厂环境，生产工人的个人卫生及车间空气的清洁度，达不到德国国家标准的要求，被取消了注册资格。为了使我国更多的产品参与国际市场竞争，对国际标准中的安全标准、卫生标准、环境保护标准和贸易需要的标准应当优先采用。

(4)采用国际标准和国外先进标准，应当同我国的技术引进、技术改造、新产品开发相结合。

过往我国在引进工作中往往重视设备、不重视技术标准引进。有一化工厂以 2800 万美元进口多套设备，交货后发现是次品，但合同中没有规定验收标准，对方不肯承担责任。另一家从美国引进中密度纤维板的成套设备，美方提供了133项设备，在合同中没有一项载明考核设备主要性能的标准和检验标准，以至在试产中连续发生设备事故。有的引进项目，起初不懂得向外商索取标准，当想到需要向外商索取有关标准资料时，外商以属于第三方资料为理由，迫使我方高价购买。相反，辽宁省机电行业重视技术引进、技术改造同采用国际标准相结合，出口创汇从1986年的1.73亿美元增长到1990年的10亿美元。沈阳电缆厂为了赶超世界水平，使产品走出国门，按照国际标准和国外先进标准进行了大规模技术改造，使该厂的46类产品中的43类采用国际标准的产品一举跃进世界电缆先进行列，产品销往全国各地以及12个国家和地区。

(5)积极参加国际标准化活动和国际标准的制定工作，跟踪国际标准化发展，积极承担国际标准化组织和国际电工委员会专业技术委员会秘书处工作，积极争取把我国标准或提案转为国际标准。

从1988年起，我国被连续选为国际标准化组织(ISO)理事国和技术局成员，国际电工委员会(IEC)执委会成员、副主席，同时参加了ISO/IEC近300个标准化技术委员会的活动。

5.1.2 我国标准化现状和存在的问题

我国标准化工作经过几十年的建设，特别是改革开放30年来的发展，建成了一套基本上满足我国经济和社会发展需要的标准体系，为促进国民经济和社会发展发挥了积极作用。截至2009年6月，我国的国家标准总数为23843项。另外，备案行业标准有39686项，地方标准有14142项，企业标准大致有120万项。此外截至2008年底，由中国提出并立项的ISO和IEC国际标准草案已有164项，其中有66项已经批准成为正式的国际标准。虽然我国的标准化工作取得了可喜的成绩，但是，随着我国经济结构的战略性调整和世界经济形势的变化，我国的标准化工作仍然存在着一些突出问题。

一是标准制定周期太长，跟不上市场变化和企业需要；二是标准水平偏低，修订不及时，标龄太长，满足不了产品更新和产业升级的需要；三是标准的实施状况差，特别是相当一部分企业的负责人、管理者标准意识、质量意识太差；四是采用国际标准和国外先进标准的比例太低；五是标准的研究工作薄弱，高新技术标准严重缺乏。造成这些问题的原因是多方面的。但是，面临新的形势，这些问题如不尽快解决，不仅会削弱标准化工作，甚至会拖国民经济发展的后腿，特别是在全球经济一体化及各国均在努力占领产业链上游的现状下，必须扭转这种状况才能使我国的标准化工作适应新时期的挑战。

5.1.3 “十二五”期间我国标准化的主要工作

在“十二五”时期，我国的标准化工作要突出“系统管理、重点突破、整体提升”的总体思路。要系统优化标准制、修订全过程管理，不断促进标准化和科技创新紧密结合，继续完善部门、行业、地方共同参与的标准化协调推进机制，在继承中实现创新发展；要争取国际标准化工作新突破，创新强制性标准管理，加强战略性新兴产业、社会管理和公共服务领域标准化工作，努力实现重点突破；要以重点突破带动标准水平的提升、服务水平的提升和队伍水平的提升，真正做到速度、结构、质量、效益协调发展。

5.2 我国信息安全标准概况

我国一直高度关注网络与信息安全标准化工作，从20世纪80年代就开始网络与信息安全标准的研究，现在已正式发布相关国家标准80多个。另外，工业与信息化部、公安部、安全部、国家保密局等也相继制定、颁布了一批网络与信息安全的行业标准和技术规范，为推动网络与信息安全技术在各行业的应用和普及发挥了积极的作用。在2008年10月第31届ISO大会上，我国正式成为了ISO的常任理事国。这是我国自1978年加入ISO三十年来首次获得国际标准化组织高层的常任席位，它标志着我国标准化工作实现了历史性的重大突破。我国的两项信息安全标准提案(《信息安全管理体系审核指南》和《基于三元对等鉴别的访问控制方法》)被ISO/IEC JTC1 SC27接纳作为新国际标准项目。

我国的信息技术标准化组织是信标委，全称是全国信息技术标准化技术委员会。信息安全国家标准归口单位是信安标委，全称是全国信息安全标准化技术委员会(编号为TC260)。

近年来，我国已在信息安全等级保护、网络信任体系建设、信息安全应急处理、信息安全产品测评、信息安全管理等方面初步形成了与国际标准相衔接的中国特色的国家标准体系。信安标委在充分借鉴和吸收国际先进信息安全技术标准化成果和认真梳理我国信息安全标准的基础上，初步形成了我国的信息安全标准体系，如图5-1所示。

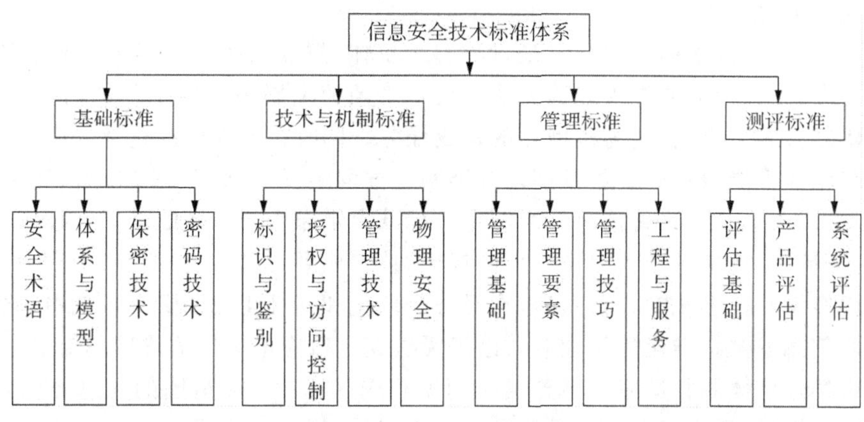

图5-1 我国信息安全标准体系

信息安全标准体系的作用主要体现在两个方面：一是确保有关产品、设施的技术先进性、可靠性和一致性，确保信息化安全技术工程的整体合理、可用、互联互通互操作，二是按国际规则实行IT产品市场准入时为相关产品的安全性合格评定提供依据，以强化和保证我国信息化的安全产品、工程、服务的技术自主可控。

信息安全标准的需求和应用推动力是信息安全保障体系和重大信息化工程建设。信息安全标准体系服务于信息安全保障体系，在重大信息化工程建设中发挥作用。近年来，在信息安全国家标准方面，围绕我国信息安全标准体系，制定了信息安全技术和管理系列标准，在支撑我国信息安全等级保护、网络信任体系建设、产品认证认可和《电子签名法》实施等信息安全保障体系建设方面，以及电子政务、电子商务等信息化重大工程建设方面，为保障国家信息安全发挥了重要作用。

2008年，我国制、修订的信息技术和信息安全标准总数已超过历史最高水平，发布信息安全国家标准 21 项，其中新制定标准 7 项，修订标准 14 项。截至 2009 年，全国信息安全标准化技术委员会已发布各种标准、草案、征求意见稿共 154 项。2010 年底，国家标准化管理委员会又批准发布了 GB/T 25055-2010 等 18 项信息安全标准。

5.3 我国信息安全标准化未来的发展趋势

随着经济的发展，现代标准在促进经济发展和社会进步方面的作用已日益显现。而建立有效的信息安全标准化体系对我国未来信息化发展具有重要意义。信息安全标准化体系是信息安全技术与现代经济标准的有机结合，是国民经济和社会发展的重要技术组成部分，是推进信息技术进步，产业升级，提高产品、管理、工程和服务质量的重要因素，是信息化的重要技术基础，对经济的可持续发展起到了积极的影响。

随着贸易全球化和世界经济一体化进程的不断加快，作为生产、贸易、服务和管理等社会活动的有关各方应共同遵守的准则，我国信息安全标准化体系的发展呈现出了新的发展趋势。

5.3.1 信息安全标准化的市场运作

我国的信息安全标准化形成于计划经济时代，因此相较 WTO 的一些主要成员国来说，无论是各项标准和标准体系本身，还是标准的管理运行体制都有较大的进步空间，要完全适应世贸组织的规则要求尚需时间。

在我国，信息安全技术标准的制定是以政府为主体，按照行政管理体系进行管理、审定。政府在标准制定中，人力财力的投入远远无法满足经济高速发展中标准工作的需要。经费的不足导致标准的研制失去了意义，变为机械化的完成任务。同时企业在标准化活动中的作用被忽视，企业的优势和职能没能得到充分的发挥。标准制定过程中，相关部门缺少配合，相关机构缺乏沟通，信息资源难以共享。在这种情况下所制定的标准常常滞后于市场的变化和技术的发展，标准适应性差、水平低，形成市场准入门槛过低的局面，技术成果难以转化成现实生产力。

随着世界经济和标准化的日益发展，在经济全球化和信息化的国际大环境中，原有计划经济模式下国家对信息安全标准化的管理方式已经无法完全适应市场经济发展的要求。信息标准化体系必须与市场经济体制相适应。借鉴发达国家和 WTO 主要成员国的先进经验，用市场机制整合配置标准化资源；用市场规律指导标准化体系建设；用社会力量参与标准的制定，使标准成为商品，用市场运作的方式指导标准化工作。标准成为商品后，按市场规律对其进行管理：政府宏观控制，协会、企业等部门对市场进行分析，制定适合市场需求的标准。新出台的标准应具有商品的属性，即有市场需求、品质高、研发成本低、问世时间短等。有了高品质的标准，才能在国际标准市场占有一席之地，才能反映出标准的经济效益和社会效益，才能反映出标准的价值所在。ISO、IEC、IEEE、IETF 等和国际信息安全标准化有关的组织都已接受了标准商品化这一新观念，围绕标准商品化制定其商务计划，对所制定标准的市场需求、经济效益、社会效益进行论证。

信息安全标准化的市场运作，能充分反映标准在市场经济中的属性和价值，这样不仅能从机制上解决标准的研发经费问题，更重要的是，在市场驱动下，所制定的标准将会发挥出更大的作用。

5.3.2 信息安全标准体系的国际化趋势

随着经济全球化的进一步纵深发展，贸易壁垒已成为发达国家保护自己的市场、占领别人的市场、谋求最大利益的武器。为达到控制进口、保护自身利益的目的，发达国家常常将国家或地区标准作为所设置的贸易技术壁垒。在国际市场上，谁掌握了标准的制定权，谁的技术成为国际标准，谁就掌握了国际市场的主动权，谁就能控制未来的市场，例如我国自主指定的 WAPI 标准屡屡遭到打压就是典型的实例。

国际标准是世界各国协商一致的产物，是国际上普遍能达到的比较先进的科学技术和生产水平，是保证国际贸易公平竞争，维持正常国际市场秩序的基本要求和准则，它是破除这种贸易壁垒的有力武器。通过国际间信息安全标准化工作的交流与合作，形成国际化的标准化发展环境，将本国的标准化纳入国际标准化体系之中，学习国外和工业发达国家的经验，能够提高本国的信息安全标准化工作的水平，并在国际信息标准化中发挥作用，真正成为国际信息标准化的组成部分。

在激烈的市场竞争中，一些 IT 企业具有较强的标准化意识，把标准作为竞争的手段，以增强国际市场竞争力为目的制定企业内部的标准，或采用专业性国际标准化组织、先进工业国家、国际知名企业的先进标准，明显增强了企业在国际舞台上的竞争力。随着跨国公司的大量涌现和迅速发展，它们已成为当今国际经济活动的最主要的力量；国际经济的不断区域化集团化，促使标准的协调和相互承认成为现实贸易自由化的重要方式。全球化竞争的日益激烈，不可避免地带来新的贸易保护主义形式，非关税壁垒的激增，对尚未与国际社会在技术、经济等方面完全接轨的发展中国家打击尤为严重。作为消除贸易技术壁垒的有效手段，国际标准是减少国际贸易危险性的强有力的手段和全球公平竞争的基础。

随着全球国际化倾向日益增加，产品、技术以及信息的相互交流与交换越来越频繁，竞争的全球化和区域经济的一体化的迅速发展，对信息安全国际标准的需求会不断增长，标准的国际化、采用国际标准，将成为全球普遍发展的趋势。

5.3.3 信息安全标准化与系统工程结合

标准化系统是标准化发展至高级阶段的产物。随着科学现代化进程的不断加快，生产方式、生产手段也在不断的改变，生产过程高度的现代化、综合化已成为当今生产方式的一大特点。一项工程的施工，一项产品的生产，往往涉及到十几个或几十个行业、上百家企业和多领域的学科，合作联系渠道遍及全国甚至跨越国界。

42 万人共同完成的美国载人登月工程历时 11 年，投资 300 亿美元，参与阿波罗飞船发射工程的公司多达两万多家。如此庞大而复杂的系统，要组织好、管理好就必须把标准化提高到整个系统的统一、协调的高度上来。

随着科学技术的迅速发展，人们对产品的需求日益多元化，作为信息安全标准化对象的系统（如 IT 产品、IT 企业等）其规模将越来越大，越来越复杂，标准体系的动态性、目标性、协调性也更加明显。能够运用控制论、系统论等现代理论建立和完善信息安全标准化系统，不仅是现代信息安全标准化的标志，也是标准化的重要内容。因此，我国的信息安全标准化将以系统理论为指导，进入系统工程领域，这是信息安全标准化发展的必然趋势，也是现代标准化的一大显著特征。标准化系统工程将标准从单体发展升级为整体水平，从静态发展到动态，从局部处理发展到全系统的宏观调控，使得标准化进入到一个系统发展的新阶段。

随着世界经济的高速发展，全球经济一体化的提高，信息安全标准化体系所渗透的技术领域将越来越广泛，标准制定的国际化、运作的市场化、建立的系统化成为当今信息安全标准发展的必然趋势。

5.4 我国信息安全标准体系概述

信息安全标准体系是信息安全保障体系中十分重要的技术体系，其主要作用体现在两个方面：

一是确保有关产品、设施的技术先进性、可靠性和一致性，确保信息化安全技术工程的整体合理、可用、互联互通互操作；

二是按国际规则实行IT产品市场准入时为相关产品的安全性合格评定提供依据，以强化和保证我国信息化的安全产品、工程、服务的技术自主可控。

我国信息安全标准化的重要工作之一是建立国家信息安全标准体系。建立科学的国家信息安全标准体系，将众多的信息安全标准在此体系下协调一致，才能充分发挥信息安全标准系统的功能，获得良好的系统效应，取得预期的社会效益和经济效益。信息安全标准体系框架描述了信息安全标准的整体组成，是整个信息安全标准化工作的指南。

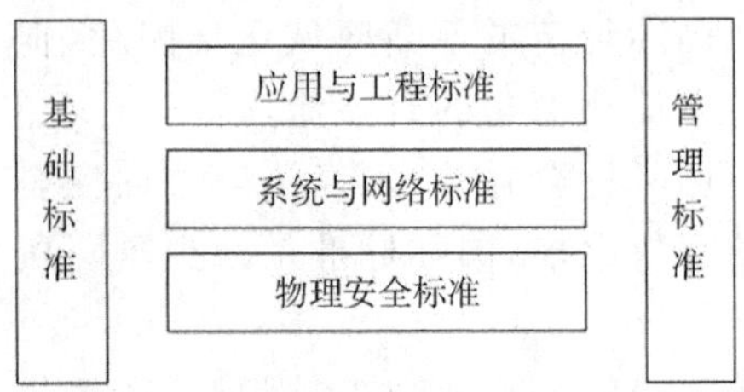

图5-2　我国信息安全标准体系框架

本着“科学、合理、系统、适用”的原则，经过多年的研究，在借鉴和吸收国际先进的信息安全技术和方法及其标准化成果的基础上，我国初步形成了如图5-2所示的以信息安全基础标准和信息安全管理标准为支柱，以物理安全标准、系统与网络标准、应用与工程标准为支撑的信息安全标准体系框架。

从目前已经发布的各类信息安全标准出发，结合图5-2，我们可以将国内的信息安全标准体系结构具体划分如下。

1. 基础标准

基础类标准是信息技术安全标准化体系开发过程中所需用到的最基本的标准及技术规范，主要包括：

安全术语：对于信息安全的基本术语定义进行的规定，是其他标准制定的基础。

体系与模型：对于某项信息安全技术或某个信息安全领域建立的整体要求或技术架构，例如OSI安全体系结构标准、TCP/IP安全体系结构标准、开放系统安全框架标准、高层安全模型、低层安全模型等。

2. 应用标准

应用类标准主要是指信息技术各个应用领域中的具体安全标准，这部分标准在整个信息安全标准化体系中占有非常重要的地位，其内容又分为技术标准和测评标准两大部分。

3. 技术标准

技术类标准是对于信息安全产品或系统从技术方面进行的规定，是信息安全标准的核心所在，主要包括如下几个方面：

技术要求：从总体上对于信息安全技术的规定，规范了产品或系统安全的实现方式和要求，如防火墙安全要求、应用代理安全要求、路由器安全要求、数据保密设备安全要求等。

保密技术：对于信息安全产品或系统访问的权限控制或访问条件的要求，如抗抵赖安全框架标准、保密性安全框架标准、访问控制机制标准等。

密码技术:利用密码技术实现相关安全手段或措施的要求。如密码模块保密性要求、密码模块安全性要求、数据加密机制标准、签名机制标准、密钥管理安全框架标准、公钥基础设施标准等。

物理安全:某个物理设备或平台的安全技术要求或指南。如软硬件应用平台安全标准、网络安全指南、计算机病毒防治标准等。

系统安全:某类应用系统或支撑系统的安全要求,如电子商务系统安全标准、电子政务系统安全标准、电子事务系统安全标准、电子邮件系统安全标准、分布式计算机环境安全标准、数据库安全标准等。

标识与鉴别:对于某类安全系统或事件的某项要求的鉴定、识别的规定,如识别认证安全框架标准、完整性安全框架标准等。

4. 测评标准

测评类标准是对计算机系统安全、通信网络安全及其信息技术安全产品等进行安全水平测定、评估的一类标准,是对各类产品和系统的安全性评估标准的规范,其内容既包括对信息安全测评的基本条件,测评的手段、方法的描述,又有对具体信息安全产品或系统的测评指标、评定级别的要求,大体分为测评基础、测评办法、产品测评、系统测评等几大类。如信息安全等级和系统安全等级的划分标准、信息技术安全性评估准则、计算机系统安全评估标准、通信网络安全评估标准、密码设备安全评估标准等。

5. 管理标准

管理类标准是对信息技术安全性进行全方位管理的标准,信息安全管理不仅仅是技术方面的,还有管理制度和办法方面的要求,既包括了安全管理的基础要求,还有管理的具体内容、实施管理的手段等方面的规定,主要有管理基础、管理要求、管理内容、管理实施等几方面内容,如信息技术安全管理控制平台标准、安全性数据的管理标准、管理数据的安全标准、系统管理标准、网络管理标准、硬件设备管理标准等。

需要说明的是,由于我国的信息技术水平和国际上相比有很大差距,因此在信息安全标准上,很多是直接使用了相应的国际标准。下面几节将列出在信息安全各个领域我国采用的一些主要标准,其中某些标准已被新标准取代,为便于查找此处一并列出。另外还可以看出,很多安全领域仍未制定相关的公认标准。

5.5 信息安全基础标准

信息安全基础标准是整个信息安全标准体系的基础部分,并向其他的技术标准提供所需的服务支持。

1. 安全术语

- 数据处理词汇部分:控制、完整性和安全性(GB/T 5271.8-1993 idt ISO 2382.8-1996)
- 军用计算机安全术语(GJB 2256-94)
- 信息安全术语(GB/T 25069-2010)

2. 体系结构

- OSI 安全体系结构(GB/T 9387.2-1995 idt ISO 7498-2)
- TCP/IP 安全体系结构(RFC 1825)

• 通用数据安全体系(CDSA)

3. 模型

• 高层安全模型(ISO 10745)
• 通用高层安全(ISO/IEC 11586)
• 低层安全模型(ISO/IEC 13594)

4. 框架

• 开放系统安全框架(ISO 10181-1; GB/T 16264.8-2005)
• 鉴别框架(ISO 1018112)
• 访问控制框架(ISO 10181-3)
• 抗抵赖框架(ISO 10181-4)
• 完整性框架(ISO 10181-5)
• 保密性框架(ISO 10181-6)
• 安全审计框架(ISO 10181-7)
• 管理框架(ISO 7498-4)
• 安全保证框架(ISO/IEC WD 15443:1999)

5. 安全技术类标准

1)加密技术

• 算法注册(ISO/IEC 9979:1999)
• 随机比特生成(ISO/IEC WD 18031:2000)
• 素数生成(ISO/IEC WD 18032:2000)
• 密钥管理(GB 17901-1:1999 idt ISO/IEC 11770.1:1996; ISO/IEC 11770.2:1998; ISO/IEC 11770.3:1998)
• 分组密码算法(GB/T 15277 idt ISO 8372; GB/T 17964 idt ISO/IEC 10116; GB/T 17964-2008)

2)签名技术

• 带消息恢复的数字签名方案(GB/T 15852:1995 idt ISO/IEC 9796)
• 带附录的数字签名(GB/T 17902 idt ISO/IEC 14888)
• 散列函数(GB/T 18238 idt ISO/IEC 10118)

3)完整性机制

• 用分组密码算法作密码校验函数的数据完整性机制(GB 15852:1995 idt ISO/IEC 9797:1994)
• 消息鉴别码(ISO/IEC 9797)
• 校验字符系统(ISO/IEC CD 7064:19991)

4)鉴别机制

• 实体鉴别(GB/T 15843 idt ISO/IEC 9798)
• 目录鉴别框架(ISO/IEC 9594.8:1997|ITU-T X.509)
• 消息鉴别码(GB/T 15852.1-2008)

5)访问控制机制

• 安全信息对象(ISO/IEC FDIS 15816:1999)
• 访问控制模型与管理规范(GB/T 25062-2010)

6)抗抵赖机制

- 抗抵赖(GB/T 17903:1999 idt ISO/IEC 13888:1998)
- 时间戳服务(ISO/IEC WD 18014:2000)

7)公证机制

- 可信第三方服务管理指南(ISO/IEC FDIS 14516:1999)
- 可信第三方服务规范(ISO/IEC FDIS 15945:1999)

8)事件检测和报警

- IT 入侵检测框架(ISO/IEC PDTR 15947:1999)

9)PKI 技术

- 在线证书状态协议(GB/T 19713-2005)
- 证书管理协议(GB/T 19714-2005)
- PKI 组件最小互操作规范(GB/T 19771-2005)
- 数字证书格式(GB/T 20518-2006)
- 特定权限管理中心技术规范(GB/T 20519-2006)
- 时间戳规范(GB/T 20520-2006)
- 安全支撑平台技术框架(GB/T 25055-2010)
- 密码及其相关安全技术规范(GB/T 25056-2010)
- 电子签名卡应用接口基本要求(GB/T 25057-2010)
- 简易在线证书状态协议(GB/T 25059-2010)
- X.509 数字证书应用接口规范(GB/T 25060-2010)
- XML 数字签名语法与处理规范(GB/T 25061-2010)
- 电子签名格式规范(GB/T 25064-2010)
- 签名生成应用程序的安全要求(GB/T 25065-2010)

5.6 物理安全标准

1. 物理环境与保障

- 物理安全技术要求(GB/T 21052-2007)
- 机房
  - 计算机场地通用规范(GB/T 2887-2000)
  - 计算机场地安全要求(GB 9361-1988)
  - 计算机机房用活动地板技术条件(GB 6650-1986)
  - 电子计算机机房设计规范(GB 50174-1993)
- 计算机信息系统防雷保安器(GA 173-98)
- 电磁泄露发射(TEMPST)
- 电磁干扰(GB 4859-1984)

2. 安全产品

- 防火墙(GB/T 20281-2006; GB/T 18019;GB/T 20010-2005; GB/T 18020)
- 应用代理服务器(GB/T 17900)
- 路由器安全(GB/T 20011-2005; GB/T 18018)

• 入侵检测系统(GB/T 20275-2006)
• 智能卡(GB/T 20276-2006)
• IC 卡(ISO/IEC 7816/7813)
• 漏洞扫描产品(GB/T 20278-2006)
• 身份认证产品(GB/T 20979-2007)
• 安全交换机(GB/T 21050-2007)
• 安全 VPN(GB/T 25068. 5-2010)
• 网络隔离部件(GB/T 20277-2006; GB/T 20279-2006)
• 安全服务器(GB/T 21028-2007)

5.7 系统与网络标准

1. 网络安全
• 网络基础安全(GB/T 20270-2006)
• IT 网络安全(ISO/IEC WD 18028:2000)
• LAN/WAN 安全(SILS)
• 无线网络安全(IEEE 802. 11;WAPI)
• 物理层安全(GB 15278:1994)
• 应用层安全(ISDN 安全/CORBA 安全,ISO 11577,HTTPS,GB/Z 19717-2005:S/MIME 等)
• 安全数据交换协议(IEEE 802. 10)
• 密钥管理协议(IEEE 802. 10)
• 传输层安全协议(ISO 10736,TLS)
• 网络层安全协议(GB/T 17963:2000 idt ISO/IEC 11577:1995)
• 网络管理协议(SNMP)
• IPsec 协议
• XML
2. 操作系统安全
• 操作系统安全评估准则(GB/T 20008-2005)
• 操作系统安全技术要求(GB/T 20272-2006)
3. 数据库安全
• 数据库管理系统安全评估(GB/T 20009-2005)
• 数据库管理系统安全技术要求(GB/T 20273-2006)

5.8 应用与工程标准

1. 安全工程和服务
• 系统安全工程能力成熟模型(SSE-CMM)
2. 行业应用
1)金融

(1)交易安全。

- ISO 8730:1990
- ISO 8731-1:1987
- ISO 8731-2:1992
- ISO 8732:1988
- ISO 10126-1、2:1991
- ISO 11131:1992
- ISO 11166-1、2:1994
- ISO/TR 13569:1997
- ISO 15782
- ISO 10202
- GB/T 20987-2007

(2)业务安全。

- ANSI X9.8
- ANSI X9.9-1986
- ANSI X9.17-1995
- ANSI X9.19-1996
- ANSI X9.23-1995
- ANSI X9.24-1992
- ANSI X9.26-1990
- ANSI X9.28-1991
- ANSI X9.30.1-1995
- ANSI X9-TG5
- GB/T 20983-2007

2)政府

- GB/Z 24294-2009

5.9 管理类标准

1. 管理基础

- 安全产品分类编码(GB/T 25066-2010)
- 信息技术安全管理指南(ISO/IEC 13335；GB/T 19715.1-2005)
- 信息安全管理(ISO/IEC TR 17799；GB/T 19716-2005；GB/T 22080-2008；GB/T 22081-2008)
- 计算机信息系统安全保护等级划分(GB 17859:1999；GB/T 22240-2008)

2. 系统管理

- 信息系统安全管理要求(GB/T 20269-2006)
- 安全报警报告功能(GB 17143.7-1997 idt ISO/IEC 10164.7-1992)
- 安全审计功能(GB 17143.8-1997 idt ISO/IEC 10164.8-1993；GB/T 20945-2007)
- 访问控制对象和属性(GB 17143.9-1997 idt ISO/IEC 10164.9-1993)

• 风险管理(GB/T 20984-2007;GB/Z 24364-2009)

3. 安全事件管理

• 安全事件管理指南(GB/Z 20985-2007)
• 安全事件分类等级(GB/Z 20986-2007)
• 应急响应(GB/T 24363-2009)
• 灾难恢复(GB/T 20988-2007)

4. 测评认证

• 信息技术安全性评估准则(GB/T 18336 idt ISO/IEC 15408:1999)(CC)
• PP/ST 产生指南(ISO/IEC PDTR 15446:2000)
• 测评方法(SC27 N2722|CEM; GB/T 25063-2010)
• PP 注册(ISO/IEC CD 15292:2000)
• 系统安全工程能力成熟模型(SSE-CMM)
• 安全工程质量管理与评估(GB/T 20282-2006)
• 信息安全服务评估准则(GB/T 25067-2010)

习　题

1. 我国制定的信息安全标准和国际标准之间有什么异同?
2. 我国采用国际标准的原则是什么?
3. 我国目前标准化存在哪些问题?
4. 简述我国的信息安全标准体系。
5. 信息安全标准体系具有哪些作用?
6. 信息安全标准化的市场化运作具有什么重要性?
7. 以 WAPI 为例,分析我国在国际上制订和推广信息安全标准时需要解决哪些主要问题?
8. 查阅资料,列举近年来我国参与制订了哪些信息安全相关国际标准。
9. 简述国内的信息安全标准体系结构。
10. 查阅资料,分析目前我国急需制定哪些方面的信息安全标准。

第 6 章　信息安全主要应用标准介绍

6.1　密码学相关安全标准

6.1.1　对称密钥加密体制相关标准

1. DES

数据加密标准(Data Encryption Standard,DES)是一种对称加密方法,1976 年被 NIST 确定为联邦资料处理标准 FIPS,随后在国际上广泛流传开来。DES 使用一个 56 位的密钥和 8 个奇偶校验位。这个算法因为包含一些机密设计元素、相对短的密钥长度以及被怀疑内含美国国家安全局(NSA)的后门而在开始时受到争议,因此其受到了强烈的学院派式的审查,并以此推动了现代的分组密码及其密码分析的发展。

由于 DES 使用的 56 位密钥过短,故现今已被视为一种不安全的加密算法,但其优良的加密特性吸引了众多人的研究。1999 年 1 月,distributed. net 与电子前沿基金会合作,在 22 小时 15 分钟内即公开破解了一个 DES 密钥。

DES 在 1976 年 11 月被 NIST 确定为联邦标准,并在 1977 年 1 月 15 日以标准号 FIPS PUB 46 发布,被授权用于所有非机密资料。它在 1988 年修订为 FIPS PUB 46-1,1993 年修订为 FIPS PUB 46-2,1999 年又修订为 FIPS PUB 46-3,即 3DES。

DES 算法也被定义在了 ANSI X3. 92,以及 ISO/IEC 18033-3 标准中。此外 NIST 还制定了 FIPS PUB 81 标准 DES MODES OF OPERATION,规定了 DES 的操作模式。

2. 3DES

3DES(或称为 Triple DES)是三重数据加密算法(Triple Data Encryption Algorithm, TDEA)的通称。它相当于对每个数据分组应用三次 DES 加密算法。由于计算机运算能力的增强,原版 DES 算法的密钥长度变得容易被暴力破解,3DES 通过增加 DES 的密钥长度来避免类似的攻击,而不是设计一种全新的分组密码算法。

3DES 算法在以下标准中被定义:

- ANSI X9. 52-1998 三重数据加密算法的工作模式
- FIPS PUB 46-3 数据加密标准 (DES)
- NIST Special Publication 800-67 (SP 800-67)　使用三重数据加密算法(TDEA)分组密码的建议
- ISO/IEC 18033-3:2005 信息技术—安全技术—加密算法—第三部分:分组密码

需要注意的是在上述标准中,均使用 TDEA 来指代 3DES。

3. AES

高级加密标准(Advanced Encryption Standard, AES),是美国联邦政府采用的一种分组加密标准。这个标准用来替代 DES。AES 由 NIST 经过五年的甄选,于 2001 年 11 月 26 日发布,标准编号为 FIPS PUB 197,并在 2002 年 5 月 26 日生效。如今 AES 已成为对称密钥加密中最流行的算法之一，受到广泛的分析并在全球范围内广为使用。

AES也被称为Rijndael加密算法，该算法为比利时密码学家Joan Daemen和Vincent Rijmen所设计，结合两位作者的名字，以Rijndael命名。但严格地说，AES和Rijndael加密算法并不完全一样（虽然在实际应用中二者可以互换），因为Rijndael算法可以支持更大的数据块和密钥长度：AES的块长度固定为128位，密钥长度则可以是128，192或256位；而Rijndael使用的密钥和块长度可以是32位的整数倍，以128位为下限，256位为上限。加密过程中使用的密钥由Rijndael密钥生成方案产生。大多数AES计算是在一个特别的有限域完成的。

2005年5月26日，NIST宣布FIPS PUB 46-3失效，但NIST确认3DES在2030年以前均可用于敏感政府信息的加密。至此DES终于被AES所取代。

4. RC2

RC2是由MIT的Ronald L. Rivest教授设计的一种传统对称分组加密算法，它可作为DES算法的建议替代算法。它的输入和输出都是64比特。密钥的长度从8字节到128字节可变。

此算法被设计为可容易地在16位的微处理器上实现。在一个IBM AT机上，RC2加密算法的执行可比DES算法快两倍（假设进行密钥扩展）。目前有关RC2的国际标准为IETF颁布的Internet RFC 2268。

5. RC5

RC5分组密码算法于1994年由Ronald L. Rivest发明。RC5快速简单，且包括三个可变的参数：分组大小、密钥大小和加密轮数。这些参数能被调整以满足不同的安全目的、性能和出口能力。RC5中使用了三种运算：异或、加和循环。RC5有以下四种形式。第一种是原始的RC5分组加密，RC5密码使用固定的输入长度，使用一个依赖密钥的转换产生一个固定长度的输出分组。第二种是RC5-CBC，是RC5的分组密码链接模式。它能处理长度是RC5块尺寸倍数的消息。第三种是RC5-CBC-Pad，处理任意长度的明文，尽管密文将比明文长，但也最多长一个RC5块。第四种RC5-CTS密码是RC5算法的密文挪用模式，能处理任意长度的明文且密文的长度匹配明文的长度。

RFC 2040中给出了RC5的详细内容，还列出了RC5算法密钥生成和加密实现的C代码。

6. CAST系列加密算法

CAST加密算法最初是由Carlisle Adams和Stafford Tavares在Queen大学提出，后来的改进工作由Carlisle Adams和MichaelWiener完成。CAST属于Feistel结构的加密算法，对于微分密码分析、线性密码分析、密码相关分析具有较好的抵抗力，并符合严格雪崩标准和位独立标准，没有互补属性，也不存在软弱或者半软弱的密钥。CAST具有Feistel网络结构，它对64位明文分组进行16个循环操作产生64位的密文分组。

目前，使用较广泛的CAST算法为CAST-128和CAST-256，两者分别被定义在Internet RFC 2144和RFC 2612中。

7. Skipjack

Skipjack分组加密算法是由NSA从1985年开始设计，1990年完成评估，于1993年由美国政府正式对外宣布的，是“Capstone”（美国政府根据1987年国会通过的计算机安全法案所订立的长远计划）中的一个项目（另外三个项目分别是数字签名标准（DSA）、安全散列函数（SHA）及密钥交换方法）。Skipjack算法曾经被列为“机密”等级。Skipjack加密方法被应用在由NSA设计的Clipper芯片和Fortezza PC卡中。

Skipjack算法使用80位密钥，对64位明文分组加密，在加密、解密过程中各包括了32轮重复的运算，可以采用 4 种操纵模式：ECB、CFB、OFB、CBC。该算法主要在防篡改硬件中实现。1998 年 Skipjack 算法被公开。

Skipjack 的细节可参见 NIST 发布的 Skipjack 算法及其相关密钥交换协议规格说明文档《SKIPJACK and KEA Algorithm Specification》，此外在 NIST 发表的密钥托管加密标准 FIPS PUB 185(Escrowed Encryption Standard (EES))中也有相关描述。

8. IDEA

IDEA(International Data Encryption Algorithm)是瑞士的 James Massey，Xuejia Lai 等人提出的加密算法，在密码学中属于分组加密算法类。IDEA 使用长度为 128 位的密钥，数据块大小为 64 位。从理论上讲，IDEA 属于"强"加密算法，至今还没有出现对该算法的有效攻击算法。

IDEA 是一种由 8 个相似圈(Round)和一个输出变换(Output Transformation)组成的迭代算法。IDEA 的每个圈都由三种函数，即模(216＋1)乘法、模 216 加法和按位 XOR 组成。在加密之前，IDEA 通过密钥扩展(Key Expansion)将 128 位的密钥扩展为 52 字节的加密密钥 EK (Encryption Key)，然后由 EK 计算出解密密钥 DK(Decryption Key)。EK 和 DK 分为 8 组半密钥，每组长度为 6 字节，前 8 组密钥用于 8 圈加密，最后半组密钥(4 字节)用于输出变换。IDEA 的加密过程和解密过程是一样的，只不过使用不同的密钥(加密时用 EK，解密时用 DK)。

目前 IDEA 已由瑞士的 Ascom 公司注册专利，以商业目的使用 IDEA 算法必须向该公司申请许可。

IDEA 没有对应的安全标准，但已被其他多个标准引入使用，比如 PGP(Pretty Good Privacy)，安全套接字层 SSL(Secure Socket Layer)等。

除上述算法外，目前被广泛使用的对称加密算法还包括 blowfish 等，但均未形成权威性的标准，故此处不再一一介绍。

6.1.2 公钥加密体制相关标准

1. RSA

RSA 算法由 R. L. Rivest、A. Shamir 和 L. Adleman 设计，它既可用于加密，也可用于数字签名。RSA 在全球得到最广泛的应用，ISO 在 1992 年颁布的国际标准 X.509 中，将 RSA 算法正式纳入国际标准。1999 年，美国参议院通过了立法，规定电子数字签名与手写签名的文件、邮件在美国具有同等的法律效力。在 Internet 中广泛使用的电子邮件和文件加密软件 PGP(Pretty Good Privacy)也将 RSA 作为传送会话密钥和数字签名的标准算法。

公钥加密标准(PKCS)是 RSA 实验室和全球各家安全系统开发商进行合作而开发出的标准。PKCS 标准已经被广泛地采纳，而 PKCS 系列的标准已经成为许多正式和实际标准的一部分，包括 ANSI X9、PKIX、SET、S/MIME 等。

2. ECC

椭圆曲线密码学(Elliptic Curve Cryptography，ECC)是基于椭圆曲线数学的一种公钥密码的方法。ECC 由 Neal Koblitz 和 Victor Miller 于 1985 年发明。它可以看作是椭圆曲线对先前基于离散对数问题(DLP)的密码系统的模拟，只是群元素由素域中的数换为有限域上的椭圆曲线上的点。椭圆曲线密码体制的安全性基于椭圆曲线离散对数问题(ECDLP)的难解性。

椭圆曲线离散对数问题远难于离散对数问题，椭圆曲线密码系统的单位比特强度要远高于传统的离散对数系统。因此在使用较短的密钥的情况下，ECC 可以达到和离散对数系统相同的安全性。这带来的好处就是计算参数更小，密钥更短，运算速度更快，签名也更加短小。因此椭圆曲线密码尤其适用于处理器速度、带宽及功耗受限的场合。

ECC 的另一个优势是可以定义群之间的双线性映射，比如基于 Weil 对或是 Tate 对。双线性映射已经在密码学得到大量的应用，例如基于身份的加密。ECC 的主要缺点是加密和解密操作的实现比其他机制花费的时间长。

NIST 公布了一系列推荐的椭圆曲线用来保护 5 个不同的对称密钥大小（80，112，128，192，256）。一般而言，二进制域上的 ECC 需要的非对称密钥的大小是相应的对称密钥大小的两倍。

2005 年，NSA 宣布决定采用椭圆曲线密码战略作为美国政府标准的一部分，用来保护敏感但不保密的信息。

ECC 是目前已知的公钥体制中，对每比特所提供加密强度最高的一种体制。很多国际标准化组织已把 ECC 作为新的信息安全标准。在 ECC 的标准化方面，IEEE、ANSI、ISO、IETF、ATM 等都作了大量的工作，从 1998 年起陆续制订了相关的标准，如 IEEE P1363、IEEE P1363a、ANSI X9.62、ANSI X9.63、ISO/IEC 14888、ISO/IEC 15946 等，分别规范了 ECC 在 Internet 协议安全、电子商务、Web 服务器、空间通信、移动通信、智能卡等方面的应用，此外我国制定的无线通信标准 WAPI 也采用了 ECC 体制。

相关标准：

- ISO/IEC 15946-1：2008 Information technology-Security techniques-Cryptographic techniques based on elliptic curves-Part 1：General
- ISO/IEC 15946-5：2009 Information technology-Security techniques-Cryptographic techniques based on elliptic curves-Part 5：Elliptic curve generation

3. NIST 及 IEEE 相关标准

NIST 和 IEEE 在公钥加密方面也制定了一些标准，主要有以下几种。

（1）NIST SP800-25 Federal Agency Use of Public Key Technology for Digital Signatures and Authentication——美国国家标准和技术研究所（NIST）发表的联邦机构用于签名和认证的公钥技术。

（2）IEEE P1363 工作组的一些标准如下。

- Traditional Public-Key Cryptography（P1363-2000 & P1363a-2004）
- Lattice-Based Public-Key Cryptography（P1363.1）
- Password-Based Public Key Cryptography（P1363.2）
- Identity-Based Public Key Cryptography using Pairings（P1363.3）

6.1.3 散列算法相关标准

1. MD5

MD5 即 Message-Digest Algorithm 5（信息一摘要算法 5），是一种用于产生数字签名的单向散列算法，在 20 世纪 90 年代初由 Ronald L. Rives 发明，经 MD2、MD3 和 MD4 发展而来。MD5 是面向 32 位计算机设计的，它利用一个随机长度的信息产生一个 128 比特的信息摘要。MD5 算法的使用不需要支付任何版权费用。

MD5 被广泛应用于各种完整性校验、认证以及加解密技术中。例如在 UNIX 系统中用户的密码就是以 MD5（或其他类似算法）经加密后存储在文件系统中。当用户登录时，系统把用户输入的密码计算成 MD5 值，然后再去和保存在文件系统中的 MD5 值进行比较，进而确定输入的密码是否正确。通过这样的步骤，系统在并不知道用户密码的明码的情况下就可以确定用户登录系统的合法性。这不但可以避免用户的密码被具有系统管理员权限的用户知道,而且还在一定程度上增加了密码被破解的难度。

迄今为止,研究者已经对 MD5 算法的安全性进行了大量研究。2004 年,中国学者王小云证明 MD5 数字签名算法可以产生碰撞。2007 年,Marc Stevens 等进一步指出通过伪造软件签名,可重复地攻击 MD5 算法。2008 年,荷兰埃因霍温技术大学科学家成功把 2 个可执行文件进行了 MD5 碰撞,使得这两个运行结果不同的程序被计算出同一个 MD5。

2008 年 12 月一组科研人员通过 MD5 碰撞成功生成了伪造的 SSL 证书,这使得在 HTTPS 协议中服务器可以伪造一些根 CA 的签名。但迄今为止,在安全性要求不高的领域,MD5 仍在被广泛使用。

关于 MD5 算法的描述和 C 语言源代码在 Internet RFC 1321 中有详细的叙述,这是关于 MD5 最权威的标准,它由 Rivest 在 1992 年 8 月向 IETF 提交。

2. SHA 家族

安全散列算法(Secure Hash Algorithm,SHA)是由 NSA 基于 MD4 算法设计,NIST 发布的一系列密码散列函数。最初发明的算法于 1993 年发布,称为安全散列标准(Secure Hash Standard),标准号为 FIPS PUB 180。这个版本现在常被称为"SHA-0"。由于存在一些问题,它在发布之后很快就被 NSA 撤回,并且以 1995 年发布的修订版本 FIPS PUB 180-1(通常称为 SHA-1)取代。RFC 3174 中也列出了 SHA-1,但它实质上是 FIPS 180-1 的复制品,仅增加了 C 代码实现。

从 2001 年起,NIST 发布了三个新的 SHA 变种函数,这三个函数都将信息生成更长的摘要,并以它们的摘要长度(以比特为单位)加在原名后面来命名,即 SHA-256、SHA-384 和 SHA-512,这些新版本使用了与 SHA-1 相同的底层结构和相同类型的模运算以及相同的二元逻辑运算。它们于 2002 年发布于 FIPS PUB 180-2 标准中,2004 年 2 月又发布了一次 FIPS PUB 180-2 的变更通知,加入了一个额外的变种 SHA-224,并公布于 2008 年发布的 FIPS PUB 180-3 中,这些新的 SHA 函数统称为 SHA-2。SHA-2 也被定义在了 Internet RFC 4634 中。2005 年,MST 宣布计划到 2010 年不再认可 SHA-1,转为信任 SHA-2。

和 MD5 类似,SHA 家族也得到广泛的应用,目前使用得最多的是 SHA-1,FIPS PUB 180-1 中鼓励私人或商业组织使用 SHA-1 加密。

对于那些对处理联邦认证哈希算法的推荐策略感兴趣的机构,NIST 发布了 SP 800-107(Recommendation for Applications Using Approved Hash Algorithms),其中提供了关于如何使用经过 FIPS 认证的加密算法来达到可接受层级安全性的指南。在 SP 800-107 中,NIST 指出虽然一种加密哈希功能不适合一个应用,但是它可能适合另一个不要求相同安全工具的应用,指南中还详细阐述了每一种经过验证的算法的优点。

NIST 还通过发布 FIPS 180-3 简化了 FIPS。NIST 删除了一些特殊技术特性让 FIPS 变得更容易应用。此外,NIST 还发布了 SP 800-106(即 Randomized Hashing for Digital Signatures),其中详细阐述了如何通过收集信息来加强与数字签名有关的加密哈希算法。与文档或者信息相关的计算 Hash 功能保证内容不会被篡改。

2007 年 11 月,NIST 启动了一项开放竞赛,甄选能够替代目前使用的 SHA-1 和 SHA-2 的新一代算法 SHA-3,预计新算法将在 2012 年公布。

3. ISO/IEC 相关标准

• ISO/IEC 10118-1:2000 Information technology-Security techniques-Hash-functions-Part

1:General

- ISO/IEC 10118-2:2010 Information technology-Security techniques-Hash-functions-Part 2:Hash-functions using an n-bit block cipher?
- ISO/IEC 10118-3:2004 Information technology-Security techniques-Hash-functions-Part 3:Dedicated hash-functions?
- ISO/IEC 10118-4:1998 Information technology-Security techniques-Hash-functions-Part 4:Hash-functions using modular arithmetic

6.1.4 消息认证码相关标准

消息认证码(Message Authentication Code,MAC)是用来保证数据完整性的一种机制。数据完整性是信息安全的一项基本要求,它可以防止数据未经授权被篡改。随着网络技术的不断进步,尤其是电子商务的不断发展,保证信息的完整性变得越来越重要。特别是双方在一个不安全的信道上通信的时候,就需要有一种方法能够保证一方所发送的数据能被另一方验证是正确的,即能够防止数据未经授权被篡改。消息认证码就能够达到这一目的,其方法是:首先在参与通信的两方之间共享一个密钥,通信时(这里使用 A 和 B 代表参与通信的两方),A 方传送一个消息给 B 方,并将这一消息使用 MAC 算法和共享密钥计算出一个值,这个值称为认证标记,然后将这个值附加在这一消息之后传送给 B 方。B 在接收到该消息后使用同样的机制计算接收到的消息的认证标记,并和他所接收到的标记进行比较。如果这两个标记相同,B 就认为消息在由 A 传送到 B 的过程中没有被修改;如果不相同,B 就认为消息在传送过程中被修改了。攻击者可以通过各种手段来试图计算出消息的合法认证标记,这个过程就称为假冒。

MAC 的构造方法有很多,主要有三种类型:一种是基于带密钥的 Hash 函数的,一种是基于分组密码的,还有一种是基于流密码的。其中前两种最为常见,下面就介绍这两种 MAC 构造机制的一些常见标准。

1. 基于带密钥 Hash 函数的消息认证码(HMAC)

最近若干年以来,由密码散列码导出 MAC 成为消息认证码研究的热点之一,其原因在于密码散列函数如 MD5 和 SHA-1 的软件执行速度比对称分组密码如 DES 的快,而且很容易获得密码散列函数的库代码,另外美国或其他国家对密码散列函数没有出口限制,而对称分组密码即便用作 MAC 也是受限制的。

HMAC(Hash Message Authentication Code),即散列消息鉴别码,是基于带密钥的 Hash 算法的认证机制。HMAC 被广泛用于各种安全技术如 IPsec 和 SSL 等之中,其详细规范被定义在 RFC 2104 (Informational, HMAC: Keyed-Hashing for Message Authentication)中,此外 NIST 也针对 HMAC 发布了 FIPS PUB 198 标准。

RFC 2104 为 HMAC 列出了下列设计目标:

- 无需修改地使用现有的散列函数。特别是,散列函数的软件实现执行很快,且程序代码是公开的和容易获得的。
- 当出现或获得更快的或更安全的散列函数时,对算法中嵌入的散列函数要能轻易地进行替换。
- 保持散列函数的原有性能不会导致算法性能的降低。
- 使用和处理密钥的方式很简单。
- 基于对嵌入散列函数合理的假设,对鉴别机制的强度有一个易懂的密码编码分析。保持散列函数的原有性能，不发生显著退化。

2. 基于分组密码的 MAC

1)DAA(Data Authentication Algorithm)

数据认证算法 DAA 是基于 DES 的消息认证机制，曾被广泛使用了很多年。DAA 被定义在 FIPS PUB 113 和 ANSI X9.17 中。但从今天来看，该算法有许多弱点，因此它正在被其他更好的算法所取代。

2)CMAC(Cipher-based Message Authentication Code)

基于密文的消息认证码 CMAC，也叫做 NIST-CMAC，是一个由 NIST 定义的认证算法，对应的标准为 SP 800-38B。CMAC 源自两位研究者 Black 和 Rogaway 提交的一个扩展的密码链分组模式(XCBC)的改进，它本身属于密码分组链接认证模式 CBC-MAC(Cipher-block chaining-MAC)。NIST 采纳了 XCBC，然后利用 AES 和 3DES 来实现之，并据此发布了 CMAC 标准 SP 800-38B。

3)ISO/IEC 标准

ISO/IEC 9797-1:2011 Information technology-Security techniques-Message Authentication Codes (MACs)-Part 1:Mechanisms using a block cipher

4)国内标准

GB/T 15852.1-2008 信息技术　安全技术　消息鉴别码　第 1 部分:采用分组密码的机制

此标准规定了一种使用密钥和 n 比特分组密码算法计算 m 比特码校验值的方法。该标准适用于任何安全体系结构、进程或应用的安全服务。此标准源自较早的国家标准 GB 15852-1995《信息技术　安全技术　用分组密码算法作密码校验函数的数据完整性机制》，后者已失效。此外，该标准和 ISO 8731-1，ISO 9807 及 ANSI X9.9 标准的很多内容类同。

6.1.5 数字签名相关标准

数字签名(Digital Signature)是以电子形式存在于数据信息之中的，或作为其附件的或逻辑上与之有联系的数据，可用于辨别数据签署人的身份，并表明签署人对数据信息中包含的信息的认可。数字签名是公钥密码学发展过程中最重要的技术之一，它可以提供其他方法难以实现的安全性。

数字签名方案可以根据所基于的数学难题进行分类:

(1)基于大整数分解(IF)的方案，安全性基于大整数分解的难度。例如 RSA 方案和 Rabin 方案。

(2)基于离散对数(DL)的方案，安全性基于有限域上普通的离散对数问题，包括 ElGamal，Schnorr，DSA 和 Nyberg-Rueppel 方案等。

(3)基于椭圆曲线(EC)的方案，安全性基于椭圆曲线离散对数问题。

数字签名方案有以下一些用途:数据完整性(确保数据没有被未知或未授权的中间人改变)，数据源认证(确保数据的来源是可信的)，不可否认性(确保用户不能对自己的行为进行抵赖)。数字签名是密码学协议的基本组成部分，并且可以提供其他一些服务如身份认证(FIPS 196，ISO/IEC 9798-3)，密钥传递前的认证(ANSI X9.63，ISO/IEC 11770-3)，经验证的密钥协商(ISO/IEC 11770-3)。下面介绍迄今为止有关数字签名的一些重要标准。

1. DSS 相关标准

数字签名标准 DSS(Digital Signature Standard)是由美国 NIST 公布的联邦信息处理标准

FIPS PUB 186，它是在 ElGamal 和 Schnorr 数字签名的基础上设计的。数字签名标准 DSS 中的算法称为 DSA(Digital Signature Algorithm，意为数字签名算法)，它源自 SHA，是另一种公开密钥算法，与 RSA 不同的是，它不能用作加密，只用作数字签名。DSA 使用公开密钥，为接受者验证数据的完整性和数据发送者的身份，也可用于由第三方去确定签名和所签数据的真实性。DSA 算法的安全性基于解离散对数的困难性，这类签名标准具有较大的兼容性和适用性，成为网络安全体系的基本构件之一。

FIPS PUB 186 发布于 1991 年，其间经历了两次修订。2000 年 NIST 发布了 FIPS PUB 186-2，2009 年发布了 FIPS PUB 186-3，在该版本中引入了 RSA 算法和椭圆曲线算法来实现 DSS。

2. ECDSA 相关标准

ECDSA(The Elliptic Curve Digital Signature Algorithm)是椭圆曲线对 DSA 的模拟。ECDSA 首先由 Scott Vanstone 在 1992 年为了响应 NIST 对数字签名标准(DSS)的要求而提出。ECDSA 于 1998 年作为 ISO 标准被采纳，在 1999 年作为 ANSI 标准被采纳，并于 2000 年成为 IEEE 和 FIPS 标准。包含它的其他一些标准亦在 ISO 的考虑之中。

ECDSA 的标准和标准草案有很多，其中已经过颁发部门批准的有 ANSI X9.62，FIPS 186-2，IEEE 1363-2000，ISO 14888-3。ECDSA 也被密码标准化组织(SECG，这是一个从事密码标准通用性潜力研究的组织)加以标准化。下面简要介绍这些标准。

(1) ANSI X9.62。该项目始于 1995 年，并于 1999 年正式作为 ANSI 标准颁布。ANSI X9.62 具有高安全性和通用性。它的基域可以是 F_p，也可以是 F_{2^m}。F_{2^m} 中的元素可以以多项式形式或正规基形式来表示。若用多项式形式，ANSI X9.62 要求模多项式为不可约三项式，标准中提供了一些不可约三项式，另外还给出了一个不可约五项式。为了提高通用性，针对每一个域提供了一个模多项式。若使用正规基表示方法，ANSI X9.62 规定使用高斯正规基。椭圆曲线最主要的安全因素是 n，即基点阶，ANSI X9.62 的 n 大于 2160。椭圆曲线是使用随机方法选取的。ANSI X9.62 规定使用以字节为单位的字符串形式来表示曲线上的点，ASN.1 语法可以清楚地描述域参数、公钥和签名。

(2)FIPS 186-2。1997 年，NIST 开始制定包括椭圆曲线和 RSA 签名算法的 FIPS 186 标准。1998 年，NIST 推出了 FIPS 186，它包括 RSA 与 DSA 数字签名方案，这个方案也称为 FIPS 186-1。1999 年 NIST 又面向美国政府推出了 15 种椭圆曲线。这些曲线都遵循 ANSI X9.62 和 IEEE 1363-2000 的形式。2000 年，包含 ANSI X9.62 中说明的 ECDSA，使用上述曲线的 FIPS 186-2 问世。

(3)IEEE 1363-2000。该标准于 2000 年作为 IEEE 标准问世。IEEE 1363 的覆盖面很广，包括公钥加密，密钥协商，基于 IFP、DLP、ECDLP 的数字签名。它与 ANSI X9.62 和 FIPS 186 完全不同，它没有最低安全性限制(比如不再对基点阶进行限制)，用户可以有充分的自由。因此 IEEE 1363-2000 并不是一个安全标准，也不具有良好的通用性，它的意义在于给各种应用提供参照。

(4)ISO/IEC 14888-3。这个标准包含若干签名算法，其中 ECDSA 部分与 ANSI X9.62 一致。

(5)SEC 1 和 SEC 2。SEC 1 描述了 ECDSA、椭圆曲线加密算法和椭圆曲线密钥交换协议。而 SEC 2 给出了具体的椭圆曲线。SEC 1 的 ECDSA 遵从 ANSI X9.62，但对域的尺寸未作限制。

上述这些标准的关系如图 6-1 所示。

(6)其他的 ECDSA 标准。其他主要的 ECDSA 还包括:

① ISO/IEC 15946。该标准草案包括多种椭圆曲线密码技术,包括公钥加密、数字签名、密钥产生等。与 ANSI X9.62,FIPS 186-2,IEEE 1363-2000 中曲线基域必须是素域或多项式域不同,ISO/IEC 15946 对基域类型未作限制。其在 ECDSA 描述方面与 ANSI X9.62 一致。

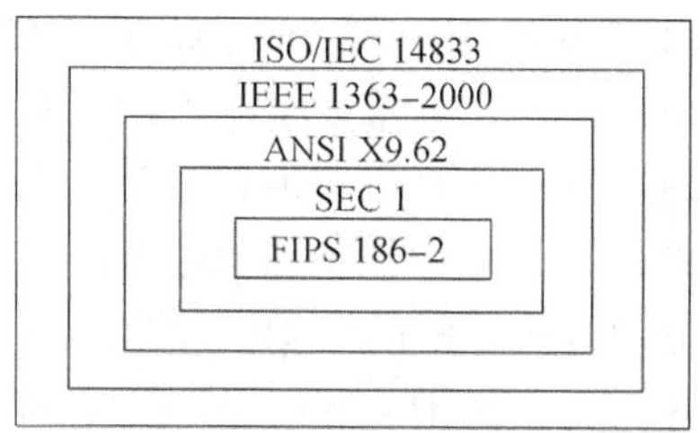

图 6-1 各种 ECDSA 标准之间的关系

② IETF PKIX。供 X.509 证书使用的一个标准,其格式与 ANSI X9.62 一致。

③ IETF TLS。这是 IETF 为 SSL 制定的标准,将会包含 ANSI X9.62 的 ECDSA。

④ WAP WTLS。为移动通信工具提供传输层安全保障,使之能够安全地浏览网页,其认证使用 ANSI X9.62 的 ECDSA。

3. 其他和数字签名相关的标准

- ISO/IEC 9796-2:2010 Information technology-Security techniques-Digital signature schemes giving message recovery-Part 2:Integer factorization based mechanisms
- ISO/IEC 9796-3:2006 Information technology-Security techniques-Digital signature schemes giving message recovery-Part 3:Discrete logarithm based mechanisms
- GB 15851-1995 信息技术 安全技术 带消息恢复的数字签名方案

该标准规定了对有限长消息使用公开密钥体制的带消息恢复的数字签名方案。这种数字签名方案包含下列两个进程:签名进程和验证进程。

- GB/T 17902.1-1999 信息技术 安全技术 带附录的数字签名 第 1 部分:概述

系列标准 GB/T 17902 规定了几个任意长度消息的带附录数字签名机制。本标准包括了带附录的数字签名的基本原则和要求,同时也包括了在该系列标准的所有部分用到的定义和符号。

- GB/T 17902.2-2005 信息技术 安全技术 带附录的数字签名 第 2 部分:基于身份的机制

本标准规定了任意长度消息的带附录的基于身份的数字签名机制的签名和验证过程的总的结构和基本过程。

6.1.6 身份认证及密钥管理相关标准

1. PKI 和 X.509

1)PKI

PKI(Public Key Infrastructure)即"公钥基础设施",是一种遵循既定标准的密钥管理平台,它能够为所有网络应用提供加密和数字签名等密码服务及所必需的密钥和证书管理体系,简单来说,PKI 就是利用公钥理论和技术建立的提供安全服务的基础设施。PKI 技术是信息安全技术的核心,也是电子商务的关键和基础技术。完整的 PKI 系统必须具有权威认证机构(CA)、数字证书库、密钥备份及恢复系统、证书作废系统、应用接口(API)等基本构成部分。

PKI 标准规定了 PKI 的设计、实施和运营,规定了 PKI 各种角色的"游戏规则"。如果两个 PKI 应用程序之间要想进行交互,只有相互理解对方的数据含义,标准就提供了数据语法和语义的共同约定。

国内外有很多标准化组织为 PKI 的实施和应用制定了一系列的有关标准。比如 ITU-T 主导制定的 X.500、X.509、X.208(ASN.1)、X.209(ASN.1 BER)等，还有为专门环境和用途制定的描述性证书标准，包括 PKIX、TC68、S/MIME、IPsec 和 TLS 等。所有 PKI 相关标准中，最重要的流行标准是 X.509(编号：ITU-T Rec. X.509：1997)。X.509 是由 ITU-T 为证书及其 CRL 格式提供的一个标准，即定义了公钥证书的基本结构；但 X.509 本身不是 Internet 标准(因为不是由 IETF 制定的)，它定义了一个开放的框架，并在一定的范围内可以进行扩展。其次是 RSA 实验室开发的 PKCS(Public-Key Cryptography Standards)标准，它定义了数据通信协议的主要标准。这些标准定义了如何恰当地格式化私钥或者公钥。其他重要标准包括 PKIX 证书和 CRL 概要文件、IEEE P1363 项目对密码算法的定义，以及 IETF 工作组研究的 XML 数字签名等。

2)X.509

X.509 是由国际电信联盟(ITU-T)制定的数字证书标准。为了提供公用网络用户目录信息服务，ITU-T 于 1988 年制定了 X.500 系列标准。其中 X.500 和 X.509 是安全认证系统的核心，X.500 定义了一种区别命名规则，以命名树来确保用户名称的唯一性；X.509 则为 X.500 用户名称提供了通信实体鉴别机制，并规定了实体鉴别过程中广泛适用的证书语法和数据接口，X.509 称之为证书。

X.509 给出的鉴别框架是一种基于公开密钥体制的鉴别业务密钥管理。一个用户有两把密钥：一把是用户的专用密钥(简称为私钥)，另一把是其他用户都可得到和利用的公共密钥(简称为公钥)。用户可用常规加密算法(如 DES)为信息加密，然后再用接收者的公共密钥对 DES 进行加密并将之附于信息之上，这样接收者可用对应的专用密钥打开 DES 密锁，并对信息解密。该鉴别框架允许用户将其公开密钥存放在 CA 的目录项中。一个用户如果想与另一个用户交换秘密信息，就可以直接从对方的目录项中获得相应的公开密钥，用于各种安全服务。

X.509 目前有三个版本：v1、v2 和 v3。其中 v3 是在 v2 的基础上加上扩展项后的版本，这些扩展包括由 ISO 文档(X.509-AM)定义的标准扩展，也包括由其他组织或团体定义或注册的扩展项。X.509 最早以 X.500 目录建议的一部分发表于 1988 年，并作为 v1 版本的证书格式。X.509 于 1993 年进行了修改，并在 v1 基础上增加了两个额外的域，用于支持目录存取控制，从而产生了 v2 版本。为了适应新的需求，ISO/IEC 和 ANSI X.9 制订了 X.509 v3 版本证书格式，X.509 v3 的建议稿于 1994 年公布，在 1995 年获得批准。X.509 v3 证书包括一组按预定义顺序排列的强制字段，还有可选扩展字段，即使在强制字段中，X.509 v3 证书也允许很大的灵活性，因为它为大多数字段提供了多种编码方案，应用极为广泛。

本质上，X.509 证书由用户公共密钥与用户标识符组成，此外还包括版本号、证书序列号、CA 标识符、签名算法标识、签发者名称、证书有效期等。用户可通过安全可靠的方式向 CA 提供其公共密钥以获得证书，这样用户就可公开其证书，而任何需要此用户的公共密钥者都能得到此证书，并通过 CA 检验密钥是否正确。X.509 v3 针对包含扩展信息的数字证书，提供一个扩展字段，以提供更多的灵活性及特殊环境下所需的信息传送。其证书格式如图 6-2 所示。

为了进行身份认证，X.509 标准及公共密钥加密系统提供了数字签名的方案。用户可生成一段信息及其摘要(亦称作信息“指纹”)，并用私钥对摘要加密以形成签名，接收者用发送者的公钥对签名解密，并将之与收到的信息“指纹”进行比较，以确定其真实性。

目前，X.509 标准已在编排公钥格式方面被广泛接受，并用于各种网络安全应用机制，其中包括 IPsec、SSL、安全电子交易 SET、S/MIME 等。

版本号
证书序列号
签名算法标识符
发放者的 X.509 名称
有效期
主体的 X.509 名称
主题公钥信息:公钥及算法标识符
发放者的唯一标识符
主体的唯一标识符
扩展部分
认证机构数字签名

图 6-2 X.509 v3 证书格式

在 RFC 系列文档中,也有若干和 X.509 相关的重要标准,比如 RFC 2511 "X.509 认证请求消息格式"和 RFC 2459 "Internet X.509 公钥基础设施"等,但 IETF 并不主导 PKI 及 X.509 相关标准的制订。

X.509 也被 ISO 发布为国际标准"X.509 标准信息技术一开放系统互连一目录一第 8 部分:鉴别框架",编号为 ISO/IEC 9594-8:1998。此外有关定义证书格式的标准还有 SPKI、OrenPG 及 EDIFACT,它们在很大程度上是独立制定的。

X.509 标准在 PKI 中起到了举足轻重的作用,PKI 由小变大,由原来的网络封闭环境到分布式开放环境,X.509 起了很大作用,可以说 X.509 标准是 PKI 的雏形,PKI 是在 X.509 标准基础上发展起来的。

2. Kerberos

Kerberos 协议由麻省理工学院(MIT)研发,用来保护 Athena 项目提供的网络服务器。这个协议以希腊神话中的人物 Kerberos(或者 Cerberus)命名,他在希腊神话中是 Hades 的一条凶猛的三头保卫神犬。该协议的版本 1～3 都只在麻省理工内部发行。1980 年,Steve Miller 和 Clifford Neuman 发布了 Kerberos 版本 4,Kerberos 版本 5 则由 John Kohl 和 Clifford Neuman 设计,并在 1993 年作为 RFC 1510 颁布(在 2005 年由 RFC 4120 取代),其目的在于克服版本 4 的局限性和安全问题。

Kerberos 是一种计算机网络认证协议,它允许某实体在非安全网络环境下通信,向另一个实体以一种安全的方式证明自己的身份。该认证过程的实现不依赖于主机操作系统的认证,无需基于主机地址的信任,不要求网络上所有主机的物理安全,并假定网络上传送的数据包可以被任意地读取、修改和插入数据。

Kerberos 使用 Needham-Schroeder 协议作为它的基础。它使用了一个由两个独立的逻辑部分,即认证服务器和票据授权服务器组成的"可信赖的第三方",术语称为密钥分发中心(KDC)。Kerberos 工作在用于证明用户身份的"票据"的基础上。

KDC 持有一个密钥数据库;每个网络实体——无论是客户还是服务器——共享了一套只有它自己和 KDC 知道的密钥,密钥的内容用于证明实体的身份。对于两个实体间的通信,KDC 产生一个会话密钥,用来加密它们之间的交互信息。

RFC 1510 中描述的 Kerberos 工作流程可概述如下:(其中小写字母 c,d,e 是客户机发出的

消息，大写字母 A,B,E,F,G,H 是各个服务器发回的消息）

- 首先，用户使用客户机（用户自己的机器）上的程序登录：

  用户输入用户 ID 和密码到客户机。客户机程序运行一个单向函数（大多数为杂凑）把密码转换成密钥，这个就是客户机（用户）的“用户密钥”(K_client)。受信任的 AS 通过某些安全的途径也获取了与此密钥相同的密钥。

- 随后，客户机进行认证（客户机从 AS 获取票据的票据(TGT))：

  客户机向 AS 发送 1 条包含用户 ID 的明文消息（注意：用户不向 AS 发送密钥(K_client)，也不发送密码)。例如“用户 Sunny 想请求服务”(Sunny 是用户 ID)。

- AS 检查用户 ID 的有效性，而后返回 2 条消息：

  消息 A：用户密钥(K_client)加密后的“客户机-TGS 会话密钥”(K_TGS-session)（会话密钥用在将来客户机与 TGS 的通信（会话）上）

  消息 B：TGS 密钥(K_TGS)加密后的“票据授权票据”(TGT)(TGT 包括客户机-TGS 会话密钥(K_TGS-session)，用户 ID，用户网址和 TGT 有效期）

- 客户机用自己的密钥(K_client)解密 A，得到客户机-TGS 会话密钥(K_TGS-session)（注意：客户机不能解密消息 B，因为 B 是用 TGS 密钥(K_TGS)加密的）。

- 然后进行服务授权（客户机从 TGS 获取票据(T))。客户机向 TGS 发送以下 2 条消息：

  消息 c：即消息 B(K_TGS 加密后的 TGT)，以及想获取服务的服务 ID（注意：不是用户 ID)

  消息 d：客户机-TGS 会话密钥(K_TGS-session)加密后的“认证符”（认证符包括用户 ID 和时间戳）

- TGS 用自己的密钥(K_TGS)解密 c 中的 B 得到 TGT，从而得到 AS 提供的客户机-TGS 会话密钥(K_TGS-session)。再用这个会话密钥解密 d 得到用户 ID（认证），而后返回 2 条消息：

  消息 E：服务器密钥(K_SS)加密后的“客户机-服务器票据”(T)(T 包括客户机-SS 会话密钥(K_SS-session)，用户 ID，用户网址和 T 有效期）

  消息 F：客户机-TGS 会话密钥(K_TGS-session)加密后的“客户机-SS 会话密钥”(K_SS_session)

- 客户机用客户机-TGS 会话密钥(K_TGS-session)解密 F，得到客户机-SS 会话密钥(K_SS_session)（注意：客户机不能解密消息 E，因为 E 是用 SS 密钥(K_SS)加密的）。

- 最后，服务请求（客户机从 SS 获取服务）：

  客户机向 SS 发出 2 条消息：

  消息 e：即消息 E

  消息 g：客户机-服务器会话密钥(K_SS_session)加密后的“新认证符”（新认证符包括用户 ID 和时间戳）

- SS 用自己的密钥(K_SS)解密 e/E 得到 T，从而得到 TGS 提供的客户机-服务器会话密钥(K_SS_session)。再用这个会话密钥解密 g 得到用户 ID（认证），而后返回 1 条消息（确认函：确证身份真实，乐于提供服务）：

  消息 H：客户机-服务器会话密钥(K_SS_session)加密后的“新时间戳”（新时间戳是客户机发送的时间戳加 1）

- 客户机用客户机-服务器会话密钥(K_SS_session)解密 H，得到新时间戳。

- 客户机检查时间戳被正确地更新，则客户机可以信赖服务器，并向服务器(SS)发送服务请求。
- 服务器(SS)提供服务。

IETF Kerberos 工作小组在 2005 年更新了 Kerberos 说明规范，更新包括《加密和校验和细则》(RFC 3961)、《针对 Kerberos 版本 5 的高级加密算法(AES)加密》(RFC 3962)、Kerberos 版本 5 说明规范的新版本《Kerberos 网络认证服务(版本 5)》(RFC 4120)、GSS-API 的一个新版本《Kerberos 版本 5 普通的安全服务应用软件交互机制：版本 2》(RFC 4121)。其中 RFC 4210 版本废弃了早先的 RFC 1510，用更细化和明确的解释说明了协议的一些细节和使用方法。

Kerberos 相关的 RFC 文档见表 6-1。

表 6-1　和 Kerberos 相关的 RFC 标准(截至 2012 年 2 月)

RFC 1510	The Kerberos Network Authentication Service (V5)
RFC 1964	The Kerberos Version 5 GSS-API Mechanism
RFC 2712	Addition of Kerberos Cipher Suites to Transport Layer Security (TLS)
RFC 3961	Encryption and Checksum Specifications for Kerberos 5
RFC 3962	Advanced Encryption Standard (AES) Encryption for Kerberos 5
RFC 4120	The Kerberos Network Authentication Service (V5)
RFC 4121	The Kerberos Version 5 Generic Security Service Application Program Interface (GSS-API) Mechanism: Version 2
RFC 4402	A Pseudo-Random Function (PRF) for the Kerberos V Generic Security Service Application Program Interface (GSS-API) Mechanism
RFC 4537	Kerberos Cryptosystem Negotiation Extension
RFC 4556	Public Key Cryptography for Initial Authentication in Kerberos (PKINIT)
RFC 4557	Online Certificate Status Protocol (OCSP) Support for Public Key Cryptography for Initial Authentication in Kerberos (PKINIT)
RFC 4752	The Kerberos V5 ("GSSAPI") Simple Authentication and Security Layer (SASL) Mechanism
RFC 4757	The RC4-HMAC Kerberos Encryption Types Used by Microsoft Windows
RFC 5021	Extended Kerberos Version 5 Key Distribution Center (KDC) Exchanges over TCP
RFC 5179	Generic Security Service Application Program Interface (GSS-API) Domain-Based Service Names Mapping for the Kerberos V GSS Mechanism
RFC 5349	Elliptic Curve Cryptography (ECC) Support for Public Key Cryptography for Initial Authentication in Kerberos (PKINIT)
RFC 5868	Problem Statement on the Cross-Realm Operation of Kerberos
RFC 6111	Additional Kerberos Naming Constraints
RFC 6112	Anonymity Support for Kerberos
RFC 6113	A Generalized Framework for Kerberos Pre-Authentication
RFC 6251	Using Kerberos Version 5 over the Transport Layer Security (TLS) Protocol

6.2 计算机网络相关安全标准

6.2.1 电子邮件安全标准

1. PGP

PGP(Pretty Good Privacy)最初是一个基于公开密钥加密算法的应用程序，该程序的创造性在于把 RSA 公钥体系的方便和传统加密体系的高速度结合起来，并在数字签名和密钥认证管理机制上有巧妙的设计。在此之后，PGP 成为自由软件，经过许多人的修改和完善逐渐成熟，并成为电子邮件安全标准之一。

PGP 相对于其他邮件安全系统有以下几个特点：

- 加密速度快；
- 可移植性出色，可以在各种主流操作系统和硬件体系下运行；
- 源代码是免费的，可以削减系统预算。

用户可以使用 PGP 在不安全的通信链路上创建安全的消息和通信。PGP 协议已经成为公钥加密技术和全球范围消息安全性的事实标准。因为所有人都能看到它的源代码，使系统安全故障和安全性漏洞更容易发现和修正。

PGP 是保证电子邮件安全的重要机制，属于 IETF 标准，其实际操作由五种服务组成：鉴别、机密性、电子邮件的兼容性、压缩、分段和重装。

1)鉴别

步骤如下。

(1)发送者创建报文；

(2)发送者使用 SHA-1 生成报文的 160 位散列代码(邮件文摘)；

(3)发送者使用自己的私有密钥，采用 RSA 算法对散列代码进行加密，串接在报文的前面；

(4)接收者使用发送者的公开密钥，采用 RSA 解密和恢复散列代码；

(5)接收者为报文生成新的散列代码，并与被解密的散列代码相比较。如果两者匹配，则报文作为已鉴别的报文而接收。

签名是可以分离的。例如法律合同需要多方签名，每个人的签名是独立的，因而可以仅应用到文档上。否则，签名将只能递归使用，第二个签名对文档的第一个签名进行签名，依此类推。

2)机密性

在 PGP 中，每个常规密钥只使用一次，即对每个报文生成新的 128 位的随机数。为了保护密钥，使用接收者的公开密钥对它进行加密。对这一步骤的描述如下。

(1)发送者生成报文和用作该报文会话密钥的 128 位随机数；

(2)发送者采用 CAST-128 加密算法，使用会话密钥对报文进行加密。也可使用 IDEA 或 3DES；

(3)发送者采用 RSA 算法，使用接收者的公开密钥对会话密钥进行加密，并附加到报文前面；

(4)接收者采用 RSA 算法，使用自己的私有密钥解密和恢复会话密钥；

(5)接收者使用会话密钥解密报文。

除了使用 RSA 算法加密外，PGP 还提供了 Diffie-Hellman 的变体 EIGamal 算法。

3)机密性和鉴别

对报文可以同时使用两个服务。首先为明文生成签名并附加到报文首部;然后使用CAST-128(或IDEA、3DES)对明文报文和签名进行加密,再使用RSA(或ElGamal)对会话密钥进行加密。在这里要注意次序,如果先加密再签名的话,别人可以将签名去掉后签上自己的签名,从而篡改签名。

4)电子邮件的兼容性

当使用PGP时,至少传输报文的一部分需要加密,因此部分或全部的结果报文由任意8位字节流组成。但由于很多的电子邮件系统只允许使用由ASCII正文组成的块,所以PGP提供了radix-64(就是MIME的BASE 64格式)转换方案,将原始二进制流转化为可打印的ASCII字符。

5)压缩

PGP在加密前进行预压缩处理,PGP内核使用PKZIP算法压缩加密前的明文。一方面对电子邮件而言,压缩后再经过radix-64编码有可能比明文更短,这就节省了网络传输的时间和存储空间;另一方面,明文经过压缩,实际上相当于经过一次变换,对明文攻击的抵御能力更强。

6)分段与重装

电子邮件设施经常受限于最大报文长度(50000个)8位组的限制。分段是在所有其他的处理(包括radix-64转换)完成后才进行的,因此,会话密钥部分和签名部分只在第一个报文段的开始位置出现一次。在接收端,PGP必须剥掉所在的电子邮件首部,并且重新装配成原来的完整的分组。

和PGP相关的RFC标准如表6-2所示。

表6-2 和PGP相关的RFC标准

编号	题目
RFC 1991	PGP Message Exchange Formats
RFC 2015	MIME Security with Pretty Good Privacy (PGP)
RFC 2726	PGP Authentication for RIPE Database Updates
RFC 3156	MIME Security with OpenPGP
RFC 4880	OpenPGP Message Format
RFC 5581	The Camellia Cipher in OpenPGP

2. S/MIME

安全/多用途Internet邮件扩展(Secure/Multipurpose Internet Mail Extension,S/MIME)是MIME Internet E-mail格式标准的一个安全改进,基于RSA数据安全技术。S/MIME目前的版本是v3.2。

尽管PGP和S/MIME都属于IETF标准,但是它们的发展却不同:S/MIME将会成为商业和机构使用的工业标准;而对于很多用户来说,他们会选择PGP为个人E-mail提供安全性。

1)S/MIME的功能

S/MIME提供了下列功能。

(1)封装的数据。包含各种类型的加密内容和一个或多个接收者的用于加密内容的密钥。

(2)签名的数据。S/MIME从要签名的内容中获得消息摘要,然后使用签名者的私钥加密摘要，从而形成数字签名。然后使用 Base64 编码内容和签名。只有具有 S/MIME 能力的接收者才能够看到签名的数据消息。

(3)透明的签名数据。与签名的数据一样，形成内容的数字签名。但是，在这种情况下，只有数字签名部分使用 Base64 编码。因此，不具有 S/MIME 能力的接收者也能够看到签名的数据消息，尽管他们不能验证签名。

(4)签名和封装的数据。可以把只签名的数据和只加密的数据嵌套起来，这样就能够签名加密的数据、加密签名的(或透明的签名)数据。

2)需求级别

(1)必须(MUST)。该定义指的是规范的绝对需求。实现必须包含这种特征或功能以与规范一致。

(2)应当(SHOULD)。在特殊的环境中可能会存在有效的原因忽略这种特征或功能，但是推荐在实现中包含这种特征或功能。

3)S/MIME 中使用的加密算法

S/MIME 中使用的加密算法如表 6-3 所示。

表 6-3　S/MIME 中使用的加密算法

功　能	需　求
创建用于形成数字签名的消息摘要	必须支持 SHA-1 接收者应当支持 MD5 以提供向后的兼容性
加密信息摘要以形成数字签名	发送和接收代理必须支持 DSS 发送代理应该支持 RSA 加密 接收代理应该支持密钥为 512～1024 位的 RSA 签名验证
加密会话密钥，以便与消息一起传输	发送和接收代理必须支持 Diffie-Hellman 发送代理应该支持密钥为 512～1024 位的 RSA 签名验证 接收代理应该支持 RSA 解密
加密消息，以便与一次性会话密钥一起传输	发送代理应该支持使用 3DES 和 RC2/40 加密 接收代理应该支持使用 3DES 解密，而且应当支持使用 RC2/40 解密

S/MIME 规范论述了确定使用哪种内容加密算法的过程。事实上，发送代理可以作以下两个决定。

(1)发送代理必须确定接收代理使用给定的加密算法能否解密数据。

(2)如果接收代理只能接受弱加密的内容，那么发送代理必须考虑是否能够接受使用弱加密发送数据。

发送代理必须按照下列顺序遵守下列规则。

(1)如果发送代理具有从目的接收者那里获得的优先解密能力列表，那么发送代理应该选择列表中可使用的第一个(最高优先权)能力。

(2)如果发送代理没有从目的接收者那里获得的优先解密能力列表，但是发送代理从接收者那里接收到一条或多条消息，那么发送的消息使用的算法应该与从接收者那里收到的最后一条签名加密消息所使用的加密算法相同。

(3)如果发送代理不知道目的接收者的解密能力，而且愿意冒着接收者不能解密消息的危险，那么发送代理应该使用 3DES。

(4)如果发送代理不知道目的接收者的解密能力，而且不愿意冒着接收者不能解密消息的危险，那么发送代理必须使用 RC2/40。

4)S/MIME 证书处理

S/MIME 使用符合 X.509 版本 3 的公钥证书。S/MIME 使用的密钥管理方案是介于严格的 X.509 证书层级结构和 PGP 的信任网之间的一种混合方法。与 PGP 模型一样，S/MIME 管理员和/或用户必须使用可信密钥列表和证书废除列表配置每个用户。也就是说，由本地负责维护用于验证到来的签名和加密输出消息所需的证书。证书是由 CA 签名的。

S/MIME 用户需要执行几种密钥管理功能。

(1)密钥产生。每个密钥对必须由良好的非确定随机输入源产生，并受到安全保护。

(2)注册。用户的公钥必须注册到 CA，从而能够接收 X.509 公钥证书。

(3)证书存储和检索。用户需要访问本地证书列表，以验证到来的签名和加密输出的消息。这样的列表应该由用户或者代表大量用户的某个本地管理实体来维护。

5)增强的安全服务

有三种增强的安全服务被提议为 Internet 草案。

(1)签名的收据。返回一个签名的收据能够向消息的发信方证明传输正确，并且使得发信方能够向第三方证明接收者已经接收了消息。

(2)安全标签。安全标签是一组受 S/MIME 封装保护的、涉及敏感内容的安全信息，通过指定允许哪个用户访问目标消息，安全标签可以用于访问控制。

(3)安全邮递列表。当用户向多个接收者发送信息的时候，用户需要针对每个接收者进行大量的处理，其中包括使用接收者的公钥。用户可以通过利用 S/MIME 的邮件列表代理(MLA)服务来处理这些工作。MLA 能够选取一个单个的到来信息，为每个接收者执行面向具体接收者的加密，然后转发消息。消息的发送者只需要向 MLA 发送消息即可，并使用 MLA 的公钥执行加密。和 S/MIME 相关的 RFC 标准如表 6-4 所示。

表 6-4　和 S/MIME 相关的 RFC 标准

编　号	名　称
RFC 2311	S/MIME Version 2 Message Specification
RFC 2312	S/MIME Version 2 Certificate Handling
RFC 2632	S/MIME Version 3 Certificate Handling
RFC 2633	S/MIME Version 3 Message Specification
RFC 2634	Enhanced Security Services for S/MIME
RFC 2785	Methods for Avoiding the Small-Subgroup Attacks on the Diffie-Hellman Key Agreement Method for S/MIME
RFC 3058	Use of the IDEA Encryption Algorithm in CMS
RFC 3114	Implementing Company Classification Policy with the S/MIME Security Label
RFC 3183	Domain Security Services using S/MIME
RFC 3211	Password-based Encryption for CMS
RFC 3850	Secure/Multipurpose Internet Mail Extensions (S/MIME) Version 3.1 Certificate Handling
RFC 3851	Secure/Multipurpose Internet Mail Extensions (S/MIME) Version 3.1 Message Specification
RFC 3853	S/MIME Advanced Encryption Standard (AES) Requirement for the Session Initiation Protocol (SIP)

续表

编号	名称
RFC 3854	Securing X.400 Content with Secure/Multipurpose Internet Mail Extensions (S/MIME)
RFC 3855	Transporting Secure/Multipurpose Internet Mail Extensions (S/MIME) Objects in X.400
RFC 4134	Examples of S/MIME Messages
RFC 4262	X.509 Certificate Extension for Secure/Multipurpose Internet Mail Extensions (S/MIME) Capabilities
RFC 4490	Using the GOST 28147-89, GOST R 34.11-94, GOST R 34.10-94, and GOST R 34.10-2001 Algorithms with Cryptographic Message Syntax (CMS)
RFC 5008	Suite B in Secure/Multipurpose Internet Mail Extensions (S/MIME)
RFC 5750	Secure/Multipurpose Internet Mail Extensions (S/MIME) Version 3.2 Certificate Handling
RFC 5751	Secure/Multipurpose Internet Mail Extensions (S/MIME) Version 3.2 Message Specification
RFC 5911	New ASN.1 Modules for Cryptographic Message Syntax (CMS) and S/MIME
RFC 5912	New ASN.1 Modules for the Public Key Infrastructure Using X.509 (PKIX)
RFC 6210	Experiment: Hash Functions with Parameters in the Cryptographic Message Syntax (CMS) and S/MIME
RFC 6211	Cryptographic Message Syntax (CMS) Algorithm Identifier Protection Attribute
RFC 6318	Suite B in Secure/Multipurpose Internet Mail Extensions (S/MIME)

3. PEM

增强的私密电子邮件(Privacy Enhanced Mail,PEM)是 IETF 从 20 世纪 80 年代后期开始着手的一项工作的成果,这也是试图建立互联网邮件安全系统的首次正式努力。

有关 PEM 的工作导致了互联网标准提案于 1993 年面世,这是一个由四部分内容组成的提案。PEM 规范非常复杂,其第Ⅰ部分(RFC 1421)定义了一个消息安全协议,而第Ⅱ部分(RFC 1422)则定义了一个支持公开密钥的基础设施体系。PEM 的消息安全协议主要用于支持基本的消息保护服务。PEM 是这样运作的,首先获得一个未保护的消息,将其内容转换为一条 PEM 消息,这样,PEM 消息就可以像其他消息一样通过正常的通信网络来进行传递了。PEM 规范认可两种可选的方法来进行网络身份验证和密钥的管理:一种是对称方案,还有一种是公开密钥方案。但是,只有公开密钥方案实施过。

PEM 为消息安全协议的发展树立了一个重要的里程碑。但 PEM 在商用领域几乎从未成功过,主要原因是 PEM 与同期发展起来的多用途网际邮件扩充协议 MIME 不兼容。

6.2.2 SSL/TLS

安全套接层(Secure Sockets Layer,SSL)是网景公司(Netscape)在推出 Web 浏览器首版的同时提出的协议。SSL 采用公钥技术,保证两个应用间通信的保密性和可靠性,使客户与服务器应用之间的通信不被攻击者窃听。SSL 可在服务器和客户机两端同时实现支持,目前已成为互联网上保密通信的工业标准,现行 Web 浏览器也普遍将 HTTP 和 SSL 相结合,从而实现安全通信。此协议和其继任者传输层安全(Transport Layer Security,TLS)为网络通信提供安全及数据完整性。

SSL 的基础是公钥基础设施 PKI,它将对称密钥技术和公开密钥技术相结合,实现如下三个通信目标。

(1)秘密性:SSL 客户机和服务器之间传送的数据都经过了加密处理,网络中的非法窃听者所获取的信息都将是无意义的密文信息。

(2)完整性:SSL利用密码算法和散列(Hash)函数,通过对传输信息特征值的提取来保证信息的完整性,确保要传输的信息全部到达目的地,可以避免服务器和客户机之间的信息受到破坏。

(3)认证性:利用证书技术和可信的第三方认证,可以让客户机和服务器相互识别对方的身份。为了验证证书持有者是其合法用户(而不是冒名用户),SSL要求证书持有者在握手时相互交换数字证书,通过验证来保证对方身份的合法性。

1. SSL协议的体系结构

SSL协议位于TCP/IP协议模型的网络层和应用层之间,使用TCP来提供一种可靠的端到端的安全服务,它使客户/服务器应用之间的通信不被攻击窃听,并且始终对服务器进行认证,还可以选择对客户进行认证。SSL协议在应用层通信之前就已经完成加密算法、通信密钥的协商以及服务器认证工作,在此之后,应用层协议所传送的数据都被加密。SSL实际上由共同工作的两层协议组成,如图6-3所示。从体系结构图可以看出SSL安全协议实际是SSL握手协议、SSL修改密文协议、SSL告警协议和SSL记录协议组成的一个协议族。

握手协议	修改密文协议	告警协议
SSL记录协议		
TCP		
IP		

图6-3　SSL体系结构

SSL记录协议为SSL连接提供了两种服务:一是机密性,二是消息完整性。为了实现这两种服务,SSL记录协议对接收的数据和被接收的数据的工作过程是如何实现的呢?SSL记录协议接收传输的应用报文,将数据分片成可管理的块,进行数据压缩(可选),应用MAC,接着利用IDEA、DES、3DES或其他加密算法进行数据加密,最后增加由内容类型、主要版本、次要版本和压缩长度组成的首部。被接收的数据刚好与接收数据的工作过程相反,依次被解密、验证、解压缩和重新装配,然后交给更高级用户。

SSL修改密文协议是使用SSL记录协议服务的SSL高层协议的3个特定协议之一,也是其中最简单的一个。协议由单个消息组成,该消息只包含一个值为1的单个字节。该消息的唯一作用就是使未决状态复制为当前状态,更新用于当前连接的密码组。为了保障SSL传输过程的安全性,双方应该每隔一段时间改变加密规范。

SSL告警协议用来为对等实体传递SSL的相关警告。如果在通信过程中某一方发现任何异常,就需要给对方发送一条警示消息通告。警示消息有两种:一种是Fatal错误,如传递数据过程中,发现错误的MAC,双方就需要立即中断会话,同时消除自己缓冲区相应的会话记录;第二种是Warning消息,这种情况,通信双方通常都只是记录日志,而对通信过程不造成任何影响。SSL握手协议可以使得服务器和客户能够相互鉴别对方,协商具体的加密算法和MAC算法以及保密密钥,用来保护在SSL记录中发送的数据。

SSL握手协议允许通信实体在交换应用数据之前协商密钥的算法、加密密钥和对客户端进行认证(可选)的协议,为下一步记录协议要使用的密钥信息进行协商,使客户端和服务器建立并保持安全通信的状态信息。SSL握手协议是在任何应用程序数据传输之前使用的。SSL握手协议包含四个阶段:第一个阶段建立安全能力,第二个阶段进行服务器鉴别和密钥交换,第三个阶段进行客户鉴别和密钥交换，第四个阶段完成握手协议。

从 TCP/IP 架构来看，SSL 在传输层对网络连接进行加密，它的优势在于它是与应用层协议独立无关的。高层的应用层协议(例如 HTTP、FTP、Telnet 等)能透明的建立于 SSL 协议之上。SSL 协议在应用层协议通信之前就已经完成加密算法、通信密钥的协商以及服务器认证工作。在此之后应用层协议所传送的数据都会被加密，从而保证通信的私密性。

2. SSL 协议的工作方式

SSL 客户端要收发几个握手信号：

(1)发送一个"ClientHello"消息，说明它支持的密码算法列表、压缩方法及最高协议版本，也发送稍后将被使用的随机数。

(2)收到一个"ServerHello"消息，包含服务器选择的连接参数，源自客户端初期所提供的"ClientHello"。

(3)当双方知道了连接参数，客户端与服务器交换证书(依靠被选择的公钥系统)。这些证书通常基于 X. 509，不过已有草案支持以 OpenPGP 为基础的证书。

(4)服务器请求客户端公钥。客户端有证书即双向身份认证，没证书时随机生成公钥。

(5)客户端与服务器通过公钥保密协商共同的主私钥(双方随机协商)，这通过精心谨慎设计的伪随机数功能实现。结果可能使用 Diffie-Hellman 交换或简化的公钥加密，双方各自用私钥解密。所有其他关键数据的加密均使用这个"主密钥"。

数据传输中记录层(Record Layer)用于封装更高层的 HTTP 等协议。记录层数据可以被随意压缩、加密，与消息验证码压缩在一起。每个记录层包都有一个 Content-Type 段用以记录更上层所用的协议。

3. SSL/TLS 标准化情况

在 SSL v3. 0 发布以后，IETF 将 SSL 作了标准化，并将其称为 TLS(Transport Layer Security)，对应的 RFC 文档号为 2246，从技术上来说，TLS 1. 0 与 SSL 3. 0 的差异非常微小。目前 TLS 的最新版本为 1. 2，RFC 版本号为 5246。

和 TLS 相关的 RFC 文档包括(截至 2012 年 2 月)：

- RFC 2246 The TLS Protocol Version 1. 0
- RFC 2712 Addition of Kerberos Cipher Suites to Transport Layer Security (TLS)
- RFC 2817 Upgrading to TLS Within HTTP/1. 1
- RFC 2818 HTTP Over TLS
- RFC 3268 Advanced Encryption Standard (AES) Ciphersuites for Transport Layer Security (TLS)
- RFC 3546 Transport Layer Security (TLS) Extensions
- RFC 4132 Addition of Camellia Cipher Suites to Transport Layer Security (TLS)
- RFC 4162 Addition of SEED Cipher Suites to Transport Layer Security (TLS)
- RFC 4279 Pre-Shared Key Ciphersuites for Transport Layer Security (TLS)
- RFC 4346 The Transport Layer Security (TLS) Protocol Version 1. 1
- RFC 4366 Transport Layer Security (TLS) Extensions
- RFC 4492 Elliptic Curve Cryptography (ECC) Cipher Suites for Transport Layer Security (TLS)
- RFC 4507 Transport Layer Security (TLS) Session Resumption without Server-

Side State

- RFC 4680 TLS Handshake Message for Supplemental Data
- RFC 4681 TLS User Mapping Extension
- RFC 4785 Pre-Shared Key (PSK) Ciphersuites with NULL Encryption for Transport Layer Security (TLS)
- RFC 5054 Using the Secure Remote Password (SRP) Protocol for TLS Authentication
- RFC 5081 Using OpenPGP Keys for Transport Layer Security (TLS) Authentication
- RFC 5077 Transport Layer Security (TLS) Session Resumption without Server-Side State
- RFC 5216 The EAP-TLS Authentication Protocol
- RFC 5246 The Transport Layer Security (TLS) Protocol Version 1. 2
- RFC 5288 AES Galois Counter Mode (GCM) Cipher Suites for TLS
- RFC 5289 TLS Elliptic Curve Cipher Suites with SHA-256/384 and AES Galois Counter Mode (GCM)
- RFC 5469 DES and IDEA Cipher Suites for Transport Layer Security (TLS)
- RFC 5425 Transport Layer Security (TLS) Transport Mapping for Syslog
- RFC 5487 Pre-Shared Key Cipher Suites for TLS with SHA-256/384 and AES Galois Counter Mode
- RFC 5489 ECDHE_PSK Cipher Suites for Transport Layer Security (TLS)
- RFC 5746 Transport Layer Security (TLS) Renegotiation Indication Extension
- RFC 5705 Keying Material Exporters for Transport Layer Security (TLS)
- RFC 5878 Transport Layer Security (TLS) Authorization Extensions
- RFC 5932 Camellia Cipher Suites for TLS
- RFC 5929 Channel Bindings for TLS
- RFC 6012 Datagram Transport Layer Security (DTLS) Transport Mapping for Syslog
- RFC 6042 Transport Layer Security (TLS) Authorization Using KeyNote
- RFC 6066 Transport Layer Security (TLS) Extensions:Extension Definitions
- RFC 6091 Using OpenPGP Keys for Transport Layer Security (TLS) Authentication
- RFC 6251 Using Kerberos Version 5 over the Transport Layer Security (TLS) Protocol
- RFC 6358 Additional Master Secret Inputs for TLS
- RFC 6520 Transport Layer Security (TLS) and Datagram Transport Layer Security (DTLS) Heartbeat Extension

6. 2. 3 IPsec

IPsec(Internet Protocol Security),是通过对 IP 协议(互联网协议)的分组进行加密和认证来保护 IP 协议的网络协议族,由 IETF 制定并维护。

IPsec 被设计用来提供:

(1)入口对入口通信安全,在此机制下,分组通信的安全性由单个节点提供给多台机器(甚至可以是整个局域网);

(2)端到端分组通信安全,由作为端点的计算机完成安全操作。

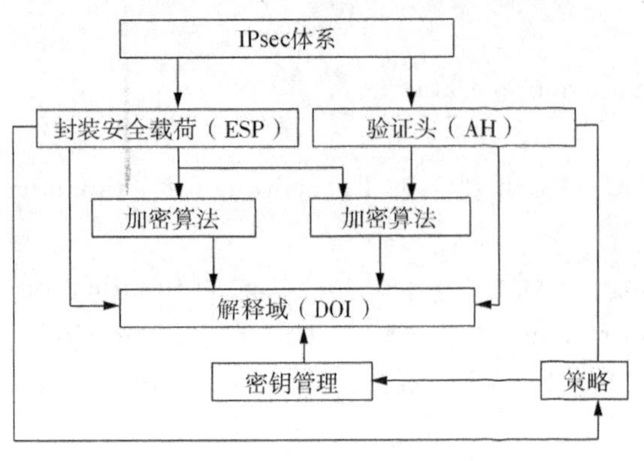

图 6-4 IPsec的体系结构

上述的任意一种模式都可以用来构建虚拟专用网(VPN)，而这也是IPsec最主要的用途之一。上述两种操作模式在安全的实现方面有着较大差别。

1. IPsec的构成

IPsec由一系列协议组成，包括验证头(AH)、封装安全载荷(ESP)、Internet安全关联和密钥管理协议ISAKMP的Internet IP安全解释域(DOI)、ISAKMP、Internet密钥交换(IKE)、IP安全文档指南、OAKLEY密钥确定协议等，它们分别发布在RFC 2401～RFC 2412的相关文档中。图6-4显示了IPsec的体系结构、组件及各组件间的相互关系。

- AH(验证头)和ESP(封装安全载荷)：是IPsec体系中的主体，其中定义了协议的载荷头格式以及它们所能提供的服务，另外还定义了数据报的处理规则，正是这两个安全协议为数据报提供了网络层的安全服务。两个协议在处理数据报文时都需要根据确定的数据变换算法来对数据进行转换，以确保数据的安全，其中包括算法、密钥大小、算法程序以及算法专用的任何信息。
- IKE(Internet密钥交换)：IKE利用ISAKMP语言来定义密钥交换，是对安全服务进行协商的手段。IKE交换的最终结果是一个通过验证的密钥以及建立在通信双方同意基础上的安全服务——亦即所谓的“IPsec安全关联”。
- SA(安全关联)：一套专门将安全服务/密钥和需要保护的通信数据联系起来的方案。它保证了IPsec数据报封装及提取的正确性，同时将远程通信实体和要求交换密钥的IPsec数据传输联系起来。即SA解决的是如何保护通信数据、保护什么样的通信数据以及由谁来实行保护的问题。
- 策略：策略是一个非常重要但又尚未成为标准的组件，它决定两个实体之间是否能够通信；如果允许通信，又采用什么样的数据处理算法。如果策略定义不当，可能导致双方不能正常通信。与策略有关的问题分别是表示与实施。“表示”负责策略的定义、存储和获取，“实施”强调的则是策略在实际通信中的应用。

2. IPsec的工作原理

设计IPsec是为了给IPv4和IPv6数据提供高质量的、可互操作的、基于密码学的安全性。IPsec通过使用AH和ESP这两种通信安全协议，以及像IKE协议这样的密钥管理过程和协议来达到这些目标。AH协议提供数据源认证，无连接的完整性，以及一个可选的抗重放服务。ESP协议提供数据保密性，有限的数据流保密性，数据源认证，无连接的完整性以及抗重放服务。对于AH和ESP都有两种操作模式：传输模式和隧道模式。IKE协议用于协商AH和ESP所使用的密码算法，并将算法所需要的密钥放在合适的位置。

IPsec所使用的协议被设计成与算法无关的。算法的选择在安全策略数据库(SPD)中指定。IPsec允许系统或网络的用户和管理员控制安全服务提供的粒度。通过使用安全关联(SA)，IPsec能够区分对不同数据流提供的安全服务。

IPsec本身是一个开放的体系，随着网络技术的进步和新的加密、验证算法的出现，通过不断加入新的安全服务和特性，IPsec就可以满足未来对于信息安全的需要。随着互联网络技术的不断进步，IPsec 作为网络层安全协议，也在不断地改进和增加新的功能。其实在 IPsec 的框架设计时就考虑过系统扩展问题。例如在 ESP 和 AH 的文档中定义有协议、报头的格式以及它们提供的服务，还定义有数据报的处理规则，但是没有指定用来实现这些功能的具体数据处理算法。AH 默认且强制实施的加密 MAC 是 HMAC-MD5 和 HMAC-SHA，在实施方案中其他的加密算法 DES-CBC、CAST-CBC 以及 3DES-CBC 等都可以作为加密器使用。

3. IPsec 的模式

IPsec 协议(包括 AH 和 ESP)既可以用来保护一个完整的 IP 载荷，也可以用来保护某个 IP 载荷的上层协议。这两个方面的保护分别由 IPsec 两种不同的“模式”来提供：传输模式和隧道模式。

- 传输模式：在传输模式中，IP 头与上层协议头之间需插入一个特殊的 IPsec 头。传输模式保护的是 IP 包的有效载荷或者说保护的是上层协议(如 TCP、UDP 和 ICMP)。在通常情况下，传输模式只用于两台主机之间的安全通信。
- 隧道模式：隧道模式为整个 IP 包提供保护。在此模式下要保护的整个 IP 包都需封装到另一个 IP 数据报中，同时在外部与内部 IP 头之间插入一个 IPsec 头。所有原始的或内部包通过这个隧道从 IP 网的一端传递到另一端，沿途的路由器只检查最外面的 IP 报头，不检查内部原来的 IP 报头。由于增加了一个新的 IP 报头，因此，新 IP 报文的目的地址可能与原来的不一致。

4. IPsec 标准化情况

IPsec 在 IPv4 中的使用是可选的，但在 IPv6 中，IPsec 是必选的内容，这样做的目的是为了将安全保证纳入基础性的网络标准中。第 1 版 IPsec 协议在 RFC 2401～2409 中定义。2005 年 IPsec 第 2 版标准发布，新的文档定义在 RFC 4301 和 RFC 4309 中。

和 IPsec 规范相关的主要 RFC 文档包括：

- RFC 2401：IP 协议的安全架构(IPsec 体系结构)
- RFC 2402：验证头(AH)
- RFC 2406：封装安全载荷(ESP)
- RFC 2407：ISAKMP 的 IPsec 解释域(IPsec DOI)
- RFC 2408：互联网安全关联与密钥管理协议(ISAKMP)
- RFC 2409：互联网密钥交换(IKE)

和 IPsec 相关的各种 RFC 文档列表如表 6-5 所示。

表 6-5　和 IPsec 相关的 RFC 标准一览(截至 2012 年 2 月)

编　号	名　称
RFC 5406	Guidelines for Specifying the Use of IPsec Version 2
RFC 1825	Security Architecture for the Internet Protocol
RFC 1826	IP Authentication Header
RFC 1827	IP Encapsulating Security Payload (ESP)
RFC 1828	IP Authentication using Keyed MD5
RFC 1829	The ESP DES-CBC Transform
RFC 2085	HMAC-MD5 IP Authentication with Replay Prevention

续表

编 号	名 称
RFC 2104	HMAC:Keyed-Hashing for Message Authentication
RFC 2207	RSVP Extensions for IPSEC Data Flows
RFC 2401	Security Architecture for the Internet Protocol
RFC 2402	IP Authentication Header
RFC 2403	The Use of HMAC-MD5-96 within ESP and AH
RFC 2404	The Use of HMAC-SHA-1-96 within ESP and AH
RFC 2405	The ESP DES-CBC Cipher Algorithm With Explicit IV
RFC 2406	IP Encapsulating Security Payload (ESP)
RFC 2407	The Internet IP Security Domain of Interpretation for ISAKMP
RFC 2408	Internet Security Association and Key Management Protocol (ISAKMP)
RFC 2409	The Internet Key Exchange (IKE)
RFC 2410	The NULL Encryption Algorithm and Its Use With IPsec
RFC 2411	IP Security Document Roadmap
RFC 2412	The OAKLEY Key Determination Protocol
RFC 2451	The ESP CBC-Mode Cipher Algorithms
RFC 2709	Security Model with Tunnel-mode IPsec for NAT Domains
RFC 2857	The Use of HMAC-RIPEMD-160-96 within ESP and AH
RFC 3104	RSIP Support for End-to-end IPsec
RFC 3193	Securing L2TP using IPsec
RFC 3281	An Internet Attribute Certificate Profile for Authorization
RFC 3456	Dynamic Host Configuration Protocol (DHCPv4) Configuration of IPsec Tunnel Mode
RFC 3457	Requirements for IPsec Remote Access Scenarios
RFC 3554	On the Use of Stream Control Transmission Protocol (SCTP) with IPsec
RFC 3566	The AES-XCBC-MAC-96 Algorithm and Its Use With IPsec
RFC 3585	IPsec Configuration Policy Information Model
RFC 3602	The AES-CBC Cipher Algorithm and Its Use with IPsec
RFC 3664	The AES-XCBC-PRF-128 Algorithm for the Internet Key Exchange Protocol (IKE)
RFC 3686	Using Advanced Encryption Standard (AES) Counter Mode With IPsec Encapsulating Security Payload (ESP)
RFC 3715	IPsec-Network Address Translation (NAT) Compatibility Requirements
RFC 3776	Using IPsec to Protect Mobile IPv6 Signaling Between Mobile Nodes and Home Agents
RFC 3884	Use of IPsec Transport Mode for Dynamic Routing
RFC 3948	UDP Encapsulation of IPsec ESP Packets
RFC 4025	A Method for Storing IPsec Keying Material in DNS
RFC 4106	The Use of Galois/Counter Mode (GCM) in IPsec Encapsulating Security Payload (ESP)
RFC 4109	Algorithms for Internet Key Exchange version 1 (IKEv1)
RFC 4196	The SEED Cipher Algorithm and Its Use with IPsec
RFC 4285	Authentication Protocol for Mobile IPv6

续表

编　号	名　称
RFC 4301	Security Architecture for the Internet Protocol
RFC 4302	IP Authentication Header
RFC 4303	IP Encapsulating Security Payload (ESP)
RFC 4304	Extended Sequence Number (ESN) Addendum to IPsec Domain of Interpretation (DOI) for Internet Security Association and Key Management Protocol (ISAKMP)
RFC 4305	Cryptographic Algorithm Implementation Requirements for Encapsulating Security Payload (ESP) and Authentication Header (AH)
RFC 4306	Internet Key Exchange (IKEv2) Protocol
RFC 4307	Cryptographic Algorithms for Use in the Internet Key Exchange Version 2 (IKEv2)
RFC 4308	Cryptographic Suites for IPsec
RFC 4309	Using Advanced Encryption Standard (AES) CCM Mode with IPsec Encapsulating Security Payload (ESP)
RFC 4312	The Camellia Cipher Algorithm and Its Use With IPsec
RFC 4322	Opportunistic Encryption using the Internet Key Exchange (IKE)
RFC 4434	The AES-XCBC-PRF-128 Algorithm for the Internet Key Exchange Protocol (IKE)
RFC 4494	The AES-CMAC-96 Algorithm and Its Use with IPsec
RFC 4543	The Use of Galois Message Authentication Code (GMAC) in IPsec ESP and AH
RFC 4555	IKEv2 Mobility and Multihoming Protocol (MOBIKE)
RFC 4615	The Advanced Encryption Standard-Cipher-based Message Authentication Code-Pseudo-Random Function-128 (AES-CMAC-PRF-128) Algorithm for the Internet Key Exchange Protocol (IKE)
RFC 4807	IPsec Security Policy Database Configuration MIB
RFC 4809	Requirements for an IPsec Certificate Management Profile
RFC 4835	Cryptographic Algorithm Implementation Requirements for Encapsulating Security Payload (ESP) and Authentication Header (AH)
RFC 4868	Using HMAC-SHA-256, HMAC-SHA-384, and HMAC-SHA-512 with IPsec
RFC 4869	Suite B Cryptographic Suites for IPsec
RFC 4877	Mobile IPv6 Operation with IKEv2 and the Revised IPsec Architecture
RFC 4891	Using IPsec to Secure IPv6-in-IPv4 Tunnels
RFC 4894	Use of Hash Algorithms in Internet Key Exchange (IKE) and IPsec
RFC 4945	The Internet IP Security PKI Profile of IKEv1/ISAKMP, IKEv2, and PKIX
RFC 5265	Mobile IPv4 Traversal across IPsec-Based VPN Gateways
RFC 5374	Multicast Extensions to the Security Architecture for the Internet Protocol
RFC 5386	Better-Than-Nothing Security: An Unauthenticated Mode of IPsec
RFC 5387	Problem and Applicability Statement for Better-Than-Nothing Security (BTNS)
RFC 5529	Modes of Operation for Camellia for Use with IPsec
RFC 5566	BGP IPsec Tunnel Encapsulation Attribute
RFC 5660	IPsec Channels: Connection Latching
RFC 5755	An Internet Attribute Certificate Profile for Authorization
RFC 5856	Integration of Robust Header Compression over IPsec Security Associations

续表

编　号	名　称
RFC 5857	IKEv2 Extensions to Support Robust Header Compression over IPsec
RFC 5858	IPsec Extensions to Support Robust Header Compression over IPsec
RFC 5879	Heuristics for Detecting ESP-NULL Packets
RFC 5996	Internet Key Exchange Protocol Version 2 (IKEv2)
RFC 6027	IPsec Cluster Problem Statement
RFC 6040	Tunneling of Explicit Congestion Notification
RFC 6071	IP Security (IPsec) and Internet Key Exchange (IKE) Document Roadmap
RFC 6151	Updated Security Considerations for the MD5 Message-Digest and the HMAC-MD5 Algorithms
RFC 6193	Media Description for the Internet Key Exchange Protocol (IKE) in the Session Description Protocol (SDP)
RFC 6311	Protocol Support for High Availability of IKEv2/IPsec
RFC 6379	Suite B Cryptographic Suites for IPsec
RFC 6380	Suite B Profile for Internet Protocol Security (IPsec)
RFC 6467	Secure Password Framework for Internet Key Exchange Version 2 (IKEv2)
RFC 6479	IPsec Anti-Replay Algorithm without Bit Shifting

6.2.4　WLAN 安全标准

无线局域网(Wireless Local Area Network,WLAN),是应用无线通信技术连接计算机设备,构成相互通信和资源共享的局域网络体系。无线局域网的本质特点是通过无线的方式取代电缆方式来连接计算机与网络,增强了网络构建和终端移动的灵活性。与传统有线网络比较而言,WLAN 的优越性显而易见,不但具有可移动性、安装简单、高灵活性和扩展能力强的优点,而且不必受地理空间的约束。

如今 WLAN 已成为一种重要的网络接入方式,但由于数据是利用无线讯号在空中辐射传播,可以穿透天花板、地板和墙壁,极有可能被一些非法的接收设备所接收,易遭受黑客攻击和泄密,这就要求不断完善和发展无线局域网的安全标准。

目前,有关 WLAN 的国际标准主要由美国电气和电子工程师协会(IEEE)的 802 委员会下属 802.11 工作组制定。IEEE 802.11 工作组成立于 1990 年,拥有开发 MAC 协议和物理媒体规范的许可权。从 1997 年发布 IEEE 802.11 开始,已经发布了 802.11a、802.11b、802.11g、802.11m、802.11n 等十余种标准,每个标准都有所侧重。目前最新版本为 802.11ac。

1999 年,一些在业界具有重要地位的公司联合成立了 Wireless Ethernet Compatibility Alliance(WECA),旨在推动为高速无线局域网采纳一个全世界通用的标准。该组织把 IEEE 802.11 系列作为事实上的工业标准推向全球。2002 年 10 月,该组织正式改名为 Wi-Fi Alliance (Wi-Fi 联盟),并注册了 Wi-Fi 这一商标。虽然最初的 Wi-Fi 标准是源自 802.11b,但如今 Wi-Fi 也往往被当作 802.11 系列标准的代名词。

802.11 系列标准主要应用三项机制来保障无线局域网数据传输的安全,它们是 SSID(Service Set Identifier)技术、MAC(Media Access Control)技术和基于安全协议的身份验证技术。

1. SSID(服务集标识符)

该技术要求对多个 AP 设置不同的 SSID,用户必须出示相应正确的 SSID,才能访问该 AP,

否则 AP 将拒绝其与该子网络的连接请求。如果 AP 向外广播其 SSID,很多人都知道该 AP 的 SSID,很容易共享给非法用户,安全程度严重降低。目前有的厂家支持这一机制。任何(ANY) SSID 方式,只要无线工作站在某 AP 范围内,客户端会自动连接 AP,而这将会跳过 SSID 的口令认证,给网络安全带来很大威胁。

2. MAC(物理地址过滤)

该技术原理是在 WLAN 的每个 AP 中手工维护一组授权接入的 MAC 地址列表,MAC 地址不在清单中的用户将被拒绝接入该 AP。该方案要求 AP 中的 MAC 地址列表必须随时更新,可扩展性较差,只适合小型网络规模。更重要的是,MAC 地址可被第三方软件伪造篡改,因此是较低级别的授权认证。

3. 基于安全协议的身份验证技术

基于安全协议的身份验证技术是 WLAN 安全技术的核心,也是任何 WLAN 标准不可或缺的部分。目前,在 802.11 系列中,可采用的安全认证标准有以下几种。

1)WEP

WEP(Wired Equivalent Privacy)是 802.11b 采用的安全标准,用于提供一种加密机制,保护数据链路层的安全,使无线网络 WLAN 的数据传输安全达到与有线 LAN 相同的级别。WEP 采用 RSA 公司开发的 RC4 算法实现对称加密,通过预置方式在 AP 和无线网卡间共享密钥。在通信时,WEP 标准要求传输程序创建一个特定于数据包的初始化向量(IV),将其与预置密钥相组合,生成用于数据包加密的加密密钥。接收程序接收此初始化向量,并将其与本地预置密钥相结合,恢复出加密密钥。

WEP 允许 40 位长的密钥,这对于大部分应用而言都太短。同时,WEP 不支持自动更换密钥,所有密钥必须手动重设,这导致了相同密钥的长期重复使用。第三,尽管使用了初始化向量,但初始化向量被明文传递,并且允许在 5 个小时内重复使用,对加强密钥强度并无作用。此外,WEP 中采用的 RC4 算法被证明是存在漏洞的。因此,即使后来 WEP 密钥长度可提升至 128 位,密钥设置的局限性和算法本身的不足仍使得 WEP 存在较明显的安全缺陷,所以其提供的安全保护效果较差。

2)802.11i 和 WPA

为加强无线网络的安全性和不同厂家间无线安全技术的兼容性,2004 年 6 月 25 日 IEEE 工作组正式通过了 802.11i 标准。IEEE 802.11i 把重点放在以下三个领域:认证、密钥管理和数据传递的保密性。为改进认证,802.11i 要求使用认证服务器 AS(Authentication Server),并定义了一个更为健壮的认证协议。同时,AS 还起到密钥分发的作用。在保密性方面,802.11i 提供了三种不同的加密机制,分别为 TKIP(Temporal Key Integrity Protocol),CCMP(Counter-Mode/CBC-MAC Protocol)和 WRAP(Wireless Robust Authenticated Protocol),以及认证协议 IEEE 802.1x。IEEE 802.11i 的操作过程为:首先在移动站点和 AP 之间进行一次信息交换,使双方在使用的安全能力集合上达成一致;接着,涉及 AP 和移动站点之间的一次交换提供了安全认证,AS 负责向 AP 分发密钥,AP 再依次向移动站点管理和分发密钥;最后,在移动站点和 AP 之间的数据采用加密来保护数据的传递。

802.11i 为了保证兼容性,全面吸收其他现有的网络安全协议,如接入控制层引入现有的 IEEE 802.1x 安全机制,上层管理层融入现有的 LEAP 及 RADIUS 服务器等功能。从硬件设备来看,AP 只涉及 WLAN 底层和接入控制层,涉及 802.11i 协议的数据加密协议和 IEEE 802.1x 的接入管理机制,其认证管理功能由认证服务器和远端数据库来完成。移动用户则包含了全部的三层，涉及了 802.11i 的底层数据加密协议，IEEE 802.1x 的接入管理机制和 IEEE 802.11x/EAP 认证管理机制。用户端和认证服务器都具有认证管理层的功能。

WPA(Wi-Fi Protected Access)是 2003 年推行的作为向 IEEE 802.11i 过渡的中间标准，其核心是 802.1x 和 TKIP，它的推出使 802.11a，802.11b 和 802.11g 在内的无线设备的安全性得到保证。WPA 是 WEP 的升级版本，针对 WEP 的几个缺点进行了弥补，分为 WPA 和 WPA2 两个版本。WPA 还追加了防止数据中途被篡改的功能和认证功能，解决了 WEP 的缺点。WPA 虽然是 802.11i 标准的子集，但包含了认证、加密和消息完整性校验三个组成部分，是一个完整的安全性方案。其原理为根据通用密钥，结合客户端 MAC 地址和分组的编号，分别为每个分组生成不同的密钥，然后与 WEP 一样将此密钥用 RC4 加密处理。通过这种处理，所有客户端的所有分组信息所交换的数据将由各不相同的密钥加密而成，因此即使非授权用户收集到分组信息并对其进行解析，也几乎无法计算出通用密钥。

• WPA 认证

WPA 主要采用 IEEE 802.1x(端口访问控制技术)实现认证功能。IEEE 802.1x 使用术语申请者(Supplicant)、认证者(Authenticator)和认证服务器(Authentication Server，AS)。在 WLAN 上下文中，前两者分别对应于无线移动站点和 AP。AS 通常是一个有线网络，一个移动站点被 AS 认证之前，使用一个认证协议，AP 在移动站点和 AS 之间只传递控制或认证报文，这期间 802.1x 控制信道未被阻塞，而 802.1x 数据信道是阻塞的。一旦站点被认证且密钥被提供，数据信道则不被阻塞。

• 加密

WPA 采用暂时密钥集成协议(Temporal Key Integrity Protocol，TKIP)为加密引入了新的机制。TKIP 的一个重要特性是它变化每个数据包所使用的密钥。密钥通过将多种因素混合在一起生成，包括基本密钥(即 TKIP 中所谓的成对瞬时密钥)、发射站的地址以及数据包的序列号。混合操作在设计上将对无线站点和接入点的要求减少到最低程度，但仍具有足够的密码强度，使它不能被轻易破译。TKIP 传送的每一个数据包都具有独有的 48 位序列号，这个序列号在每次传送新数据包时递增，并被用作初始化向量和密钥的一部分。将序列号加到密钥中，确保了每个数据包使用不同的密钥，解决了 WEP 的两个问题：碰撞攻击和重放攻击。碰撞攻击发生在两个不同数据包使用同样的密钥时，在使用不同的密钥时，不会出现碰撞。由于 48 位序列号需要数千年时间才会出现重复，因此没有人可以重放来自无线连接的旧数据包：由于序列号不正确，这些数据包将作为失序包被检测出来，从而避免重放攻击。

TKIP 密钥中的最重要因素是基本密钥。为避免同一密钥在 WLAN 中不断重复使用，TKIP 生成混合到每个包密钥中的基本密钥。移动站点每次与 AP 建立连接时，就生成一个新的基本密钥。这个基本密钥通过将特定的会话内容与接入点和无线站生成的一些随机数以及接入点和无线站的 MAC 地址进行散列处理来产生。由于采用 802.1x 认证，这个会话内容是特定的，而且由认证服务器安全地传送给移动站点。

• 消息完整性校验

消息完整性校验(MIC)，是为了防止攻击者从中间截获数据报文，篡改后重发而设置的。除了和 WEP 一样继续保留对每个数据分段(MPDU)进行 CRC 校验外，WPA 为 802.11 的每个 MSDU 都增加了一个 8 字节的消息完整性校验值。这与 WEP 对每个数据分段(MPDU)进行 ICV 校验的目的不同。ICV 的目的是为了保证数据在传输过程中不会因为噪声等物理因素导致报文出错，因此采用相对简单高效的 CRC 算法，但黑客可以通过修改 ICV 值来使之和被篡改过的报文相吻合。而WPA中的MIC则是为了防止黑客的篡改而定制的，它采用Michael算法，具有很高的安全特性。当MIC发生错误时，数据很可能已经被篡改，系统很可能正在受到攻击。此时，WPA还会采取一系列的对策，比如立刻更换组密钥、暂停活动60秒等，来阻止黑客的攻击。

3)WAPI

WAPI(WLAN Authentication and Privacy Infrastructure)是我国自主研发并大力推行的无线网络WLAN安全标准，它通过了IEEE(不是Wi-Fi)认证和授权，是一种认证和私密性保护协议，其作用类似于802.11b中的WEP，但是能提供更加完善的安全保护。WAPI采用非对称(椭圆曲线密码)和对称密码体制(分组密码)相结合的方法实现安全保护，实现了设备的身份鉴别、链路验证、访问控制和用户信息在无线传输状态下的加密保护。

WAPI除实现移动终端和AP之间的相互认证之外，还可以实现移动网络对移动终端及AP的认证。同时，AP和移动终端证书的验证交给AS完成，一方面减少了MT和AP的电量消耗，另一方面为MT和AP使用不同颁发者颁发的公钥证书提供了可能。

6.3 电子商务安全相关标准

6.3.1 安全电子交易协议(SET)

1. SET协议概述

1996年2月1日，MasterCard与Visa两大国际信用卡组织会同一些计算机供应商，共同开发了安全电子交易(Secure Electronic Transaction)协议，简称SET协议，并于1997年5月31日正式推出1.0版。SET是一种应用于因特网环境下，以信用卡为基础的安全电子支付协议，它给出了一套电子交易的过程规范。通过SET这一套完备的安全电子交易协议可以实现电子商务交易中的加密、认证机制、密钥管理机制等，保证在开放网络上使用信用卡进行在线购物的安全。

由于SET提供商户和收单银行的认证，确保了交易数据的安全、完整可靠和交易的不可抵赖性，特别是具有保护消费者信用卡号不暴露给商户等优点，因此它成为目前公认的信用卡网上交易的国际标准。

SET协议采用了对称密钥和非对称密钥体制，把对称密钥的快速、低成本和非对称密钥的有效性结合在一起，以保护在开放网络上传输的个人信息，保证交易信息的隐蔽性。SET协议的重点是确保商户和消费者的身份及行为的认证和不可抵赖性，其理论基础是不可否认机制(non-repudiation)，其采用的核心技术包括电子证书标准与数字签名、报文摘要、数字信封、双重签名等。SET协议使用数字证书对交易各方的合法性进行验证，使用数字签名技术确保数据完整性和不可否认。SET协议还使用双重签名技术对SET交易过程中消费者的支付信息和订单信息分别签名，使得商户看不到支付信息，只能对用户的订单信息解密，而金融机构看不到交易内容，只能对支付和账户信息解密，从而充分地保证了消费者的账户和订购信息的安全性。SET通过制定标准和采用各种技术手段，解决了一直困扰电子商务发展的安全问题，包括购物与支付信息的保密性、交易支付完整性、身份认证和不可抵赖性等，在电子交易环节上提供了更大的信任度、更完整的交易信息、更高的安全性和更少受欺诈的可能性。

但是，虽然早在1997年就推出了SET 1.0版，但它的推广应用却较缓慢。主要原因在于以下几点。

(1)使用 SET 协议比较昂贵，互操作性差，难以实施，因为 SET 协议提供了多层次的安全保障，复杂程度显著增加。

(2)SSL 协议已被广泛应用。

(3)银行的支付业务不仅仅是信用卡支付业务，而 SET 支付方式只适用于卡支付，对其他支付方式是有所限制的。

(4)SET 协议只支持 B-to-C 类型的电子商务模式，即消费者持卡在网上购物与交易的模式，而不能支持 B-to-B 模式。尽管 SET 协议有诸多缺陷，但是其复杂性代价换来的是风险的降低，所以 SET 协议已获得了 IETF 的认可，成为电子商务中最重要的安全支付协议，并得到了 IBM，HP，Microsoft，Netscape，VeriFone，GTE，VeriSign 等许多大公司的支持。

目前国外已有不少网上支付系统采用 SET 协议标准，国内也有多家单位在建设遵循 SET 协议的网上安全交易系统，并且已经有不少系统正式开通。

SET 协议文档主要包括以下三部分内容。

(1)商业描述：提供 SET 处理的总述；

(2)程序员指南：介绍 SET 数据区、消息及处理流程；

(3)正式的协议定义：提供 SET 消息和数据区的严格描述。

2. SET 交易参与方

SET 交易的参与方主要包括以下几方面。

1)持卡人

持卡人(Cardholder)是网上消费者或客户。SET 支付系统中的网上消费者或客户首先必须是银行卡(信用卡或借记卡)的持卡人。持卡人要参与网上交易，首先要向发卡行提出申请，经发卡行认可后，持卡人从发卡行取得一套 SET 交易专用的持卡人软件(称为电子钱包软件)，再由发卡行委托第三方中立机构——认证机构 SETCA 发给数字证书，持卡人才具备了上网交易的条件。持卡人上网交易是由嵌入在浏览器中的电子钱包软件来实现的。持卡人的电子钱包具有发送、接收信息，存储自身的公钥签名密钥和交易参与方的公开密钥交换密钥，申请、接收和保存认证等功能。除了这些功能外，电子钱包还必须支持网上购物的其他功能，如增删改银行卡、检查证书状态、显示银行卡信息和交易历史记录等功能。

2)商户

商户(Merchant)是 SET 支付系统中网上商店的经营者，在网上提供商品和服务。商户首先必须在收单银行开设账户，由收单银行负责交易中的清算工作。商户要取得网上交易的资格，首先要由收单银行对其进行审定和信用评估，并与收单银行达成协议，保证可以接收银行卡付款。商户的网上商店必须集成 SET 交易商家软件，商家软件必须能够处理持卡人的网上购物请求和与支付网关进行通信、存储自身的公钥签名密钥和交易参与方的公开密钥交换密钥、申请和接收认证、与后台数据库进行通信及保留交易记录。与持卡人一样，在开始交易之前，商户也必须向 SETCA 申请数字证书。

3)支付网关

支付网关(Payment Gateway)是由收单银行或指定的第三方操作的专用系统，用于处理支付授权和支付。买卖双方进行交易，最后必须通过银行进行支付。SET 交易是在公开的网络——因特网上进行的，但是，考虑到安全问题，银行的计算机主机及银行专用网络不能与各种公开网络直接相连，为了能接收从因特网上传来的支付指令，在银行业务系统与因特网之间必须有一个专用系统来解决支付指令的转换问题。接收处理从商户传来的付款指令，并通过专线传送给银行；银行将支付指令的处理结果再通过这个专用系统反馈给商户。这个专用系统就称为支付网关。SET 支付系统中的支付网关首先必须由收单银行授权，再由 SETCA 发放数字证书，方可参与网上支付活动。支付网关具有确认商户身份，解密持卡人的支付指令，验证持卡人的证书与在购物中所使用的账号是否匹配，验证持卡人和商户信息的完整性，签署数字响应等功能。由于商户收到持卡人的购物请求后，要将持卡人账号和付款金额等信息传给收单银行，所以支付网关一般由收单银行来担任。但由于支付网关是一个相对独立的系统，只要保证支付网关到银行之间通信的安全，银行可以委托第三方担任网上交易的支付网关。

4）收单银行

收单银行（Acquirer）是一个金融机构，为商户建立账户并处理支付授权和支付。收单银行虽然不属于 SET 交易的直接组成部分，但却是完成交易的必要的参与方。支付网关接收商户的 SET 支付请求后，要将支付请求转交给收单银行，进行银行系统内部的联网支付处理工作，这部分工作与因特网无关，属于传统的银行卡受理工作。从这里可以看出，SET 交易实际上是银行卡受理的一部分，SET 交易并未改变传统的银行卡受理过程。

5）发卡银行

发卡银行（Issuer）是一个金融机构，为持卡人建立一个账户并发行支付卡，一个发卡行保证对经过授权的交易进行付款。付款请求最后必须通过银行专用网络经收单银行传送到持卡人的发卡银行，进行授权和付款。同收单银行一样，发卡银行也不属于 SET 交易的直接组成部分，且同样是完成交易的必要的参与方。持卡人要参加 SET 交易，发卡银行必须要参加 SET 交易。SET 系统的持卡人软件一般是从发卡银行获得的，持卡人要申请数字证书，也必须先由发卡银行批准，才能从 SETCA 得到。可以说，持卡人的发卡银行在安全电子交易中起着很重要的作用。而在每一笔 SET 交易中，发卡银行则同收单银行一样，完成传统银行卡联网受理的那一部分工作。

6）认证机构（认证中心 CA）

在基于 SET 的认证中，按照 SET 交易中的角色不同，认证机构负责向持卡人颁发持卡人证书、向商户颁发商家证书、向支付网关颁发支付网关证书，利用这些证书可以验证持卡人、商户和支付网关的身份。

3. SET 的工作流程

电子商务的工作流程与实际的购物流程非常接近，使得电子商务与传统商务可以很容易融合，用户使用也没有什么障碍。如何保证网上传输的数据的安全和交易对方的身份确认是电子商务能否得到推广的关键。这正是 SET 所要解决的最主要的问题。一个包括完整购物处理流程的 SET 工作过程如下。

(1)持卡人使用浏览器在商家的 Web 主页上查看在线商品目录，浏览商品；

(2)持卡人选择要购买的商品；

(3)持卡人填写订单，包括项目列表、价格、总价、运费、搬运费、税费等。订单可以通过电子化方式从商家传过来，或由持卡人的电子购物软件建立。有些在线商场可以让持卡人与商家协商物品的价格（例如出示自己是老客户的证明，或者给出竞争对手的价格信息）；

(4)持卡人选择支付方式，此时 SET 协议介入；

(5)持卡人发送给商家一个完整的订单及要求付款的指令。在 SET 中，订单和付款指令由持卡人进行数字签名，同时利用双重签名技术保证商家看不到持卡人的账号信息；

(6)商家收到订单后，向持卡人的金融机构请求支付认可。通过支付网关到银行，再到发卡机构确认，批准交易。然后返回确认信息给商家；

(7)商家发送订单确认信息给顾客。顾客端软件可记录交易日志，以备将来查询；

(8)商家给顾客装运货物，或完成订购的服务。到此为止，购买过程结束。商家可立即请求银行将钱从购物者的账号转移到商家账号，也可以等到某一时间，请求成批划账处理；

(9)商家向持卡人的金融机构请求支付。在认证操作和支付操作中间一般会有一个时间间隔，例如在每天的下班前请求银行结一天的账。

在上述流程中，前三步与 SET 无关，从第四步开始 SET 起作用，一直到第九步，在处理过程中通信协议、请求信息的格式、数据类型的定义等，SET 都有明确的规定。在操作的每一步，持卡人、商家和支付网关都通过 CA 来验证通信主体的身份，以确保通信的双方都不是冒名顶替。

4. SET 与 SSL 的比较

SET 是一个多方的消息报文协议，SET 定义了银行、商户、持卡人之间必需的报文规范，而 SSL 只是简单地在两方之间建立了一条安全连接。SSL 是面向连接的，而 SET 允许各方之间的报文交换不是实时的。SET 报文能够在银行内部网或者其他网络上传输，而 SSL 之上的卡支付系统只能与 Web 浏览器捆绑在一起。具体来说：

(1)在认证方面，SET 的安全需求较高，因此所有参与 SET 交易的成员都必须先申请数字证书来识别身份，而在 SSL 中，只有商户端的服务器需要认证，客户认证则是有选择性的。

(2)对消费者而言，SET 保证了商户的合法性，并且用户的信用卡号不会被窃取，SET 替消费者保守了更多的秘密使其在线购物更加轻松。

(3)在安全性方面，一般公认 SET 的安全性较 SSL 高，主要原因是在整个交易过程中，包括持卡人到商家、商家到支付网关再到银行网络，都受到严密的保护。而 SSL 的安全范围只限于持卡人到商家的信息交流。

(4)SET 对于参与交易的各方定义了互操作接口，一个系统可以由不同厂商的产品构筑。

(5)在采用比率方面，由于 SET 的设置成本较 SSL 高很多，并且进入国内市场的时间尚短，因此目前还是 SSL 的普及率高。但是，由于网上交易的安全性需求不断提高，SET 的市场占有率将会增加。

SET 协议的缺陷在于：SET 要求在银行网络、商户服务器、顾客的 PC 上安装相应的软件。这给顾客、商家和银行增加了许多附加的费用，成为 SET 被广泛接受的阻碍。另外，SET 还要求必须向各方发放证书，这也成为阻碍之一。所有这些使得使用 SET 要比使用 SSL 昂贵得多。

SET 的优点在于：它可以用在系统的一部分或者全部。例如，一些商户正在考虑在与银行的连接中使用 SET，而与顾客连接时仍然使用 SSL。这种方案既回避了在顾客机器上安装电子钱包软件，同时又获得了 SET 提供的很多优点。目前，大多数的 SET 软件提供商在其产品中都提供了灵活构筑系统的手段。

6.3.2 UN/EDIFACT

EDI(Electronic Data Interchange，电子数据交换)是电子商务最重要的组成部分，是国际上广泛采用的自动交换和处理商业信息和管理信息的技术。EDI 一经产生，其标准的国际化就成为人们日益关注的焦点。早期的 EDI 使用的大都是各处的行业标准，不能进行跨行业 EDI 互联，严重影响了 EDI 的效益，阻碍了全球 EDI 的发展。例如美国就存在汽车工业的 AIAG 标准、零售业的 UCS 标准、货栈和冷冻食品贮存业的 WINS 标准等。日本有连锁店协会的 JCQ 行业标准、全国银行协会的 Aengin 标准和电子工业协会的 EIAT 标准等。

为促进 EDI 的发展，世界各国都在不遗余力地促进 EDI 标准的国际化，以求最大限度地发挥 EDI 的作用。目前，在 EDI 标准上，国际上最有名的是联合国欧洲经济委员会（UN/ECE）下属第四工作组（UN/ECE/WP4，即贸易简化工作组）于 1986 年制定的《用于行政管理、商业和运输的电子数据互换》标准——UN/EDIFACT（Electronic Data Interchange For Administration，Commerce and Transport）标准。EDIFACT 已被 ISO 接受为国际标准，编号为 ISO 9735。同时还有广泛应用于北美地区由 ANSI X.12 鉴定委员会（AXCS.12）于 1985 年制定的 ANSI X.12 标准。

UN/EDIFACT 报文是唯一的国际通用 EDI 标准。利用 Internet 进行 EDI 已成为人们日益关注的领域，保证 EDI 的安全成为重要的问题。UN/ECE/WP4 于 1990 年成立了安全联合工作组（UN-SJWG）来负责研究 UN/EDIFACT 标准中实施安全的措施。该工作组的工作成果以 ISO 标准的形式公布，即 ISO 9735 系列。

ISO 9735 系列标准中有几部分是关于 EDI 应用中的安全性标准，这些标准为 EDI 提供了足够的安全机制。

1. 批示 EDI 的安全准则

ISO 9735 的第 5 部分“批示 EDI（可靠性、完整性和不可抵赖性）的安全规则”列出了关于批示 EDI 安全头和尾段组的使用规则，说明了 UN/EDIFACT 安全文法的规则，相应的安全机制，为报文级、组级以及交换级的认证、发送者不可否认和数据的完整性提供了方法。方法是在已有报文的 UNH（报文头）后面和 UNT（报文尾）之前，或在已有数据报的 UNO（报文头）之后和 UNP（报文尾）之前加入安全头和尾段组，来说明本次交换中所使用的安全服务。

2. 交互式 EDI 的安全准则

ISO 9735 的第 10 部分定义了交互式 EDI 中的安全服务，方法是在 UIH 段后加入安全头并在 UIT 段之后加入安全尾，该方法适用于现有的任一报文。

3. UN/EDIFACT 中认证技术的应用

在 ISO 9735 的第 6 部分“安全鉴别和确认报文（AUTACK）”中定义了安全的身份认证和确认报文 AUTACK，用于发送报文、数据报、分组数据、组，或交换信息时对发送者身份的认证或不可否认，也用于接收者的回答或接收的不可否认。该报文中把安全服务用于单个传递的 UN/EDIFACT 结构中，采用这一安全服务的机制要求合作伙伴确认，并在交换的字段中给予说明。把加密的机制运用于原始的 UN/EDIFACT 结构的内容中，形成了 AUTACK 信息的主体，还带有使用的加密算法，UN/EDIFACT 结构的应用号以及原结构的日期和时间。

AUTACK 认证报文可用两种不同的方法来实现，一种是在 UN/EDIFACT 结构中传送杂凑值，另一种是在 UN/EDIFACT 结构中带有数字签名。

4. UN/EDIFACT 中加密技术的应用

ISO 9735 的第 7 部分“批示 EDI（机密性）的安全规则”定义了批处理 EDI 保密性的规则，规定了保密性安全服务的 UN/EDIFACT 结构，通过对报文、分组或交换使用合适的算法，分别进行加密，并且带有其他安全头和尾组段。

5. UN/EDIFACT 中密钥技术的应用

ISO 9735 的第 9 部分“安全密钥和证书管理报告（KEYMAN）”定义了在报文中用 KEYMAN 作为安全密钥以及验证管理的方法，密钥可以使用对称算法的密钥，或是使用非对称算法的公钥或私钥。

KEYMAN 的功能定义为：注册登记并申请得到所需要的非对称算法的密钥；证书和认证的

管理,包括证书的申请、更新替换、撤销,以及传递。

KEYMAN报文可用安全头尾段组的结构来保护,报文可用于要求或传递密钥,证书或验证路径。

6.4 数据库安全相关标准

数据库是按照某种规则主旨的存储数据的集合,换句话说,数据库是由信息实体和这些实体之间的关系组成的,这些关系和实体在数据库内以某种物理的方式(指针或记录)表示,数据库管理系统为用户和其他应用程序提供对数据库的访问,同时也提供事件登录、恢复和数据库组织。数据库的基本特性是它支持若干不同的应用(即可批处理也可联机处理等)以满足各种用户的数据要求。

对于数据库系统来说,威胁主要来自:非法访问数据库信息;恶意破坏数据库或未经授权非法修改数据库数据;用户通过网络进行数据库访问时,受到各种攻击,如搭线窃听等;对数据库的不正确访问,引起数据库数据的错误。

要对抗这些威胁,仅仅采用操作系统和网络中的保护是不够的,因为它的结构与其他系统不同,含有重要程度和敏感级别不同的各种数据,并未由拥有各种特权的用户共享,同时又不能超出给定的范围。它涉及的范围很广,除了对计算机、外部设备、联机网络和通信设备进行物理保护外,还要采用软件保护技术,防止非法运行系统软件、应用程序和用户专用软件;采取访问控制和加密,防止非法访问或盗用机密数据;对非法访问进行记录和跟踪,同时要保证数据的完整性和一致性。

数据库的安全标准源自于1970年由美国国防科学委员会提出的《可估计算机系统安全评价准则》(TCSEC)。TCSEC又称桔皮书,是计算机系统安全评估的第一个正式标准,具有划时代的意义。该准则于1985年12月由美国国防部公布。TCSEC建立在计算机保密模型(Bel La Padula模型)的基础上,最初只是军用标准,后来延至民用领域。后来,美国又据此制定了关于其他应用方面的系列安全解释,形成了安全信息系统体系结构的最早原则。

TCSEC将计算机系统的安全划分为4个等级、8个级别:

- D类安全等级:D类安全等级只包括D1一个级别。D1的安全等级最低。D1系统只为文件和用户提供安全保护。D1系统最普通的形式是本地操作系统,或者是一个完全没有保护的网络。
- C类安全等级:该类安全等级能够提供审慎的保护,并为用户的行动和责任提供审计能力。C类安全等级可划分为C1和C2两类。C1系统的可信任运算基础体制(Trusted Computing Base,TCB)通过将用户和数据分开来达到安全的目的。在C1系统中,所有的用户以同样的灵敏度来处理数据,即用户认为C1系统中的所有文档都具有相同的机密性。C2系统比C1系统加强了可调的审慎控制。在连接到网络上时,C2系统的用户分别对各自的行为负责。C2系统通过登录过程、安全事件和资源隔离来增强这种控制。C2系统具有C1系统中所有的安全性特征。
- B类安全等级:B类安全等级可分为B1、B2和B3三类。B类系统具有强制性保护功能。强制性保护意味着如果用户没有与安全等级相连,系统就不会让用户存取对象。B1系统满足下列要求:系统对网络控制下的每个对象都进行灵敏度标记;系统使用灵敏度标记作为所有强迫访问控制的基础;系统在把导入的、非标记的对象放入系统前标记它们;灵敏度标记必须准确地表示其所联系的对象的安全级别;当系统管理员创建系统或者增加新的通信通道或 I/O 设备时，管理员必须指定每个通信通道和 I/O 设备是单级还是多级，并且管理员只能手工改变指定；单级设备并不保持传输信息的灵敏度级别；所有直接面向用户位置的输出（无论是虚拟的还是物理的）都必须产生标记来指示关于输出对象的灵敏度；系统必须使用用户的口令或证明来决定用户的安全访问级别；系统必须通过审计来记录未授权访问的企图。

B2 系统必须满足 B1 系统的所有要求。另外，B2 系统的管理员必须使用一个明确的、文档化的安全策略模式作为系统的可信任运算基础体制。B2 系统必须满足下列要求：系统必须立即通知系统中的每一个用户所有与之相关的网络连接的改变；只有用户能够在可信任通信路径中进行初始化通信；可信任运算基础体制能够支持独立的操作者和管理员。

B3 系统必须符合 B2 系统的所有安全需求。B3 系统具有很强的监视委托管理访问能力和抗干扰能力。B3 系统必须设有安全管理员。B3 系统应满足以下要求：除了控制对个别对象的访问外，B3 必须产生一个可读的安全列表；每个被命名的对象提供对该对象没有访问权的用户列表说明；B3 系统在进行任何操作前，要求用户进行身份验证；B3 系统验证每个用户，同时还会发送一个取消访问的审计跟踪消息；设计者必须正确区分可信任的通信路径和其他路径；可信任的通信基础体制为每一个被命名的对象建立安全审计跟踪；可信任的运算基础体制支持独立的安全管理。

• A 类安全等级：A 类系统的安全级别最高。目前，A 类安全等级只包含 A1 一个安全类别。A1 类与 B3 类相似，对系统的结构和策略不作特别要求。A1 系统的显著特征是，系统的设计者必须按照一个正式的设计规范来分析系统。对系统分析后，设计者必须运用核对技术来确保系统符合设计规范。A1 系统必须满足下列要求：系统管理员必须从开发者那里接收到一个安全策略的正式模型；所有的安装操作都必须由系统管理员进行；系统管理员进行的每一步安装操作都必须有正式文档。

20 世纪 90 年代初，欧洲英、法、德、荷四国共同提出了包括保密性、完整性、可用性等性质的《信息技术安全评价准则》(ITSFC)。后来美国的 NSA、NIST 和加、英、法、德、荷等六国七方共同提出了《信息技术安全评价通用准则》(Common Criteria for ITSEC，CC for ITSEC)，该准则综合了国际上已有的评价准则和技术标准的精华，给出了信息安全保护的框架和原则要求。CC 是目前最全面的安全评价准则，1996 年 6 月，CC 的第一版发布；1998 年 5 月，第二版发布；1999 年 10 月 CC 2.1 版发布，并正式成为 ISO 标准，标准编号为 ISO/IEC 15408。目前 CC 的最新版本为 3.1。与 CC 对应的我国国家标准为 GB/T 18336。

在 TCSEC 的基础上，1991 年 4 月美国 NCSC（国家计算机安全中心）颁布了《可信计算机系统评估标准关于可信数据库系统的解释》(Trusted Database Interpretation，TDI)。TDI 又称紫皮书，它将 TCSEC 扩展到数据库管理系统。TDI 中定义了数据库管理系统的设计与实现中需满足和用以进行安全性级别评估的标准。

TDI 与 TCSEC 一样，从四个方面来描述安全性级别划分的指标：

• R1 安全策略(Security Policy)

  R1.1 自主存取控制 (Discretionary Access Control，DAC)

  R1.2 客体重用(Object Reuse)

  R1.3 标记(Labels)

  R1.4 强制存取控制(Mandatory Access Control，MAC)

- R2 责任(Accountability)

  R2.1 标识与鉴别(Identification & Authentication)

  R2.2 审计(Audit)

- R3 保证(Assurance)

  R3.1 操作保证(Operational Assurance)

  R3.2 生命周期保证(Life Cycle Assurance)

- R4 文档(Documentation)

  R4.1 安全特性用户指南(Security Features User's Guide)

  R4.2 可信设施手册(Trusted Facility Manual)

  R4.3 测试文档(Test Documentation)

  R4.4 设计文档(Design Documentation)

TDI 中的安全等级和 TCSEC 一致。目前 B2 以上的系统标准更多地还处于理论研究阶段，产品化以至商品化的程度都不高，其应用也多限于一些特殊的部门如军队等。但美国正在大力发展安全产品，试图将目前仅限于少数领域应用的 B2 安全级别或更高安全级别下放到商业应用中来，并逐步成为新的商业标准。

此外可以看出，支持自主存取控制的 DBMS 大致属于 C 级，而支持强制存取控制的 DBMS 则可以达到 B1 级。当然，存取控制仅是安全性标准的一个重要方面(即安全策略方面)而不是全部。为了使 DBMS 达到一定的安全级别，还需要在其他三个方面提供相应的支持。例如审计功能就是 DBMS 达到 C2 以上安全级别必不可少的一项指标。

和数据库安全相关的一些国际/国内标准有：

- DOD Directive 8320.1 美国国防部数据库管理
- NCSC-TC-021 TESEC 对数据库管理系统的解释
- FIPS PUB 127-2 Database Language SQL (ANSI X 3.135-192)
- GB/T 20009-2005 信息安全技术 数据库管理系统安全评估准则
- GB/T 20273-2006 信息安全技术 数据库管理系统安全技术要求

习　题

1. DES 标准的缺陷在哪里？
2. 有哪些著名标准采用了 DES 的设计思想？
3. 列举常见的对称加密标准。
4. 常见的公钥加密标准体系有哪几种？
5. 列举若干采用了 RSA 标准的安全应用规范。
6. 散列算法包括哪些重要标准？
7. 消息认证码有哪些构造方法？
8. 查阅资料，简述数字签名标准 DSS 的内容。
9. 简述 X.509 v3 证书的格式。
10. 电子邮件相关安全标准包括哪几种？
11. SSL 可提供哪些安全保障？
12. SET 标准的核心思想是什么？
13. 可估计算机系统安全评价准则(TCSEC)是如何划分计算机系统的安全级别的？
14. 查阅资料，以 OSI 七层模型为基础，总结目前每层各有哪些相应的信息安全标准。

第 7 章　信息安全管理相关国际标准

在有关信息安全的各种标准中，信息安全管理相关标准由于具有全局性和指导性，因而拥有重要的地位。本章将对信息安全管理的相关国际标准进行介绍。

7.1　信息安全管理相关国际标准

BS 7799、ISO/IEC 17799 与 ISO/IEC 27000 族

早在 1995 年 2 月，英国标准协会（BSI）就提出制定信息安全管理标准，并迅速于 1995 年 5 月制订完成，且于 1999 年重新修改了该标准。BS 7799 分为两个部分，即 BS 7799-1《信息安全管理实施规则》和 BS 7799-2《信息安全管理体系规范》。2002 年 9 月 5 日 BSI 又发布了新版本 BS 7799-2：2002 替代了 BS 7799-2：1999。BS 7799-1：1999 于 2000 年 12 月通过 ISO/IECJTC1 认可，正式成为国际标准，即 ISO/IEC 17799：2000《信息技术——信息安全管理实施细则》。2005 年 6 月发布修订版即 ISO/IEC 17799：2005，2005 年版本比 2000 年版本在结构和内容上都有较大的变化。2007 年 4 月，ISO/IEC 17799 的标准序号被更改为 ISO/IEC 27002。

ISO/IEC JTC1/SC27/WG1（ISO/IEC 信息技术委员会/安全技术分委员会/第一工作组）是制定和修订 ISMS 标准的国际组织，我国是该组织的 P 成员国。ISO/IEC 27000 族是 ISO 专门为信息安全管理体系（ISMS）预留下来的系列相关国际标准的总称。该系列标准的序号已经预留到 27019，其中将 27000～27009 留给 ISMS 基本标准，27010～27019 预留给 ISMS 标准族的解释性指南与文档。在 ISO/IEC 27000 族中，ISO/IEC 27001 和 ISO/IEC 27002 是 ISMS 的核心标准：

- ISO/IEC 27001：2005——Information technology-Security techniques-Information security management systems-Requirements（信息安全管理体系要求）
- ISO/IEC 27002：2005——Information technology-Security techniques-Code of practice for Information security management（信息安全管理实用规则）

ISO/IEC 27001 同 ISO 9001 的性质一样，是 ISMS 的要求标准，内容共分 8 章和 3 个附录。ISO/IEC 27001 对建立、实施、维持信息安全管理体系并持续改进其有效性提出了要求，任何组织都可以依据该标准的要求，建立自己的信息安全管理体系 ISMS，该标准也可以作为认证的依据。ISO/IEC 27001 引用了 ISO/IEC 27002 中的术语和定义，其附录中所列举的控制目标和控制方式全部直接来源于 ISO/IEC 27002。ISO/IEC 27001 以著名的质量管理专家 Edward Deming 博士提出的“计划—实施—核查—采取行动”循环周期来制定蓝图，以实现持续改善的目标，为所有行业的机构都提供了一套业务工具，协助其避免信息安保的失误，从而降低了相应的风险。

ISO/IEC 27001 适用于所有类型的组织（如企事业单位、政府机关等）。它从组织的整体业务风险的角度，为建立、实施、运行、监视、评审、保持和改进文件化的 ISMS 规定了要求，并提供了方法。它还规定了为适应不同组织或其部门的需要而定制的安全控制措施的实施要求。

ISO/IEC 27001是组织建立和实施ISMS的依据,也是ISMS认证机构实施审核的依据。

ISO/IEC JTC1/SC27/WG1将ISMS标准分为4类:

- Type A-Vocabulary Standard　　A类一词汇标准
- Type B-Requirements Standard　　B类一要求标准
- Type C-Guidelines Standard　　C类一指南标准
- Type D-Related Standard　　D类一相关标准

7.2 ISO/IEC 27002:2005

ISO/IEC 27002是国际标准化组织ISO/IEC JTC1/SC27最早发布的ISMS系列标准之一。它从信息安全的诸多方面,总结了一百多项信息安全控制措施,并给出了详细的实施指南,为组织采取控制措施、实现信息安全目标提供了选择,是信息安全的最佳实践。

7.2.1 ISO/IEC 27002:2005的适用范围

ISO/IEC 27002标准为组织实施信息安全管理提供建议,供组织中负责信息安全工作的人员使用。该标准适用于各个领域、不同类型、不同规模的组织。对于标准中提出的任何一项具体的信息安全控制措施,组织应结合本国的法律法规以及组织的实际情况选择使用。参照本标准,组织可以开发自己的信息安全准则和有效的安全管理方法,并提供不同组织间的信任。

7.2.2 ISO/IEC 27002:2005的主要内容

ISO/IEC27002:2005是一个通用的信息安全控制措施集,这些控制措施涵盖了信息安全的方方面面,是解决信息安全问题的最佳实践。标准从什么是信息安全、为什么需要信息安全、如何建立安全要求和选择控制等问题入手,循序渐进,从11个方面提出了39个信息安全控制目标和133个控制措施。对于每一个具体控制措施,标准还给出了详细的实施方面的信息,以方便用户使用。值得注意的是,标准中推荐的这133个控制措施,并非信息安全控制措施的全部。组织可以根据自己的情况选择使用标准以外的控制措施来实现组织的信息安全目标。

从内容和结构上看,可以将标准分为引言、标准的通用要素、风险评估和处理、控制措施四个部分:

1)引言部分

主要介绍了信息安全的基础知识,包括什么是信息安全,为什么需要信息安全,如何建立安全要求、评估安全风险等8个方面的内容。

2)标准的通用要素部分(1～3章)

第1章是标准的范围,给出了该标准的内容概述、用途及目标。第2章是术语和定义,介绍了资产、控制措施、指南、信息处理设施、信息安全等十七个术语。第3章则给出了该标准的结构。

3)风险评估和处理部分(第4章)

该章简单介绍了评估安全风险和处理安全风险的原则、流程及要求。

4)控制措施部分(5～15章)

这是标准的主体部分,包括11个控制措施章节,分别是:

- 第5章　安全方针(控制目标:1个,控制措施:2个)

- 第 6 章　信息安全组织(控制目标:2 个,控制措施:11 个)
- 第 7 章　资产管理(控制目标:2 个,控制措施: 5 个)
- 第 8 章　人力资源安全(控制目标:3 个,控制措施:9 个)
- 第 9 章　物理和环境安全(控制目标:2 个,控制措施:13 个)
- 第 10 章　通信和操作管理(控制目标:10 个,控制措施:32 个)
- 第 11 章　访问控制(控制目标:7 个,控制措施:25 个)
- 第 12 章　信息系统获取、开发和维护(控制目标:6 个,控制措施:16 个)
- 第 13 章　信息安全事件管理(控制目标:2 个,控制措施:5 个)
- 第 14 章　业务连续性管理(控制目标:1 个,控制措施: 5 个)
- 第 15 章　符合性(控制目标:3 个,控制措施:10 个)

7.2.3　ISO/IEC 27002:2005 的使用说明

ISO/IEC 27002:2005 作为信息安全管理的最佳实践,它的应用既有专用性的特点,也有通用性特点。

一方面,作为 ISMS 标准中的一员,目前它与 ISMS 的要求标准 ISO/IEC 27001:2005 是组合使用的,ISO/IEC 27001:2005 中的规范性附录 A 就是 ISO/IEC 27002:2005 的控制目标和控制措施集。对于期望建设和实施 ISMS 的组织,应根据 ISO/IEC 27001:2005 的要求,选择 ISMS 范围,制定信息安全方针和目标,实施风险评估,根据风险评估的结果,选择控制目标和控制措施,制定和实施风险处理计划,执行内部审核和管理评审,以持续改进。

另一方面,ISO/IEC 27002:2005 的通用性,体现在标准中提出的控制措施是从信息安全工作实践中总结出来的,是最佳实践。任何规模、任何性质的有信息安全要求的组织,不管其是否建设 ISMS,都可以从标准中找到适合自己使用的控制措施来满足其信息安全要求。

另外,ISO/IEC 27002:2005 中提出的控制目标和控制措施,对一个具体的组织并不一定全部适用,也不一定就是信息安全控制措施的全部。任何组织还可以根据具体情况选择 ISO/IEC 27002:2005 以外的控制目标和控制措施。

7.3　ISO/IEC 27001:2005

在 ISO/IEC 27001:2005 标准出现之前,各种组织只能按照 BS 7799-2:2002 标准进行认证。而在 ISO/IEC 27001:2005 标准出现后,组织则可以获得全球认可的 ISO/IEC 标准认证。从英国认证认可迈进国际认证认可标志着 ISMS 的发展和认证向前迈进了一大步。因此 ISO/IEC 27001:2005 的出现是 ISMS 发展和认证的重要里程碑。

7.3.1　ISO/IEC 27001:2005 的目的

ISO/IEC 27001:2005 标准用于认证目的,它可帮助组织建立和维护 ISMS。标准的 4～8 章定义了一组 ISMS 要求。如果组织认为其 ISMS 满足该标准 4～8 章的所有要求,那么该组织就可以向 ISMS 认证机构申请 ISMS 认证。如果认证机构对组织的 ISMS 进行审核(初审)后,其结果符合 ISO/IEC 27001:2005 的要求,那么它就会颁发 ISMS 证书,声明该组织的 ISMS 符合 ISO/IEC 27001:2005 标准的要求。

然而,ISO/IEC 27001:2005 标准与 ISO/IEC 9001:2002 标准(质量管理体系标准)不同。

ISO/IEC 27001:2005 标准的要求十分"严格"。该标准的 4～8 章有许多信息安全管理要求。这些要求是"强制性要求"。只要有任何一条要求得不到满足，就不能声称该组织的 ISMS 符合 ISO/IEC 27001:2005 标准的要求。相比之下，ISO/IEC 9001:2002 标准的第 7 章的某些要求(或条款)，只要合理，可允许其质量管理体系(QMS)作适当删减。

因此，不管是第一方审核、第二方审核，还是第三方审核，评估组织的 ISMS 对 ISO/IEC 27001:2005 标准的符合性是十分严格的。

7.3.2 ISO/IEC 27001:2005 的特点

ISO/IEC 27001:2005 标准适用于所有类型的组织，而不管组织的性质和规模如何。该新标准的特点是基于组织的资产风险评估。也就是说，该标准要求组织通过业务风险评估的方法，来建立、实施、运行、监视、评审、保持和改进其 ISMS，确保其信息资产的保密性、可用性和完整性。

7.3.3 ISO/IEC 27001:2005 的要求

ISO 使用 Plan-Do-Check-Act(计划一实施一检查一纠正)过程模型组织 ISO/IEC 27001:2005 标准。这个标准的 4～8 章规定了 ISMS 的建立、实施与运行、监督与评审、维护与改进所要遵循的活动(过程)，并形成一个周期，称为"PDCA"周期。

过程是指使用资源把输入转为输出的一组活动。更通俗地说，过程就是将原料(输入)加工成产品(输出)的工作(活动)。输入之所以能转为输出是因为开展了某些工作或活动。

ISO/IEC 27001:2005 要求组织使用"过程方法"来管理和控制其 ISMS 过程。这意味着组织的 ISMS 要包含许多符合该标准 4～8 章规定的、相互协调的过程。通常，一个过程的输出便是另一个过程的输入。通过这些输出和输入把各个 ISMS 过程"粘"在一起，而形成一个相互依赖的统一整体。标准还规定，某些 ISMS 过程要用形成文件的程序加以控制。与 ISO/IEC 27001:2005 正文内容不同，ISO/IEC 27001:2005 附录 A 的内容属于控制要求。

习　题

1. BS 7799、ISO/IEC 17799 与 ISO/IEC 27000 族之间有何联系？
2. 简述 ISO/IEC 27002 的适用范围。
3. 查阅资料，列出 ISO/IEC 27002 标准涉及的术语和定义。
4. 简述 ISO/IEC 27002 的基本结构。
5. 查阅资料，列出 ISO/IEC 27000 族中目前已发布的标准。
6. ISO/IEC 27002 中包含哪些信息安全控制目标和控制措施？
7. ISO/IEC 27001:2005 的目的是什么？
8. ISO/IEC 27001:2005 有什么特点？
9. ISO/IEC 27001:2005 标准认证与 ISO/IEC 9001:2002 标准(质量管理体系标准)认证有何不同？
10. 查阅资料，利用图示阐述"PDCA"周期的概念。

第 8 章　我国计算机信息系统安全等级保护标准

8.1　计算机信息系统安全保护等级划分简介

我国的信息安全从保密技术、难度、标准的特点出发，将信息安全保密标准分为三级：第一级为国家标准、第二级为国家军队标准、第三级为国家保密标准。在这三级标准中，国家保密标准最高。其他标准还包括公共安全行业标准(GA)。

我国信息安全标准委员会在制定我国信息安全标准方面做了大量的工作。目前已出台的信息安全保护方面的标准主要包括在国家标准和公共安全行业标准中，当然在国家军队标准、国家保密标准中也有所涉及。在信息安全标准中，信息安全等级保护相关的标准具有基础性的地位，因此本书主要介绍与计算机信息系统安全等级保护相关的一些标准，这些标准主要有：

* GB 17859-1999 《计算机信息系统安全保护等级划分准则》

* GA T390-2002 《计算机信息系统安全等级保护通用技术要求》

* GA T391-2002 《计算机信息系统安全等级保护管理要求》

GA T387-2002 《计算机信息系统安全等级保护网络技术要求》

GA T388-2002 《计算机信息系统安全等级保护操作系统技术要求》

GA T389-2002 《计算机信息系统安全等级保护数据库管理系统技术要求》

GB/T 20269-2006 《信息安全技术 信息系统安全管理要求》

GB/T 20270-2006 《信息安全技术 网络基础安全技术要求》

GB/T 20271-2006 《信息安全技术 信息系统通用安全技术要求》

GB/T 20272-2006 《信息安全技术 操作系统安全技术要求》

GB/T 20273-2006 《信息安全技术 数据库管理系统安全技术要求》

GB/T 21053-2007 《信息安全技术 PKI 系统安全等级保护技术要求》

GB/T 21054-2007 《信息安全技术 PKI 系统安全等级保护评估准则》

* GB/T 21052-2007 《信息安全技术 信息安全等级保护信息系统物理安全技术要求》

* GB/T 22239-2008 《信息安全技术 信息系统安全等级保护基本要求》

* GB/T 22240-2008 《信息安全技术 信息系统安全保护等级定级指南》

* GB/T 25058-2010 《信息安全技术 信息系统安全等级保护实施指南》

* GB/T 25070-2010 《信息安全技术 信息系统等级保护安全设计技术要求》

其中 GA 系列的是公安部制订的标准。在这些标准中，带 * 号的为具有通用性的安全等级标准。需要注意的是，由于国家标准在制订时一般都会参考已有的国内外标准，某些 GA 标准和相应的 GB/T 标准内容有很多类同，例如 GA/T 388-2002 和 GB/T 20272-2006，GA/T 389-2002 和 GB/T 20273-2006，GA/T 390-2002 和 GB/T 20271-2006 等，因此在下文中我们将不重复介绍。

值得一提的是，随着信息技术的发展和社会的进步，高标准成为信息安全保护的一大特点。高新技术的发展，既为信息安全保护提供了手段，也使信息安全保护标准越来越高。在高技术条件下，窃取与防窃，保护与破坏的斗争日益尖锐复杂，如果疏于防范，标准不高，就可能给信息安全造成难以弥补的损失。

因此，信息安全保护只有坚持高标准、高质量，安全才能有所保障，同时，安全保护的标准不是一成不变的，防范工作也不能一劳永逸，必须随着科学技术的不断发展，在制定新标准的同时，对现有的标准应不断进行更新、完善和提高，使之能适应新的信息安全保护工作的需要。

8.1.1 GB 17859-1999《计算机信息系统安全保护等级划分准则》

为了提高我国计算机信息系统安全保护水平，以确保社会政治稳定和经济建设的顺利进行，公安部提出并组织制定了强制性国家标准 GB 17859-1999《计算机信息系统安全保护等级划分准则》。该准则于 1999 年 9 月 13 日经国家质量技术监督局发布，并于 2001 年 1 月 1 日起实施。

GB 17859-1999 是建立计算机信息系统安全等级保护制度，实施安全等级管理的重要基础性标准。它将计算机信息系统安全保护能力划分为用户自主保护级、系统审计保护级、安全标记保护级、结构化保护级和访问验证保护级等五个等级；定义了计算机信息系统、计算机信息系统可信计算基、客体、主体、敏感标记、安全策略、信道、隐蔽信道、访问监控器等概念；描述了五个等级的划分细则。

GB 17859-1999 的颁布和实施具有如下四个方面的意义。

(1)它是建立计算机信息系统安全等级保护制度、实施安全等级管理的重要基础性标准。它为相关的计算机信息系统安全等级保护技术要求系列标准的制定提供了坚实的基础。

(2)它为计算机信息系统安全等级保护管理法规的制定和执法部门的监督检查，提供了依据。

(3)它为计算机信息系统安全产品的研制提供了技术支持。

(4)它为安全系统的建设和管理提供了技术指导。

8.1.2 GA/T 390-2002《计算机信息系统安全等级保护通用技术要求》

公安部于 2002 年 7 月 18 日公布并实施 GA/T 390-2002《计算机信息系统安全等级保护通用技术要求》。GA/T 390-2002 是计算机信息系统安全等级保护技术要求系列标准的基础性标准，用以指导设计者如何设计和实现具有所需要的安全等级的计算机信息系统，主要从对计算机信息系统的安全保护等级进行划分的角度来说明其通用技术要求，即主要说明了为实现 GB 17859-1999 中每一个保护等级的安全要求应采取的通用的安全技术和为确保这些安全技术所实现的安全功能达到其应具有的安全性而采取的通用的保证措施，以及各安全技术要求在不同安全等级中具体实现上的差异，并按照 GB 17859-1999 五个安全等级的划分，对每一个安全等级的安全功能技术要求和安全保证技术要求做了详细描述。

GA/T 390-2002 的主要内容包括如下几个方面。

(1)安全功能技术要求，包括物理安全、运行安全、信息安全。

(2)安全保证技术，包括 TCB 自身安全保护、TCB 设计和实现和 TCB 安全管理。

(3)五个安全等级划分要求技术方面的细则。

8.1.3 GA/T 391-2002《计算机信息系统安全等级保护管理要求》

公安部于 2002 年 7 月 18 日公布并实施 GA/T 391-2002《计算机信息系统安全等级保护管理要求》。GA/T 391-2002 是根据《中华人民共和国计算机信息系统安全保护条例》的规定编制的。它是 GB 17859-1999 系列配套标准中的重要标准之一，与 GB 17859-1999 相关的通用技术要求、操作系统要求、网络要求、数据库要求、工程要求、评估要求等标准共同组成计算机信息系统的安全等级保护体系。计算机信息系统的安全等级保护体系从计算机信息系统的管理层面、物理层面、系统层面、网络层面、应用层面、运行层面对计算机信息系统资源实施保护，作为计算机信息系统安全保护的支撑服务。管理层面则贯穿了其他五个层面，是其他五个层面实施安全等级保护的保证。

GA/T 391-2002 吸收了 ISO/IEC TR 13335 的管理概念，并结合计算机信息系统安全过程提出了比 ISO/IEC TR 13335 更详细的过程要求，对 ISO/IEC 17799 的有关内容进行了提炼，并从安全过程和安全行政管理的总体要求进行了论述。

GA/T 391-2002 明确提出了管理层、物理层、网络层、系统层、应用层和运行层的安全管理要求，并将管理要求落实到 GB 17859-1999 的五个等级上，更有利于对安全管理的继承、理解、分工实施，更有利于对安全管理的评估和检查。

GA/T 391-2002 的主要内容包括以下几种。

(1)简单描述了信息系统安全管理的内涵、主要安全要素、信息系统安全管理的基本原则、安全管理的过程、安全管理组织、人员安全、安全管理制度等。

(2)五个安全等级划分要求管理方面的细则。

8.1.4 GA/T 387-2002《计算机信息系统安全等级保护网络技术要求》

公安部于 2002 年 7 月 18 日公布并实施 GA/T 387-2002《计算机信息系统安全等级保护网络技术要求》，用以指导设计者如何设计和实现具有所需要的安全等级的网络系统。

GA/T 387-2002 主要从对网络的安全保护等级进行划分的角度来说明其技术要求，即主要说明了为实现 GB 17859-1999 中每一个保护等级的安全要求对网络系统应采取的安全技术措施，以及各安全技术要求在不同安全等级中具体实现上的差异，并按照 GB 17859-1999 五个安全等级的划分，对每一个安全等级的安全功能技术要求和安全保证技术做了详细描述。

GA/T 387-2002 的主要内容包括以下几种。

(1)简单描述了关于安全等级划分、主体、客体、TCB、密码技术、建立网络安全的一般要求，以及网络安全组成与相互关系。

(2)详细描述了网络安全技术，包括自主访问控制、强制访问控制、标记、用户身份鉴别、剩余信息保护、安全审计、数据完整性、隐藏信道分析、可信路径、可信恢复、抗抵赖、密码支持等。

(3)详细描述了网络安全技术要求。

(4)五个安全等级划分要求技术方面的细则。

8.1.5 GA/T 388-2002《计算机信息系统安全等级保护操作系统技术要求》

公安部于 2002 年 7 月 18 日公布并实施 GA/T 388-2002《计算机信息系统安全等级保护操作系统技术要求》。

GA/T 388-2002 是计算机信息系统安全等级保护技术要求系列标准的重要组成部分之一，用以指导设计者如何设计和实现具有所需要的安全等级的操作系统，主要从对操作系统的安全保护等级进行划分的角度来说明其技术要求，即主要说明了为实现 GB 17859-1999 中每一个保护等级的安全要求对操作系统应采取的安全技术措施，以及各安全技术要求在不同安全等级中具体实现上的差异，并按照 GB 17859-1999 五个安全等级的划分，对每一个安全等级的安全功能技术要求和安全保证技术要求做了详细描述。

8.1.6 GA/T 389-2002《计算机信息系统安全等级保护数据库管理系统技术要求》

公安部于2002年7月18日公布并实施GA/T 389-2002《计算机信息系统安全等级保护数据库管理系统技术要求》。GA/T 389-2002是计算机信息系统安全等级保护技术要求系列标准的重要组成部分之一，用以指导设计者如何设计和实现具有所需要的安全等级的数据库管理系统，主要从对数据库管理系统的安全保护等级进行划分的角度来说明其技术要求，即主要说明了为实现GB 17859-1999中每一个保护等级的安全要求对数据库管理系统应采取的安全技术措施，以及各安全技术要求在不同安全等级中具体实现上的差异，并按照GB 17859-1999五个安全等级的划分，对每一个安全等级的安全功能技术要求和安全保证技术要求做了详细描述。

GA/T 389-2002的主要内容包括以下几种。

(1)数据库管理系统安全技术要求，包括身份鉴别、标记与访问控制、数据完整性、数据库安全审计、客体重用、数据库可信恢复、隐蔽信道分析、可信路径、推理控制。

(2)五个安全等级划分要求技术方面的细则。

8.1.7 GB/T 21052-2007《信息安全技术　信息安全等级保护信息系统物理安全技术要求》

信息系统的物理安全涉及整个系统的配套部件、设备和设施的安全性能，所处的环境安全以及整个系统可靠运行等方面，是信息系统安全运行的基本保障。

GB/T 21052-2007提出的技术要求包括三方面：①信息系统的配套部件、设备安全技术要求；②信息系统所处物理环境的安全技术要求；③保障信息系统可靠运行的物理安全技术要求。设备物理安全、环境物理安全及系统物理安全的安全等级技术要求，确定了为保护信息系统安全运行所必须满足的基本的物理技术要求。

本标准以GB 17859-1999对于五个安全等级的划分为基础，依据GB/T 20271-2006五个安全等级中对于物理安全技术的不同要求，结合当前我国计算机、网络和信息安全技术发展的具体情况，根据适度保护的原则，将物理安全技术等级分为五个不同级别，并对信息系统安全提出了物理安全技术方面的要求。不同安全等级的物理安全平台为相对应安全等级的信息系统提供应有的物理安全保护能力。

第一级物理安全平台为第一级用户自主保护级提供基本的物理安全保护，第二级物理安全平台为第二级系统审计保护级提供适当的物理安全保护，第三级物理安全平台为第三级安全标记保护级提供较高程度的物理安全保护，第四级物理安全平台为第四级结构化保护级提供更高程度的物理安全保护，第五级物理安全平台为第五级访问验证保护级提供最高程度的物理安全保护。随着物理安全等级的依次提高，信息系统物理安全的可信度也随之增加，信息系统所面对的物理安全风险也逐渐减少。

8.1.8 GB/T 20271-2006《信息安全技术　信息系统通用安全技术要求》

GB/T 20271-2006主要从信息系统安全保护等级划分的角度，说明为实现GB 17859-1999中每一个安全保护等级的安全功能要求应采取的安全技术措施，以及各安全保护等级的安全功能在具体实现上的差异。

一个复杂的大型/巨大型信息系统可以由若干个分系统或子系统组成。无论从全系统、分系统或子系统的角度，信息系统一般由支持软件运行的硬件系统(含计算机硬件系统和网络硬件系统)、对系统资源进行管理和为用户使用提供基本支持的系统软件(含计算机操作系统软件、数据库管理系统软件及网络协议软件和管理软件)、实现信息系统应用功能的应用系统软件等组成。这些硬件和软件共同协作运行,实现信息系统的整体功能。从安全角度组成信息系统各个部分的硬件和软件都应有相应的安全功能,确保在其所管辖范围内的信息安全和提供确定的服务。这些安全功能分别是:确保硬件系统安全的物理安全,确保数据网上传输、交换安全的网络安全,确保操作系统和数据库管理系统安全的系统安全(含系统安全运行和数据安全保护),确保应用软件安全运行的应用系统安全(含应用系统安全运行和数据安全保护)。这四个层面的安全,再加上为保证其安全功能达到应有的安全性而必须采取的管理措施,构成了实现信息系统安全的五个层面的安全。在这五个层面中,许多安全功能和实现机制都是相同的。比如,身份鉴别、审计、访问控制、保密性保护、完整性保护等,在每一层都有体现,并有相应的安全要求。本标准对这些安全功能的描述是从安全技术的角度进行的,每一个安全技术的要求(含功能要求和保证要求)具有普遍的适用性,比如对身份鉴别的描述既适用于操作系统,也适用于网络系统、数据库管理系统和应用系统。这种按安全要素对安全技术要求进行描述的方法,具有简洁、清晰的优点。

GB/T 20271-2006 大量采用了 GB/T 18336-2001(idt ISO/IEC 15408:1999)的安全功能要求和安全保证要求的技术内容,并按 GB 17859-1999 的五个等级,对其进行了相应的等级划分。

GB/T 20271-2006 首先对信息安全等级保护所涉及的安全功能技术要求和安全保证技术要求做了比较全面的描述,然后按 GB 17859-1999 的五个安全保护等级,对每一个安全保护等级的安全功能技术要求和安全保证技术要求做了详细描述。

需要特别说明的是,信息安全技术等级和信息系统安全等级是两个既有联系又不相同的概念。GB/T 20271-2006 是对不同安全等级的信息安全技术要求的描述。信息技术安全等级是根据安全功能技术和安全保证技术实现上的差异,参考国内外已有标准并结合我国当前信息系统安全的实际情况确定的。而信息系统的安全等级是根据信息系统的安全需求,参照所采用的安全技术的等级确定的。

8.1.9 GB/T 20269-2006《信息安全技术　信息系统安全管理要求》

信息安全等级保护从与信息系统安全相关的物理层面、网络层面、系统层面、应用层面和管理层面对信息和信息系统实施分等级安全保护。管理层面贯穿于其他层面之中,是其他层面实施分等级安全保护的保证。GB/T 20269-2006 对信息和信息系统的安全保护提出了分等级安全管理的要求,阐述了安全管理要素及其强度,并将管理要求落实到信息安全等级保护所规定的五个等级上,有利于对安全管理的实施、评估和检查。

GB 17859-1999 中安全保护等级的划分是根据对安全技术和安全风险控制的关系确定的,公通字[2004]66 号文件中安全等级的划分是根据信息和信息系统受到破坏后,会对国家安全、社会秩序、经济建设和公共利益造成损害的程度确定的。两者的共同点是:安全等级越高,发生的安全技术费用和管理成本越高,从而预期能够抵御的安全威胁越大,建立起的安全信心越强,使用信息系统的风险越小。

GB/T 20269-2006 以安全管理要素作为描述安全管理要求的基本组件。安全管理要素是指,为实现信息系统安全等级保护所规定的安全要求,从管理角度应采取的主要控制方法和措施。根据 GB 17859-1999 对安全保护等级的划分,不同的安全保护等级会有不同的安全管理要求,可以体现在管理要素的增加和管理强度的增强两方面。对于每个管理要素,根据特定情况分别列出不同的管理强度,最多分为 5 级,最少可不分级。在具体描述中,除特别声明之外,一般高级别管理强度的描述都是在对低级别描述基础之上进行的。

8.1.10 GB/T 22239-2008《信息安全技术　信息系统安全等级保护基本要求》

GB/T 22239-2008是信息安全等级保护相关系列标准之一。与本标准相关的系列标准包括GB/T 22240-2008《信息安全技术　信息系统安全等级保护定级指南》、GB/T 25058-2010《信息安全技术　信息系统安全等级保护实施指南》。

GB/T 22239-2008与GB 17859-1999、GB/T 20269-2006、GB/T 20270-2006、GB/T 20271-2006等标准共同构成了信息系统安全等级保护的相关配套标准。其中GB 17859-1999是基础性标准,GB/T 22239-2008等是在GB 17859-1999基础上的进一步细化和扩展。

GB/T 22239-2008主要在GB 17859-1999、GB/T 20269-2006、GB/T 20270-2006、GB/T 20271-2006等技术类标准的基础上,根据现有技术的发展水平,提出和规定了不同安全保护等级信息系统的最低保护要求,即基本安全要求,基本安全要求包括基本技术要求和基本管理要求,该标准适用于指导不同安全保护等级信息系统的安全建设和监督管理。

8.2　GB 17859-1999《计算机信息系统安全保护等级划分准则》

《计算机信息系统安全保护等级划分准则》(GB 17859-1999)是我国计算机信息系统安全保护等级划分准则强制性标准,本标准给出了计算机信息系统的相关定义,规定了计算机系统安全保护能力的五个等级。计算机信息系统安全保护能力随着安全保护等级的增高逐渐增强。

8.2.1　适用的范围

本标准规定了计算机系统安全保护能力的五个等级,即

第一级:用户自主保护级;

第二级:系统审计保护级;

第三级:安全标记保护级;

第四级:结构化保护级;

第五级:访问验证保护级。

本标准适用于计算机信息系统安全保护技术能力等级的划分。计算机信息系统安全保护能力随着安全保护等级的增高逐渐增强。

8.2.2　引用标准

GB/T 5271《数据处理词汇》标准所包含的条文,通过在本标准中引用而构成本标准的条文。本标准出版时,所示版本均为有效。所有标准都会被修订,使用本标准的各方应探讨使用GB/T 5271最新版本的可能性。

8.2.3　有关定义

除本节定义外,其他未列出的定义见GB/T 5271。

(1)计算机信息系统(computer information system)。计算机信息系统是由计算机及其相关的和配套的设备、设施(含网络)构成的,按照一定的应用目标和规则对信息进行采集、加工、存

储、传输、检索等处理的人机系统。

(2)计算机信息系统可信计算基(trusted computing base of computer information system)。计算机系统内保护装置的总体,包括硬件、固件、软件和负责执行安全策略的组合体。它建立了一个基本的保护环境并提供一个可信计算系统所要求的附加用户服务。

(3)客体(object)。信息的载体。

(4)主体(subject)。引起信息在客体之间流动的人、进程或设备等。

(5)敏感标记(sensitivity label)。表示客体安全级别并描述客体数据敏感性的一组信息,可信计算基中把敏感标记作为强制访问控制决策的依据。

(6)安全策略(security policy)。有关管理、保护和发布敏感信息的法律、规定和实施细则。

(7)信道(channel)。系统内的信息传输路径。

(8)隐蔽信道(covert channel)。允许进程以危害系统安全策略的方式传输信息的通信信道。

(9)访问监控器(reference monitor)。监控主体和客体之间授权访问关系的部件。

8.2.4 五个等级的划分准则

1. 第一级 用户自主保护级

本级的计算机信息系统可信计算基通过隔离用户与数据,使用户具备自主安全保护的能力。它具有多种形式的控制能力,对用户实施访问控制,即为用户提供可行的手段,保护用户和用户组信息,避免其他用户对数据的非法读写与破坏。

1)自主访问控制

计算机信息系统可信计算基定义和控制系统中命名用户对命名客体的访问。实施机制(例如访问控制表)允许命名用户以用户和(或)用户组的身份规定并控制客体的共享;阻止非授权用户读取敏感信息。

2)身份鉴别

计算机信息系统可信计算基初始执行时,首先要求用户标识自己的身份,并使用保护机制(例如口令)来鉴别用户的身份,阻止非授权用户访问用户身份鉴别数据。

3)数据完整性

计算机信息系统可信计算基通过自主完整性策略,阻止非授权用户修改或破坏敏感信息。

2. 第二级 系统审计保护级

与用户自主保护级相比,本级的计算机信息系统可信计算基实施了粒度更细的自主访问控制,它通过登录规程、审计安全性相关事件和隔离资源,使用户对自己的行为负责。

1)自主访问控制

计算机信息系统可信计算基定义和控制系统中命名用户对命名客体的访问。实施机制(例如访问控制表)允许命名用户以用户和(或)用户组的身份规定并控制客体的共享,阻止非授权用户读取敏感信息,并控制访问权限扩散。自主访问控制机制根据用户指定方式或默认方式,阻止非授权用户访问客体。访问控制的粒度是单个用户。没有存取权的用户只允许由授权用户指定对客体的访问权。

2)身份鉴别

计算机信息系统可信计算基初始执行时,首先要求用户标识自己的身份,并使用保护机制(如口令)来鉴别用户的身份;阻止非授权用户访问用户身份鉴别数据。通过为用户提供唯一标识，计算机信息系统可信计算基能够使用户对自己的行为负责。计算机信息系统可信计算基还具备将身份标识与该用户所有可审计行为相关联的能力。

3)客体重用

在计算机信息系统可信计算基的空闲存储客体空间中，对客体初始指定、分配或再分配一个主体之前，撤销该客体所含信息的所有授权。当主体获得对一个已被释放的客体的访问权时，当前主体不能获得原主体活动所产生的任何信息。

4)审计

计算机信息系统可信计算基能创建和维护受保护客体的访问审计跟踪记录，并能阻止非授权的用户对它访问或破坏。

计算机信息系统可信计算基能记录下述事件：使用身份鉴别机制；将客体引入用户地址空间(如打开文件、程序初始化)；删除客体；由操作员、系统管理员或(和)系统安全管理员实施的动作，以及其他与系统安全有关的事件。对于每一事件，其审计记录包括事件的日期和时间、用户、事件类型、事件是否成功。对于身份鉴别事件，审计记录包含来源(如终端标识符)；对于客体引入用户地址空间的事件及客体删除事件，审计记录包含客体名。

对不能由计算机信息系统可信计算基独立分辨的审计事件，审计机制提供审计记录接口，可由授权主体调用。这些审计记录区别于计算机信息系统可信计算基独立分辨的审计记录。

5)数据完整性

计算机信息系统可信计算基通过自主完整性策略，阻止非授权用户修改或破坏敏感信息。

3. 第三级　安全标记保护级

本级的计算机信息系统可信计算基具有系统审计保护级的所有功能。此外，还提供有关安全策略模型、数据标记以及主体对客体强制访问控制的非形式化描述；具有准确地标记输出信息的能力；消除通过测试发现的任何错误。

1)自主访问控制

计算机信息系统可信计算基定义和控制系统中命名用户对命名客体的访问。实施机制(如访问控制表)允许命名用户以用户和(或)用户组的身份规定并控制客体的共享，阻止非授权用户读取敏感信息，并控制访问权限扩散。自主访问控制机制根据用户指定方式或默认方式，阻止非授权用户访问客体。访问控制的粒度是单个用户。没有存取权的用户只允许由授权用户指定对客体的访问权。

2)强制访问控制

计算机信息系统可信计算基对所有主体及其所控制的客体(例如进程、文件、段、设备)实施强制访问控制，为这些主体及客体指定敏感标记，这些标记是等级分类和非等级类别的组合，它们是实施强制访问控制的依据。计算机信息系统可信计算基支持两种或两种以上成分组成的安全级。计算机信息系统可信计算基控制的所有主体对客体的访问应满足：仅当主体安全级中的等级分类高于或等于客体安全级中的等级分类，且主体安全级中的非等级类别包含了客体安全级中的全部非等级类别，主体才能读客体；仅当主体安全级中的等级分类低于或等于客体安全级中的等级分类，且主体安全级中的非等级类别包含了客体安全级中的非等级类别，主体才能写一个客体。计算机信息系统可信计算基使用身份和鉴别数据，鉴别用户的身份，并保证用户创建的计算机信息系统可信计算基外部主体的安全级和授权受该用户的安全级和授权的控制。

3)标记

计算机信息系统可信计算基应维护与主体及其控制的存储客体(例如进程、文件、段、设备)

相关的敏感标记。这些标记是实施强制访问控制的基础。为了输入未加安全标记的数据,计算机信息系统可信计算基向授权用户要求并接受这些数据的安全级别,且可由计算机信息系统可信计算基审计。

4)身份鉴别

计算机信息系统可信计算基初始执行时,首先要求用户标识自己的身份,而且,计算机信息系统可信计算基维护用户身份识别数据并确定用户访问权及授权数据。计算机信息系统可信计算基使用这些数据鉴别用户身份,并使用保护机制(例如口令)来鉴别用户的身份;阻止非授权用户访问用户身份鉴别数据。通过为用户提供唯一标识,计算机信息系统可信计算基能够使用户对自己的行为负责。计算机信息系统可信计算基还具备将身份标识与该用户所有可审计行为相关联的能力。

5)客体重用

在计算机信息系统可信计算基的空闲存储客体空间中,对客体初始指定、分配或再分配一个主体之前,撤销客体所含信息的所有授权。当主体获得对一个已被释放的客体的访问权时,当前主体不能获得原主体活动所产生的任何信息。

6)审计

计算机信息系统可信计算基能创建和维护受保护客体的访问审计跟踪记录,并能阻止非授权的用户对它访问或破坏。

计算机信息系统可信计算基能记录下述事件:使用身份鉴别机制;将客体引入用户地址空间(如打开文件、程序初始化);删除客体;由操作员、系统管理员或(和)系统安全管理员实施的动作,以及其他与系统安全有关的事件。对于每一事件,其审计记录包括事件的日期和时间、用户、事件类型、事件是否成功。对于身份鉴别事件,审计记录包含请求的来源(如终端标识符);对于客体引入用户地址空间的事件及客体删除事件,审计记录包含客体名及客体的安全级别。此外,计算机信息系统可信计算基具有审计更改可读输出记号的能力。

对不能由计算机信息系统可信计算基独立分辨的审计事件,审计机制提供审计记录接口,可由授权主体调用。这些审计记录区别于计算机信息系统可信计算基独立分辨的审计记录。

7)数据完整性

计算机信息系统可信计算基通过自主和强制完整性策略,阻止非授权用户修改或破坏敏感信息。在网络环境中,使用完整性敏感标记来确信信息在传送中未受损。

4. 第四级　结构化保护级

本级的计算机信息系统可信计算基建立于一个明确定义的形式化安全策略模型之上,它要求将第三级系统中的自主和强制访问控制扩展到所有主体与客体。此外,还要考虑隐蔽通道。本级的计算机信息系统可信计算基必须结构化为关键保护元素和非关键保护元素。计算机信息系统可信计算基的接口也必须明确定义,使其设计与实现能经受更充分的测试和更完整的复审。本级的计算机信息系统可信计算基加强了鉴别机制;支持系统管理员和操作员的职能;提供可信设施管理;增强了配置管理控制。系统具有相当的抗渗透能力。

1)自主访问控制

计算机信息系统可信计算基定义和控制系统中命名用户对命名客体的访问。实施机制(如访问控制表)允许命名用户以用户和(或)用户组的身份规定并控制客体的共享,阻止非授权用户读取敏感信息,并控制访问权限扩散。

自主访问控制机制根据用户指定方式或默认方式,阻止非授权用户访问客体。访问控制的粒度是单个用户。没有存取权的用户只允许由授权用户指定对客体的访问权。

2)强制访问控制

计算机信息系统可信计算基对外部主体能够直接或间接访问的所有资源(如主体、存储客体和输入输出资源)实施强制访问控制,为这些主体及客体指定敏感标记,这些标记是等级分类和非等级类别的组合,它们是实施强制访问控制的依据。计算机信息系统可信计算基支持两种或两种以上成分组成的安全级。计算机信息系统可信计算基外部的所有主体对客体的直接或间接的访问应满足:仅当主体安全级中的等级分类高于或等于客体安全级中的等级分类,且主体安全级中的非等级类别包含了客体安全级中的全部非等级类别,主体才能读客体;仅当主体安全级中的等级分类低于或等于客体安全级中的等级分类,且主体安全级中的非等级类别包含了客体安全级中的非等级类别,主体才能写一个客体。计算机信息系统可信计算基使用身份和鉴别数据,鉴别用户的身份,保护用户创建的计算机信息系统可信计算基外部主体的安全级和授权受该用户的安全级和授权的控制。

3)标记

计算机信息系统可信计算基维护与可被外部主体直接或间接访问到的计算机信息系统资源(如主体、存储客体、只读存储器)相关的敏感标记。这些标记是实施强制访问控制的基础。为了输入未加安全标记的数据,计算机信息系统可信计算基向授权用户要求并接受这些数据的安全级别,且可由计算机信息系统可信计算基审计。

4)身份鉴别

计算机信息系统可信计算基初始执行时,首先要求用户标识自己的身份,而且,计算机信息系统可信计算基维护用户身份识别数据并确定用户访问权及授权数据。计算机信息系统可信计算基使用这些数据,鉴别用户身份,并使用保护机制(如口令)来鉴别用户的身份;阻止非授权用户访问用户身份鉴别数据。通过为用户提供唯一标识,计算机信息系统可信计算基能够使用户对自己的行为负责。计算机信息系统可信计算基还具备将身份标识与该用户所有可审计行为相关联的能力。

5)客体重用

在计算机信息系统可信计算基的空闲存储客体空间中,对客体初始指定、分配或再分配一个主体之前,撤销客体所含信息的所有授权。当主体获得对一个已被释放的客体的访问权时,当前主体不能获得原主体活动所产生的任何信息。

6)审计

计算机信息系统可信计算基能创建和维护受保护客体的访问审计跟踪记录,并能阻止非授权的用户对它访问或破坏。

计算机信息系统可信计算基能记录下述事件:使用身份鉴别机制;将客体引入用户地址空间(如打开文件、程序初始化);删除客体;由操作员、系统管理员或(和)系统安全管理员实施的动作,以及其他与系统安全有关的事件。对于每一事件,其审计记录包括:事件的日期和时间、用户、事件类型、事件是否成功。对于身份鉴别事件,审计记录包含请求的来源(如终端标识符);对于客体引入用户地址空间的事件及客体删除事件,审计记录包含客体名及客体的安全级别。此外,计算机信息系统可信计算基具有审计更改可读输出记号的能力。

对不能由计算机信息系统可信计算基独立分辨的审计事件,审计机制提供审计记录接口,可由授权主体调用。这些审计记录区别于计算机信息系统可信计算基独立分辨的审计记录。

计算机信息系统可信计算基能够审计利用隐蔽存储信道时可能被使用的事件。

7)数据完整性

计算机信息系统可信计算基通过自主和强制完整性策略，阻止非授权用户修改或破坏敏感信息。在网络环境中，使用完整性敏感标记来确信信息在传送中未受损。

8)隐蔽信道分析

系统开发者应彻底搜索隐蔽存储信道，并根据实际测量或工程估算确定每一个被标识信道的最大带宽。

9)可信路径

对用户的初始登录和鉴别，计算机信息系统可信计算基在它与用户之间提供可信通信路径。该路径上的通信只能由该用户初始化。

5. *第五级　访问验证保护级*

本级的计算机信息系统可信计算基满足访问监控器的需求。访问监控器仲裁主体对客体的全部访问。访问监控器本身是抗篡改的；必须足够小，能够分析和测试。为了满足访问监控器的需求，计算机信息系统可信计算基在其构造时，排除那些对实施安全策略来说并非必要的代码；在设计和实现时，从系统工程角度将其复杂性降低到最低程度。本级的计算机信息系统可信计算基支持安全管理员职能；扩充审计机制，当发生与安全相关的事件时发出信号；提供系统恢复机制。系统具有很高的抗渗透能力。

1)自主访问控制

计算机信息系统可信计算基定义并控制系统中命名用户对命名客体的访问。实施机制（如访问控制表）允许命名用户以用户和（或）用户组的身份规定并控制客体的共享，阻止非授权用户读取敏感信息，并控制访问权限扩散。

自主访问控制机制根据用户指定方式或默认方式，阻止非授权用户访问客体。访问控制的粒度是单个用户。访问控制能够为每个命名客体指定命名用户和用户组，并规定它们对客体的访问模式。没有存取权的用户只允许由授权用户指定对客体的访问权。

2)强制访问控制

计算机信息系统可信计算基对外部主体能够直接或间接访问的所有资源（如主体、存储客体和输入输出资源）实施强制访问控制，为这些主体及客体指定敏感标记，这些标记是等级分类和非等级类别的组合，它们是实施强制访问控制的依据。计算机信息系统可信计算基支持两种或两种以上成分组成的安全级。计算机信息系统可信计算基外部的所有主体对客体的直接或间接的访问应满足：仅当主体安全级中的等级分类高于或等于客体安全级中的等级分类，且主体安全级中的非等级类别包含了客体安全级中的全部非等级类别，主体才能读客体；仅当主体安全级中的等级分类低于或等于客体安全级中的等级分类，且主体安全级中的非等级类别包含了客体安全级中的非等级类别，主体才能写一个客体。计算机信息系统可信计算基使用身份和鉴别数据，鉴别用户的身份，保证用户创建的计算机信息系统可信计算基外部主体的安全级和授权受该用户的安全级和授权的控制。

3)标记

计算机信息系统可信计算基维护与可被外部主体直接或间接访问到的计算机信息系统资源（例如主体、存储客体、只读存储器）相关的敏感标记。这些标记是实施强制访问控制的基础。为了输入未加安全标记的数据，计算机信息系统可信计算基向授权用户要求并接受这些数据的安全级别，且可由计算机信息系统可信计算基审计。

4)身份鉴别

计算机信息系统可信计算基初始执行时，首先要求用户标识自己的身份，而且，计算机信息系统可信计算基维护用户身份识别数据并确定用户访问权及授权数据。计算机信息系统可信计算基使用这些数据，鉴别用户身份，并使用保护机制(如口令)来鉴别用户的身份；阻止非授权用户访问用户身份鉴别数据。通过为用户提供唯一标识，计算机信息系统可信计算基能够使用户对自己的行为负责。计算机信息系统可信计算基还具备将身份标识与该用户所有可审计行为相关联的能力。

5)客体重用

在计算机信息系统可信计算基的空闲存储客体空间中，对客体初始指定、分配或再分配一个主体之前，撤销客体所含信息的所有授权。当主体获得对一个已被释放的客体的访问权时，当前主体不能获得原主体活动所产生的任何信息。

6)审计

计算机信息系统可信计算基能创建和维护受保护客体的访问审计跟踪记录，并能阻止非授权的用户对它访问或破坏。

计算机信息系统可信计算基能记录下述事件：使用身份鉴别机制；将客体引入用户地址空间(如打开文件、程序初始化)；删除客体；由操作员、系统管理员或(和)系统安全管理员实施的动作，以及其他与系统安全有关的事件。对于每一事件，其审计记录包括事件的日期和时间、用户、事件类型、事件是否成功。对于身份鉴别事件，审计记录包含请求的来源(如终端标识符)；对于客体引入用户地址空间的事件及客体删除事件，审计记录包含客体名及客体的安全级别。此外，计算机信息系统可信计算基具有审计更改可读输出记号的能力。

对不能由计算机信息系统可信计算基独立分辨的审计事件，审计机制提供审计记录接口，可由授权主体调用。这些审计记录区别于计算机信息系统可信计算基独立分辨的审计记录。计算机信息系统可信计算基能够审计利用隐蔽存储信道时可能被使用的事件。计算机信息系统可信计算基包含能够监控可审计安全事件发生与积累的机制，当超过阈值时，能够立即向安全管理员发出报警。并且，如果这些与安全相关的事件继续发生或积累，系统应以最小的代价中止它们。

7)数据完整性

计算机信息系统可信计算基通过自主和强制完整性策略，阻止非授权用户修改或破坏敏感信息。在网络环境中，使用完整性敏感标记来确信信息在传送中未受损。

8)隐蔽信道分析

系统开发者应彻底搜索隐蔽信道，并根据实际测量或工程估算确定每一个被标识信道的最大带宽。

9)可信路径

当连接用户时(如注册、更改主体安全级)，计算机信息系统可信计算基提供它与用户之间的可信通信路径。可信路径上的通信只能由该用户或计算机信息系统可信计算基激活，且在逻辑上与其他路径上的通信相隔离，并能正确地加以区分。

10)可信恢复

计算机信息系统可信计算基提供过程和机制，保证计算机信息系统失效或中断后，可以进行不损害任何安全保护性能的恢复。

8.3　GB/T 20269-2006《信息安全技术 信息系统安全管理要求》

8.3.1　范围

本标准依据 GB 17859-1999 的五个安全保护等级的划分，规定了信息系统安全所需要的各个安全等级的管理要求。本标准适用于按等级化要求进行的信息系统安全的管理。

8.3.2　有关术语

GB 17859-1999 确立的以及下列术语和定义适用于本标准。

(1)完整性(Integrity)。包括数据完整性和系统完整性。数据完整性表征数据所具有的特性，即无论数据形式作何变化，数据的准确性和一致性均保持不变的程度；系统完整性表征系统在防止非授权用户修改或使用资源和防止授权用户不正确地修改或使用资源的情况下，系统能履行其操作目的的品质。

(2)可用性(Availability)。表征数据或系统根据授权实体的请求可被访问与使用程度的安全属性。

(3)访问控制(Access Control)。按确定的规则，对实体之间的访问活动进行控制的安全机制，能防止对资源的未授权使用。

(4)安全审计(Security Audit)。按确定规则的要求，对与安全相关的事件进行审计，以日志方式记录必要信息，并做出相应处理的安全机制。

(5)鉴别信息(Authentication Information)。用以确认身份真实性的信息。

(6)敏感性(Sensitivity)。表征资源价值或重要性的特性，也可能包含这一资源的脆弱性。

(7)风险评估(Risk Assessment)。通过对信息系统的资产价值/重要性、信息系统所受到的威胁以及信息系统的脆弱性进行综合分析，对信息系统及其处理、传输和存储的信息的保密性、完整性和可用性等进行科学识别和评价，确定信息系统安全风险的过程。

(8)安全策略(Security Policy)。主要指为信息系统安全管理制定的行动方针、路线、工作方式、指导原则或程序。

8.3.3　信息系统安全管理的一般要求

1. 信息系统安全管理的内容

信息系统安全管理是对一个组织机构中信息系统的生存周期全过程实施符合安全等级责任要求的管理，包括：

- 落实安全管理机构及安全管理人员，明确角色与职责，制定安全规划
- 开发安全策略
- 实施风险管理
- 制定业务持续性计划和灾难恢复计划
- 选择与实施安全措施
- 保证配置、变更的正确与安全
- 进行安全审计

• 保证维护支持

• 进行监控、检查，处理安全事件

• 安全意识与安全教育

• 人员安全管理等

2. 信息系统安全管理的原则

(1)基于安全需求原则：组织机构应根据其信息系统担负的使命，积累的信息资产的重要性，可能受到的威胁及面临的风险分析安全需求，按照信息系统等级保护要求确定相应的信息系统安全保护等级，遵从相应等级的规范要求，从全局上恰当地平衡安全投入与效果。

(2)主要领导负责原则：主要领导应确立其组织统一的信息安全保障的宗旨和政策，负责提高员工的安全意识，组织有效的安全保障队伍，调动并优化配置必要的资源，协调安全管理工作与各部门工作的关系，并确保其落实、有效。

(3)全员参与原则：信息系统所有相关人员应普遍参与信息系统的安全管理，并与相关方面协同、协调，共同保障信息系统安全。

(4)系统方法原则：按照系统工程的要求，识别和理解信息安全保障相互关联的层面和过程，采用管理和技术结合的方法，提高实现安全保障的目标的有效性和效率。

(5)持续改进原则：安全管理是一种动态反馈的过程，贯穿整个安全管理的生存周期，随着安全需求和系统脆弱性的时空分布变化，威胁程度的提高，系统环境的变化以及对系统安全认识的深化等，应及时地对现有的安全策略、风险接受程度和保护措施进行复查、修改、调整以至提升安全管理等级，维护和持续改进信息安全管理体系的有效性。

(6)依法管理原则：信息安全管理工作主要体现为管理行为，应保证信息系统安全管理主体合法、管理行为合法、管理内容合法、管理程序合法。对安全事件的处理，应由授权者适时发布准确一致的有关信息，避免带来不良的社会影响。

(7)分权和授权原则：对特定职能或责任领域的管理功能实施分离、独立审计等分权措施，避免权力过分集中所带来的隐患，以减少未授权的修改或滥用系统资源发生的机会。任何实体(如用户、管理员、进程、应用或系统)仅享有该实体需要完成其任务所必需的权限，不应享有任何多余权限。

(8)选用成熟技术原则：成熟的技术具有较好的可靠性和稳定性，采用新技术时要重视其成熟的程度，并应首先局部试点然后逐步推广，以减少或避免可能出现的失误。

(9)分级保护原则：按等级划分标准确定信息系统的安全保护等级，实行分级保护；对多个子系统构成的大型信息系统，确定系统的基本安全保护等级，并根据实际安全需求，分别确定各子系统的安全保护等级，实行多级安全保护。

(10)管理与技术并重原则：坚持积极防御和综合防范，全面提高信息系统安全防护能力，立足国情，采用管理与技术相结合，管理科学性和技术前瞻性结合的方法，保障信息系统的安全性达到所要求的目标。

(11)自保护和国家监管结合原则：对信息系统安全实行自保护和国家保护相结合。组织机构要对自己的信息系统安全保护负责，政府相关部门有责任对信息系统的安全进行指导、监督和检查，形成自管、自查、自评和国家监管相结合的管理模式，提高信息系统的安全保护能力和水平，保障国家信息安全。

8.3.4 信息系统安全管理要素及其强度

本部分列出了信息系统安全管理所包括的要素和强度，主要有以下几个方面。

(1)策略和制度。包括信息安全管理策略、安全管理规章制度以及策略与制度文档管理。

(2)机构和人员管理。包括安全管理机构、安全机制集中管理机构、人员管理以及教育和培训。

(3)风险管理。包括风险管理要求和策略、风险分析和评估、风险控制、基于风险的决策以及风险评估的管理。

(4)环境和资源管理。包括环境安全管理和资源管理两部分。

(5)运行和维护管理。包括用户管理、运行操作管理、运行维护管理、外包服务管理、有关安全机制保障和安全集中管理。

(6)业务连续性管理。包括备份与恢复、安全事件处理和应急处理。

(7)监督和检查管理。包括符合法律要求、依从性检查、审计及监管控制和责任认定。

(8)生存周期管理。包括规划和立项管理、建设过程管理以及系统启用和终止管理。

8.3.5 信息系统安全管理分等级要求

在给出了信息系统安全管理要素及其强度的一般性规定之后，GB/T 20269-2006 针对 GB 17859-1999 给出的五个安全等级，分别给出了具体的管理要素内容。

1. 第一级：用户自主保护级

1)管理目标和范围

本级为用户自主保护级，实施基本的管理，进行自主保护，适用于一般的信息和信息系统，其受到破坏后，会对公民、法人和其他组织的权益有一定影响，但不危害国家安全、社会秩序、经济建设和公共利益。本级管理要求达到具有初步的安全管理措施，建立基本的信息系统管理制度和信息系统人员管理制度，具有自主访问控制的措施和身份鉴别功能，对用户自身所创建的数据信息进行安全保护，要求具有保护数据信息和系统的完整性不受破坏的措施，能够保证被授权的用户随时可以访问信息。通过管理活动保证信息系统安全保护等级达到 GB 17859-1999 的本级要求。

2)政策和制度要求

本级要求如下。

(1)总体安全管理策略，应包括基本的信息安全管理策略，由安全管理人员为主制定，安全管理策略文档应由分管信息安全工作的负责人签发，并向信息系统的用户传达。

(2)安全管理规章制度，应包括基本的安全管理制度和操作规程；由安全管理人员起草，分管信息安全工作的负责人审批发布。

(3)策略与制度文档管理，由分管信息安全的负责人和安全管理人员负责文档的评审和修订；策略与制度文档由专人保管。

3)机构和人员管理要求

本级要求如下。

(1)组织机构应在管理层中有一人分管信息系统安全工作，并为信息系统的安全管理配备独立的安全管理人员。

(2)对人员的管理包括，安全管理人员可以由网络管理人员兼任；对关键岗位应该制定基本的管理要求；对人员录用应进行简历和专业能力检查；对离岗人员立即中止所有访问，收回证件、密钥等；定期对各个岗位人员进行安全认知技能的考核；对各类第三方人员签署有关安全责任的合同或保密协议，进入办公区域应划定范围，进入计算机房需要得到批准，进行逻辑访问时应划定范围并经过批准，且有人陪同。

(3)组织机构应对员工进行信息安全及其责任的应知应会的教育；应听取信息安全专家的建议。

4)风险管理要求

本级要求如下。

(1)风险管理要求和策略，能够进行基本的风险管理，包括编制资产清单，重要性分析，威胁的初步分析，用工具扫描进行脆弱性分析，能够简单分析安全风险和选择安全措施。

(2)风险分析和评估要求，应对信息系统的资产进行统计和分类，根据重要程度对资产进行标识；根据以往的安全事件和经验对威胁进行基本分析；通过扫描器等工具来获得对系统脆弱性的认识；分析和编制脆弱性列表；可以由用户和专家通过经验对风险进行评价，形成评估报告。

(3)风险控制要求，用基线选择的方法决定安全控制措施。

(4)基于风险的决策要求，应形成残余风险分析报告，并由组织机构高层管理人员决定风险的接受；基于这一判断决定是否允许信息系统运行。

(5)风险评估的管理要求，根据资质和信誉选择评估机构；要求评估机构人员签署保密协议；提交评估资料应规定交接手续；进行技术测试必须经过授权。

5)环境和资源管理要求

本级要求如下。

(1)环境安全管理要求，组织机构应通过正式授权程序委派责任部门或专人负责物理安全工作，需要建立有关规章制度，包括对机房安全管理规定基本要求；信息系统的物理环境安全方面的设施应达到 GB/T 20271-2006 中 6.1.1 的有关要求。

(2)资源管理要求，组织机构应编制并维护与信息系统相关的资产清单；对资产进行重要性标识；规定存放重要数据和软件的介质管理的基本要求；对设备管理要求，各种软硬件设备的选型、采购、发放或领用，使用者应提出申请，报经相应领导审批，才可以实施；设备的选型、采购、使用和保管应有责任人。

6)操作和维护管理要求

本级要求如下。

(1)用户管理包括对用户分类管理，编制用户分类清单，依据清单建立用户和分配权限；要求系统用户坚持最小授权原则；规定普通用户的基本要求；对组织机构外部用户要有合法使用的声明；要求临时用户的设置与删除必须经过审批和记录备案。

(2)运行操作管理包括，要求对服务器操作应注意启动/停止、配置保护、口令方式的身份鉴别等基本管理；对终端计算机应设置开机、屏幕保护等口令，软件安装等要求；制定便携机操作的基本要求；对网络及安全设备操作的管理员身份鉴别的要求；对业务应用操作进行访问权限控制；要求在正式运行的系统中任何变更控制必须经过申报和审批；信息发布必须符合国家有关政策法规的要求。

(3)运行维护管理包括，通过正式授权程序委派专人负责系统运行及其安全；安全管理人员应协同应用部门对信息系统运行进行安全管理；对运行状况监控应进行日志保护和查阅管理；软件硬件维护要求明确维护人员及其责任，并规定维修时限；对外部服务方访问必须经过审批。

(4)对外包服务的管理应包括外包服务的风险识别、相应安全制度的制定与实施，并以此为依据签署正式的书面合同；应选择有资质且信誉好的外包服务商；对外包服务的业务应用系统运行应进行监控和检查。

(5)有关安全机制的保障包括，应对系统管理员和普通用户明确使用和保护身份鉴别机制的责任；对访问控制策略管理要求应明确访问控制策略的定义和授权管理；对操作系统指定安全管理的责任人，进行正确的用户管理配置；制定有关网络系统安全管理和配置的规定；对应用系统指定安全责任人，进行正确的配置；应指定人员检查网络和主机的病毒检测并保存记录。

7)业务连续性管理要求

本级要求如下。

(1)业务连续性管理包括，数据备份和恢复策略要求规定不同业务应用的系统层面和应用层面需要备份的内容和周期；确定采用离线备份或在线备份方案。

(2)安全事件处理要求，根据组织机构自身的实际情况将安全事件划分成不同的安全等级，为事件的报告和处理提供依据；应规定正式的报告程序和事故响应程序；要求所有员工知道报告安全事件的程序和责任；事件处理后应有适当的反馈程序。

(3)应急处理要求，应规定应急处理和灾难恢复要求，对信息系统的应急处理有明确的程序，制定具体的应急处理措施；按照应急计划框架要求制定应急处理计划；应急计划的实施保障要求明确应急计划的组织和实施人员及其责任；安全管理人员应协助分管领导落实应急处理措施。

8)监督和检查管理要求

本级要求如下。

(1)应知晓适用的法律并防止违法行为；建立关于尊重知识产权的策略，并形成书面文档；保护证据记录，要求保护机构的重要记录，明确需要保护的内容范围。

(2)监督控制要求，依照国家政策法规和技术及管理标准进行自主保护。

9)生存周期管理要求

本级要求如下。

(1)规划和立项管理，信息系统的管理者应建立信息系统建设和发展计划；应用部门或业务部门可以提出业务应用的需求，必须经过主管领导的审批或者经过管理层的讨论批准才能正式立项。

(2)建设过程管理，要求信息系统建设项目明确指定项目负责人；信息系统工程项目外包，应选择具有服务资质的信誉较好的厂商；对自行开发的应明确要求开发环境与实际运行环境物理分开；对安全产品使用要求应按照相应的安全保护等级的要求选择相应等级的产品；对建设项目测试验收要求进行功能和性能测试，指定建设项目测试验收负责人。

(3)系统启用和终止管理，要求新的信息系统或子系统、信息系统设备启用应经过相应领导审批才能正式投入使用；现有信息系统或子系统、信息系统设备需要终止运行，应说明原因及采取的保护措施，经过相应领导审批才能正式终止运行。

2. 第二级：系统审计保护级

1)管理目标和范围

本级为系统审计保护级，实施操作规程管理，进行指导保护，适用于一定程度上涉及国家安全、社会秩序、经济建设和公共利益的一般信息和信息系统，其受到破坏后，会对国家安全、社会秩序、经济建设和公共利益造成一定损害。在满足第一级的管理要求的基础上，本级管理要求达到具有基于操作规程的安全管理措施，还应建立信息管理制度、信息安全产品采购与使用等必须的管理制度；具有基本的网络基础设施与边界保护；具有更细粒度的自主访问控制措施，能够解决非授权的访问；要求基本保护信息不被非法窃取，具有保护数据信息和系统的完整性不受破坏的措施；被授权的用户随时可以访问信息并对自己的行为负责；具有初步的监控措施和初步的响应与恢复措施，并实施信息系统生存周期的全程管理。通过管理活动保证信息系统达到GB 17859-1999的本级要求。

2)政策和制度要求

在满足第一级的管理要求的基础上，本级要求如下。

(1)总体安全管理策略，应包括较完整的安全管理策略，由信息安全职能部门负责制定，安全管理策略文档应由组织机构负责人签发，按照有关文件管理程序发布。

(2)安全管理规章制度，应包括制定较完整的安全管理制度和操作规程，由信息安全职能部门负责制定，分管信息安全工作的负责人签发，按有关文件管理程序发布。

(3)策略与制度文档管理，对策略与制度文档应由分管信息安全的负责人和信息安全职能部门负责文档的评审和修订，需要借阅时应有相应级别负责人审批和登记。

3)机构和人员管理要求

在满足第一级的管理要求的基础上，本级要求如下。

(1)组织机构应建立管理信息安全工作的职能部门；负责起草信息系统的安全策略和发展规划，管理安全日常事务，负责安全措施的实施或组织实施，组织并参加对安全重要事件的处理；监控信息系统安全总体状况，指导和检查各部门和下级单位信息系统安全工作。

(2)人员管理要求，应提出安全管理人员和其他关键岗位人员的兼职限制要求；对关键岗位人员采取定期轮岗；人员录用时应进行必要的审查与考核；关键岗位人员调离岗位应承诺保密义务；应定期对关键岗位人员进行审查。

(3)教育和培训要求，有计划培养员工安全意识，以及对安全策略和操作规程的培训。

4)风险管理要求

在满足第一级的管理要求的基础上，本级要求如下。

(1)风险管理要求和策略，针对关键系统资源定期进行风险分析和评估；制定基本的风险管理策略，给予必要的组织和资源保证。

(2)风险分析和评估要求，增加针对每个或者每类资产的威胁列表；应对信息系统进行脆弱性人工分析和渗透测试，对各种指标进行综合分析，得到脆弱性的等级；进行全面的风险评价，判断风险的优先级，建议处理风险的措施，最终形成风险评估报告和有关中间结果。

(3)风险处理和减缓要求，根据风险评估的结果决定信息安全的控制措施。

(4)基于风险的决策要求，应形成残余风险分析报告，并密切注意残余风险的变化，及时处理；由机构高层管理者决定风险的接受，应采取相应的风险规避措施，控制信息系统的运行。

(5)风险评估的管理要求，应在经过本行业主管认可或上级行政领导部门批准的范围内选择具有国家主管部门认可的安全服务资质的评估机构；应监督检查评估机构的保密协议执行情况；提交评估资料必要时可以隐藏或替换敏感参数；技术测试应在监督下按技术方案进行。

5)环境和资源管理要求

在满足第一级的管理要求的基础上，本级要求如下。

(1)环境安全管理要求，应对物理环境划分不同等级安全区域进行管理；规定对来访人员的控制措施；规定办公环境安全管理的基本要求；指定专人负责物理安全区和物理设施的日常安全管理，制定设施购置计划、验收、运行、维护、处置管理制度，监督、检查物理设施安全管理制度的落实。所有物理设施要分类编目，指定物理设施安全责任人；信息系统的物理环境安全方面的设施应达到 GB/T 20271-2006 中 6.2.1 的有关要求。

(2)资源管理要求，应编制详细的资产清单，包括资产拥有权、责任人、安全分类以及资产所在的位置等；根据信息资产分类方式对信息资产进行分类管理；对数据和软件介质进行标识和分类存储在由专人管理的介质库或档案室中，要求重要介质异地存储；通过对资产清单的管理，记录资产的状况和使用、转移、废弃及其授权过程，保证设备的完好率。

6)操作和维护管理要求

在满足第一级的管理要求的基础上，本级要求如下。

(1)用户管理要求，应编制特权用户清单，说明权限，并进行审计；对系统用户应责任到人；对普通用户应规定处理敏感信息的要求；对特定外部用户应采用专用通信通道、端口、协议、专用设备等措施；对主要部位的临时用户应进行审计。

(2)运行操作管理要求，对服务器应注意日志文件管理和监控系统性能；便携机应规定远程操作等限制要求；对网络及安全设备应进行策略配置符合性的检查；重要的业务应用操作应根据上级的指令要求执行并进行审计；对变更控制管理应制度化，建立管理文档；组织机构之间进行信息交换应建立包括安全条件的协议。

(3)运行维护管理要求，应实行系统运行的制度化管理；对运行状况监控要求监视服务器系统性能；设备外出维修应审批，磁盘数据必须删除；外部维修人员进入机房应经过审批并专人陪同；对外部服务方访问进行制度化管理。

(4)外包服务管理要求，应在行业认可或上级批准的范围内选择外包服务商；对外包服务的业务应用系统运行应定期评估，出现重大安全问题应及时处理，直至停止外包服务。

(5)有关安全机制的保障要求包括，应对身份鉴别机制有强度要求，并指定安全管理人员定期进行检查；应根据实际情况选择合适的访问控制管理模式，并保证最高管理层对访问控制管理的掌握；系统安全管理要求包括操作系统配置、使用的审计等；网络安全管理要求进行针对网络使用的审计监控和评估；应用系统安全要求基于安全操作规程的管理和信息的分类管理；要求进行制度化的病毒防护管理；密码管理要求必须符合国家法律规定，对密码算法和密钥实施分等级管理。

7)业务连续性管理要求

在满足第一级的管理要求的基础上，本级要求如下。

(1)备份与恢复要求，数据备份和恢复策略要求对备份介质和恢复功能定期检查；设备和系统冗余策略要求专人定期检查备用设备，并限定系统恢复的时间。

(2)安全事件处理要求，具有完善的安全事件处置制度，安全事件报告和处理要求对安全弱点和可疑事件，以及还不能确定为事故或者入侵的可疑事件应报告。

(3)应急处理要求，应急处理和灾难恢复要求进行制度化管理并由应急处理小组负责落实；进行系统化管理用于开发和维护整个组织的应急计划体系；为保证应急计划的执行应对系统相关的人员进行培训。

8)监督和检查管理要求

在满足第一级的管理要求的基础上，本级要求如下。

(1)符合法律要求，机构应有措施防止对信息处理设备的滥用；对重要应用系统软件，应防止发生因软件升级或改造引起侵犯软件版权的行为。

(2)依从性检查要求，应定期对安全管理进行检查和评估，安全策略依从性要求检查信息系统的管理者对安全策略的遵守情况；技术依从性要求定期检查系统安全保障措施与安全实施标准的符合性。

(3)审计及监管要求，应有独立的审计机构对组织机构的安全管理职责体系、信息系统的安全风险控制等进行审计；在信息安全监管职能部门指导下依照国家政策法规和技术及管理标准进行自主保护。

(4)责任认定要求，应对监督和审查发现的问题限期解决，并认定技术责任和管理责任以及责任当事人，有关部门提出问题解决办法和责任处理意见；对监管者逾期未进行解决，本应避免问题而造成信息系统损失的应承担相应责任。

9)生存周期管理要求

在满足第一级的管理要求的基础上，本级要求如下。

(1)规划和立项管理，信息系统的管理者应建立安全策略规划；安全管理职能部门应提出加强系统安全的具体需求，进行可行性论证，经过管理层的批准后正式立项。

(2)建设过程管理，要求信息系统建设项目应制定详细的项目实施计划，作为项目管理的依据；对重要的信息系统工程项目外包，应选择经实践证明安全可靠的厂商；系统开发文档应当受到保护和控制；对项目测试验收要求，应明确项目的安全系统需要进行安全测试验收。

(3)系统启用和终止管理，要求新的信息系统或子系统、信息系统设备启用应进行一定的试运行，并得到相应领导和技术负责人认可，才能正式投入使用；现有信息系统或子系统、信息系统设备需要终止运行，应进行必要的数据和软件备份，对终止运行的设备进行数据清除，并得到相应领导和技术负责人认可才能正式终止运行。

3. 第三级：安全标记保护级

1)管理目标和范围

本级为安全标记保护级，实施制度化管理，进行监督保护，适用于涉及国家安全、社会秩序、经济建设和公共利益的信息和信息系统，其受到破坏后，会对国家安全、社会秩序、经济建设和公共利益造成较大损害。在实现第二级管理目标的基础上，本级管理要求达到具有完好定义的安全管理措施，还应建立等级保护产品采购与使用等完善的管理制度；要求信息系统的用户明确安全责任；要求能够保护核心计算环境、网络基础设施与边界；具有较严格的用户权限与访问控制措施和防止信息窃取的措施，较好的保护重要信息及其处理方法的准确性和完整性；具有较好的监控措施(审记、异常检测)和基本的响应与恢复措施；明确规定系统日志的检查、系统穿透性测试和对内与对外的安全审计。通过管理活动保证信息系统达到 GB 17859-1999 的本级要求。

2)政策和制度要求

在满足第二级的管理要求的基础上，本级要求如下。

(1)总体安全管理策略，应包括建立体系化的信息安全管理策略，由信息安全领导小组组织制定，组织机构负责人签发，文档应注明发布范围，并有收发文登记。

(2)安全管理规章制度，应包括体系化的安全管理制度，由信息安全职能部门负责制订，由信息安全领导小组负责人审批发布，应注明发布范围并有收发文登记。

(3)策略与制度文档管理，应由信息安全领导小组和信息安全职能部门负责文档的评审和修订；限定借阅范围，并经过相应级别负责人审批和登记。

3)机构和人员管理要求

在满足第二级的管理要求的基础上，本级要求如下。

(1)应成立信息安全领导小组，领导全组织机构的信息安全管理工作。

(2)设立信息系统安全机制集中管理机构，接受管理信息安全工作的职能部门领导，配备必要的领导和技术管理人员；负责信息系统安全的集中控制管理，行使防范与保护、监控与检查、响应与处置职能，统一管理信息系统的安全，应统一进行信息系统安全机制的配置与管理；应汇集各种安全机制所获取的与系统安全运行有关的信息；根据应急处理预案做出快速处理；应对安全事件和处理结果进行管理；建立安全管理控制平台，完善管理信息系统安全运行的技术手段；负责接受和配合政府有关部门的信息安全监管工作。

(3)人员管理，要求安全管理人员不可兼任；坚持关键岗位人员“权限分散、不得交叉覆盖”的原则；重要部位的人员录用可从内部符合条件的人员中选拔；涉密人员调离应进行离岗审计和经过脱密；对关键岗位人员的工作进行安全管理有效性检查；重要区域的第三方人员访问应有书面申请、批准和过程记录，有专人全程陪同，并进行审计。

(4)教育和培训要求，针对不同岗位进行安全策略和技术要求等不同培训；对不同岗位制定和实施安全培训计划，并对安全培训计划进行维护和评估；对信息安全专家提供信息应告知其敏感性和保密性，并采取必要的安全措施，保证提供的信息在安全可控的范围内。

4)风险管理要求

在满足第二级的管理要求的基础上，本级要求如下。

(1)风险管理要求和策略，应采用规范的方法进行评估；应建立风险管理的监督机制和管理程序。

(2)风险分析和评估要求，通过对信息系统每类资产的识别，对信息系统的体系特征进行描述；根据威胁源在保密性、完整性或可用性等方面造成的损害，对威胁进行详细分析；应对信息系统的脆弱性进行制度化的测试和分析；在进行全面的风险评价基础上，建立和维护风险信息库；

(3)风险处理和减缓要求，根据风险评估的结果决定信息安全的控制措施，通过综合分析形成体系化的防护控制系统。

(4)基于风险的决策要求，对信息系统安全风险实施二次评估，验证防护措施的有效性；由机构高层管理者决定风险的接受，应采取相应的风险规避措施，控制信息系统的运行。

(5)风险评估的管理要求，涉及评估的资料只能存放在指定计算机内，不得带出指定区域；技术测试可由本机构人员按技术方案进行操作，评估机构技术人员进行场外指导。

5)环境和资源管理要求

在满足第二级的管理要求的基础上，本级要求如下。

(1)环境安全管理要求，对物理环境中不同安全保护等级的安全区域进行标记管理；对出入标记安全区的员工验证标记，对出入安全区的活动进行监视和记录；所有物理设施要设置安全标记；设立门禁设施的监控和记录，应有防止绕过门禁设施的控制措施；应规定工作人员离开座位的要求；信息系统的物理环境安全方面的设施应达到 GB/T 20271-2006 中 6.3.1 的有关要求。

(2)资源管理要求，业务应用系统应在资产清单中体现，包括每个业务应用系统的功能作用、业务流程和数据流程，以及其中资产拥有权、责任人、安全分类以及资产所在的位置等；以业务应用为主线描述信息资产体系框架；对重要介质的数据和软件应进行完整性检查，必要时可以加密存储；对各种资产进行全面管理，提高资产安全性和使用效率；建立资产管理登记机制。

6)操作和维护管理要求

在满足第二级的管理要求的基础上，本级要求如下。

(1)用户管理要求，应对重要业务用户列出清单，说明权限，开启审计；在关键部位，对系统用户的任何操作必须两人在场，并产生审计记录；规定普通的重要业务应用的要求；在关键部位，一般不允许设置外部用户和临时用户。

(2)运行操作管理要求包括,服务器管理主要包括系统配置和服务设定应根据安全管理机构的统一安全策略结合应用需求进行并定期检查;重要部位终端计算机和便携机要求启用两个以上技术组合来进行身份鉴别,对拆机箱和接入系统做出管理规定;网络及安全设备应通过安全机制集中管理统一控制;关键的业务应用操作应有两人同时在场或同时操作,并进行审计;对正式运行的信息系统的任何变更必须考虑全面安全事务一致性问题;对不同安全区域之间信息传输应有明确的要求。

(3)运行维护管理要求,应使用规范的方法对信息系统的各个方面进行风险控制;对运行状况监控要求安全机制集中管理控制;重要区域的软件硬件维护要求对数据和软件系统进行必要的保护,并对维修备案;针对外部服务方访问进行风险分析和评估。

(4)外包服务管理要求,关键的或涉密的业务应用一般不应采用外包服务方式。

(5)有关安全机制保障要求包括,身份鉴别机制管理应明确身份鉴别及认证系统的管理维护的内容和范围;访问控制策略管理应根据需求确定访问控制的跟踪审计;系统安全管理应基于系统加固措施和审计监控;网络安全管理应基于审计和标记,以及网络安全审计人员的配置;应用系统安全管理应基于标记信息访问控制,以及不同备份策略的制定;要求病毒防护采取集中实施和管理;对信息系统中以密码为基础的安全机制应按国家密码主管部门的规定管理。

(6)安全机制集中管理,能够对网络系统、安全设备、主机系统、重要应用实施集中控管;建立一体化和开放性平台,将多家不同类型的安全产品整合到一起,进行统一的管理配置和监控;能够对网络系统、网络安全设备以及主要应用实施统一的安全策略、集中管理、集中审计;要求对安全机制实施整合,实现网络异常流量监控、安全事件监控管理、脆弱性管理、安全策略管理、安全预警管理;主要工作方式包括自动处理、人工干预处理、远程处理、辅助决策分析处理、记录和事后处理等。

7)业务连续性管理要求

在满足第二级的管理要求的基础上,本级要求如下。

(1)备份与恢复要求,数据备份和恢复策略要求采用热备份方式;应指定专人定期维护和检查系统冗余运行状况,并限定系统切换的时间;应维护检查热备份使用设备和系统冗余运行状况,确保需要接入和切换时系统能够正常运行。

(2)安全事件处理要求,明确安全事件管理责任,制定安全事件管理程序;安全事件报告和处理要求安全管理职能部门负责接报安全事件报告,并及时进行处理。

(3)应急处理要求,应急处理和灾难恢复要求信息安全领导小组应有人负责或指定专人负责应急计划和实施恢复计划管理工作;信息系统安全机制集中管理机构应协助应急处理小组负责具体落实;应急计划的实施保障要求有足够资源的保证。

8)监督和检查管理要求

在满足第二级的管理要求的基础上,本级要求如下。

(1)符合法律要求,加密控制规则应符合国家有关法规的要求;对关键业务应用,必要时应要求必须使用具有自主知识产权的软件,以保护关键业务应用的安全。

(2)依从性检查要求,应形成制度化的检查和改进;安全策略依从性检查要求对机构内的所有领域内的各个岗位应进行定期检查;技术依从性检查应由有经验的系统工程师手工或使用软件工具进行。

(3)审计及监管要求,应对系统的审计活动进行规划,系统审计过程控制要求审计的范围应经过同意和得到控制；依照国家政策法规和技术及管理标准进行自主保护，信息安全监管职能部门对其进行监督、检查。

(4)责任认定要求，应对审计发现的问题认定领导责任，领导层应提出问题解决办法和责任处理意见；对已审计过，但未能及时发现本应审计出的问题而造成信息系统损失的审计及监管者应承担责任。

9)生存周期管理要求

在满足第二级的管理要求的基础上，本级要求如下。

(1)规划和立项管理，信息系统的管理者应在安全策略规划的指导下，制定安全建设和安全改造的规划，并应得到组织机构管理层的批准；信息系统的管理者应根据信息系统安全建设规划的要求，提出当前应进行安全建设和安全改造的具体需求；对于重要的项目，必须进行安全性评价，在确认项目安全性符合要求后经过管理层的讨论批准，才能正式立项。

(2)建设过程管理，要求将信息系统建设项目过程有效程序化；建立工程实施监理管理制度；应明确指定项目实施监理负责人；对工程项目外包要求对应废止和暂停的项目，要确保相关的系统设计、文档、代码等的安全；对应销毁过程要进行安全控制；还应制定控制程序进行保护；自行开发时应当严格控制对程序资源库的访问；对建设项目测试验收要求，除测试外还要全面检查。

(3)系统启用和终止管理，要求新的信息系统或子系统、信息系统设备启用应进行试运行，并经过专项安全评估得到认可后，才能正式投入使用；现有信息系统或子系统、信息系统设备需要终止运行，应采取必要的安全措施，进行数据和软件备份，对终止运行的设备进行不可恢复的数据清除，如果存储设备损坏则必须采取销毁措施，并得到相应领导和技术负责人认可才能正式终止运行。

4. 第四级：结构化保护级

1)管理目标和范围

本级为结构化保护级，实施规范化管理，进行强制保护，适用于涉及国家安全、社会秩序、经济建设和公共利益的重要信息和信息系统，其受到破坏后，会对国家安全、社会秩序、经济建设和公共利益造成严重损害。在实现第三级管理目标的基础上，本级管理要求达到具有量化控制的安全管理措施，建立完善的信息系统安全管理制度；对关键的控制措施要根据其风险制定严格的测试计划；对内外明显的风险变化应立即组织风险评估；要求能够保护核心的局域计算环境，具有可信的网络基础设施与边界，具有严格的用户权限与访问控制措施；具有防止各种手段的信息泄漏和窃取措施，保证信息及其处理方法的准确性和完整性；保证被授权的用户随时可以访问信息，保证责任(抗抵赖性，对自己的行为负责)，具有完善的监控措施(强审记、异常检测)和基本的响应与恢复措施；通过定期的安全评估提示工作人员关注其相关安全责任；强制实施分权管理机制；提供可信设施管理；增强配置管理控制；保证系统具有强壮的抗渗透能力。通过管理活动保证信息系统达到 GB 17859-1999 的本级要求。

2)政策和制度要求

在满足第三级的管理要求的基础上，本级要求如下。

(1)总体安全管理策略，应包括强制保护的信息安全管理策略，由信息安全领导小组组织并提出指导思想，由信息安全职能部门指派专人负责制定强制保护的信息系统安全管理策略，必要时可征求信息安全监管职能部门的意见；安全管理策略文档应注明密级，并在监管部门备案。

(2)安全管理规章制度，应包括制定强制保护的信息安全管理制度，应由信息安全职能部门指派专人负责制订信息系统安全管理制度，应注明密级并控制发布范围。

(3)策略与制度文档管理,应由信息安全领导小组和信息安全职能部门的专门人员负责文档的评审和修订,必要时可征求信息安全监管职能部门的意见;对涉密文档的保管应按照有关涉密文档管理规定进行。

3)机构和人员管理要求

在满足第三级的管理要求的基础上,本级要求如下。

(1)安全管理机构要求,组织机构主要负责人应出任信息安全领导小组负责人。

(2)信息系统安全机制集中管理机构要求,对关键区域的安全运行进行管理,控制知晓范围,对获取的有关信息进行相应安全等级的保护。

(3)人员管理要求,关键区域或部位的安全管理人员应选用精干内行忠实可靠的人员;关键岗位人员处理重要事务或操作时应保持二人同时在场,关键事务应多人共管;应对所有安全岗位人员实施全面的背景审查和管理控制;一般不允许第三方人员进入机房或进行逻辑访问。

(4)教育和培训要求,对所有员工的资质进行检查和评估,使相应的安全教育成为组织机构工作计划的一部分。

4)风险管理要求

在满足第三级的管理要求的基础上,本级要求如下。

(1)风险管理要求和策略,应建立风险管理质量管理体系,进行独立审计;要求机构能够做到针对风险的变化重新启动风险评估。

(2)风险分析和评估要求,对关键区域或部位进行威胁分析和评估,在业务应用许可并得到批准的条件下,应使用检测工具在特定时间捕捉攻击信息进行分析;其他同第三级要求。

(3)风险处理和减缓要求,同第三级要求。

(4)基于风险的决策要求,同第三级要求。

(5)风险评估的管理要求,应按照国家主管部门有关管理规定选择可信评估机构,必要时应由国家指定专门部门、专门机构组织进行信息系统风险评估;结合实际情况制定具体保密要求及实施办法;由本机构人员进行技术测试操作并对测试结果过滤敏感或涉及国家秘密信息后再交评估方分析。

5)环境和资源管理要求

在满足第三级的管理要求的基础上,本级要求如下。

(1)环境安全管理要求,实施不同等级安全区域的隔离管理;机房使用视频监控和专职警卫;规定关键部位办公环境的要求;建立出入审计、登记管理制度,保证出入得到明确授权,并且出入人员要持有授权书,授权书中要明确出入的目的、操作的对象、操作的步骤和操作的结果证明;对出入标记安全区的活动进行不间断实时监视记录;建立出入安全检查制度,保证出入人员没有携带危及信息系统安全的设施或物品;信息系统的物理环境安全方面的设施应达到GB/T 20271-2006 中 6.4.1 的有关要求。

(2)资源管理要求,对存放重要数据的介质必须加密存储;介质的保存和分发传递按照机要件管理方法处理;其他同第三级要求。

6)操作和维护管理要求

在满足第三级的管理要求的基础上,本级要求如下。

(1)用户管理要求,应对关键部位用户逐一审批和授权,定期检查符合性,并开启审计功能;

(2)运行操作管理要求,关键部位的终端计算机必须启用两个及两个以上身份鉴别技术的组合来进行身份鉴别,终端计算机应采用低辐射设备,每个终端计算机的管理必须由专人负责;对便携机操作要求包括应采用低辐射设备，机内的涉及国家秘密的数据应采用一定强度的加密储存或采用隐藏技术；变更控制管理要求实施独立的安全审计，并进行一致性检查；涉密信息在其安全区域之外传输应经过批准并明确责任，还应采取必要的安全措施。

(3)运行维护管理要求，应对系统运行管理过程实施独立的审计，保证安全管理过程的有效性；运行状况监控应对关键区域和关键业务应用系统运行进行监视；软件硬件维护要求一般不允许外部维修人员进入关键区域；对外部服务方每次访问都应进行风险控制，必要时不允许外部服务方的访问。

(4)外包服务管理同第三级要求。

(5)有关安全机制保障要求包括，身份鉴别机制管理要求进行身份鉴别和认证管理的强制保护；访问控制策略管理要求进行访问控制的监控管理，检查和保护审计数据和工具；系统安全管理要求基于强身份鉴别；网络安全管理要求基于独立安全审计；应用系统安全管理要求基于独立审计和工作隔离；病毒防护管理要求进行监督检查。

(6)安全机制集中管理要求，根据网络结构要求，能够按照分布式多层次的管理结构，进行分层级联方式的集中安全管理；对关键区域网络安全信息的处理和访问应具有相应安全级别的控制和保护措施；对关键区域或涉密网络，可限制网络用户非法入网，对网络主机进行地址绑定、定位检测等控制措施。

7)业务连续性管理要求

在满足第三级的管理要求的基础上，本级要求如下。

(1)备份与恢复要求，数据备份和恢复策略要求定制如远地系统备份等适当方式和恢复方式以及操作程序，必要时对备份后的数据采取加密处理，操作时要求两人在场并备案；建立远地系统备份中心，确保主系统在遭到破坏时远地系统能替代主系统运行。

(2)安全事件处理同第三级要求。

(3)应急处理要求，应急处理和灾难恢复要求实施独立审计；应急计划的实施保障要求进行业务连续性要求分析。

8)监督和检查管理要求

在满足第三级的管理要求的基础上，本级要求如下。

(1)符合法律要求同第三级要求。

(2)依从性检查要求，安全策略依从性检查应是持续改进的过程；对关键区域或涉密系统的技术依从性检查，应注意对有关检测过程和检测结果的安全进行保护。

(3)审计及监管要求，应对系统审计工具进行保护，明确审计工具的保存方式、责任人员等；应对系统审计活动进行规划，减小中断业务流程的风险，对所有的流程、需求和责任都应文档化；依照国家政策法规和技术及管理标准进行自主保护，信息安全监管职能部门对其进行强制监督、检查。

(4)责任认定要求，应对审计发现问题的处理结果进行复查，并明确复查的期限和责任；审计及监管者应对审计所发现问题的处理结果进行跟踪检查，对未进行跟踪检查而造成损失的应承担责任。

9)生存周期管理要求

在满足第三级的管理要求的基础上，本级要求如下。

(1)规划和立项管理，同第三级要求。

(2)建设过程管理，对于安全保护等级较高的信息系统工程项目，一般不应采取工程项目外包方式；对于安全保护等级较高的信息系统建设项目及涉密项目，应对开发全过程采取相应的保密措施，对参与开发的有关人员进行保密教育和管理。

(3)系统启用和终止管理，要求新的信息系统或子系统、信息系统设备正式投入使用的一定时间内，应进行审计跟踪，定期对审计结果做出风险评价，对安全进行确认决定是否能够继续运行，并形成文档备案。

5. 第五级：访问验证保护级

1)管理目标和范围

本级为访问验证保护级，实施持续改进管理，进行专控保护，适用于涉及国家安全、社会秩序、经济建设和公共利益的重要信息和信息系统的核心子系统，其受到破坏后，会对国家安全、社会秩序、经济建设和公共利益造成特别严重的损害。在实现第四级管理目标的基础上，本级管理要求达到具有自我持续改进的安全管理措施，建立完善的信息系统安全管理制度；要求有持续完善的安全计划、安全规程、安全措施，不断化解信息系统的安全风险；要求能够保护核心的局域计算环境，具有可信的网络基础设施与边界，具有严格的用户权限与访问控制措施；具有防止各种手段的信息泄漏和窃取措施，确保被授权的用户随时可以访问信息，确保责任(抗抵赖性，对自己的行为负责)，具有严密的监控措施(强审记、异常检测)，较好的响应与恢复措施；对信息系统的安全实施全面质量管理。通过管理活动保证信息系统达到 GB 17859-1999 本级的要求。

2)政策和制度要求

在满足第四级的管理要求的基础上，本级要求如下。

(1)总体安全管理策略，应包括专控保护的信息安全管理策略，必要时应征求国家指定的专门部门或机构的意见，或者共同制定，必要时安全管理策略文档应在国家指定的专门部门或机构进行备案。

(2)安全管理规章制度，应包括制定专控保护的信息安全管理制度，应征求组织机构的保密管理部门的意见或者共同制定。

(3)策略与制度文档管理，必要时可请组织机构的保密管理部门参加文档的评审和修订，对文档的保管应与相关业务部门协商制定专项控制的管理措施。

3)机构和人员管理要求

在满足第四级的管理要求的基础上，本级要求如下。

(1)安全管理机构要求，应建立信息安全保密管理部门，加强对信息安全管理重要过程和管理人员的监督管理；信息安全领导小组应指导和检查该部门的各项工作。

(2)信息系统安全集中管理机构对核心系统安全运行的管理，应与有关业务应用的主管部门协调，定制更高安全级别的管理方式。

(3)人员管理要求，应具有针对内部人员全面控制的保证措施，实施针对所有岗位工作人员的全面安全质量管理；使所有人员都能理解并有能力执行规定的安全管理要求，保证所有人员达到相应岗位的安全资质。

(4)教育和培训要求，针对所有工作人员进行相应资质管理，并使安全意识成为所有工作人员的自觉存在。

4)风险管理要求

在满足第四级的管理要求的基础上，本级要求如下。

(1)风险管理要求和策略，应针对风险管理活动，实施全面的质量管理。

(2)风险分析和评估要求，同第三级要求。

(3)风险处理和减缓要求,同第四级要求。

(4)基于风险的决策要求,同第四级要求。

(5)风险评估的管理要求,同第四级要求。

5)环境和资源管理要求

在满足第四级的管理要求的基础上,本级要求如下。

(1)环境安全管理要求对物理安全的保障有持续的改善;对物理安全保障应定期进行监督、检查和不断改进;采取防止电磁泄漏的保护措施;信息系统的物理环境安全方面的设施应达到GB/T 20271-2006 中 6.5.1 的有关要求。

(2)资源管理要求,对存放极为重要数据的介质可以使用数据隐藏技术进行存储;其他同第四级要求。

6)操作和维护管理要求

在满足第四级的管理要求的基础上,本级要求如下。

(1)用户管理同第四级要求。

(2)运行操作管理要求,应针对所有变更进行安全评估;对变更计划和效果的持续改善采取相应保证措施。

(3)运行维护管理要求对系统运行进行全面的质量管理;对核心数据的监视应与主管部门共同制定具体的管理办法。

(4)外包服务管理同第四级要求。

(5)有关安全机制保障要求包括,身份鉴别机制管理要求进行身份鉴别和认证管理的专项控制;访问控制策略管理要求对访问控制进行专项审批和检查;系统安全管理要求实施人机操作监视;网络安全管理要求基于网络物理隔离;应用系统安全管理要求适应环境要求,进行周期更短的安全审计和检查。

(6)安全机制集中管理应根据核心区域网络安全信息的需要,与有关主管部门共同制定专项的安全控制和保护措施;其他同第四级要求。

7)业务连续性管理要求

在满足第四级的管理要求的基础上,本级要求如下。

(1)备份与恢复同第四级要求。

(2)安全事件处理同第四级要求。

(3)应急处理要求,应急处理和灾难恢复要求进行持续评估和改进;对应急计划的正确性和完整性进行检查,不断评估和完善。

8)监督和检查管理要求

在满足第四级的管理要求的基础上,本级要求如下。

(1)符合法律要求同第四级要求。

(2)依从性检查同第四级要求。

(3)审计及监管要求,依照国家政策法规和技术及管理标准进行自主保护,国家指定专门部门、专门机构进行专门监督。

(4)责任认定同第四级要求。

9)生存周期管理要求

在满足第四级的管理要求的基础上,本级要求如下。

(1)规划和立项管理,同第四级要求。

(2)建设过程管理,同第四级要求。

(3)系统启用和终止管理,同第四级要求。

8.4 GB/T 20271-2006《信息安全技术 信息系统通用安全技术要求》

8.4.1 范围

GB/T 20271-2006 依据 GB 17859-1999 的五个安全保护等级的划分,规定了信息系统安全所需要的安全技术的各个安全等级要求。GB/T 20271-2006 适用于按等级化要求进行的安全信息系统的设计和实现,对按等级化要求进行的信息系统安全的测试和管理可参照使用。

8.4.2 术语和定义

GB 17859-1999 确立的以及下列术语和定义适用于本标准。

(1)信息系统安全(Security of Information System)。信息系统所存储、传输和处理的信息的保密性、完整性和可用性的表征。

(2)信息系统通用安全技术(Common Security Technology of Information System)。实现各种类型的信息系统安全所普遍适用的安全技术。

(3)信息系统安全子系统(Security Subsystem Of Information System,SSOIS)。信息系统内安全保护装置的总称,包括硬件、固件、软件和负责执行安全策略的组合体。它建立了一个基本的信息系统安全保护环境,并提供安全信息系统所要求的附加用户服务。按照 GB 17859-1999 对可信计算基(TCB)的定义,SSOIS 就是信息系统的 TCB。

(4)安全要素(Security Element)。本标准中的安全功能技术要求和安全保证技术要求所包含的安全内容的组成成分。

(5)安全功能策略(Security Function Policy,SFP)。为实现 SSOIS 安全要素要求的功能所采用的安全策略。

(6)安全功能(Security Function)。为实现安全要素的要求,正确实施相应安全功能策略所提供的功能。

(7)安全保证(Security Assurance)。为确保安全要素的安全功能达到要求的安全性目标所采取的方法和措施。

(8)SSOIS 安全策略(SSOIS Security Policy,SSP)。对 SSOIS 中的资源进行管理、保护和分配的一组规则。一个 SSOIS 中可以有一个或多个安全策略。

(9)SSOIS 安全功能(SSOIS Security Function,SSF)。正确实施 SSOIS 安全策略的全部硬件、固件、软件所提供的功能。每一个安全策略的实现,组成一个 SSOIS 安全功能模块。一个 SSOIS 的所有安全功能模块共同组成该 SSOIS 的安全功能。

(10)SSF 控制范围(SSF Scope of Control,SSC)。SSOIS 的操作所涉及的主体和客体的范围。

(11)用户标识(User Identification)。用来标明用户的身份,确保用户在系统中的唯一性和可辨认性。一般以用户名称和用户标识符(UID)来标明系统中的用户。用户名称和用户标识符都是公开的明码信息。

(12)用户鉴别(User Authentication)。用特定信息对用户身份的真实性进行确认。用于鉴别的信息一般是非公开的、难以仿造的。

(13)用户一主体绑定(User-Subject Binding)。用一定方法将指定用户与为其服务的主体(如进程)相关联。

(14)主、客体标记(Label of Subject and Object)。为主、客体指定敏感标记。这些敏感标记是等级分类和非等级类别的组合,是实施强制访问控制的依据。

(15)安全属性(Security Attribute)。用于实施安全策略,是与主体、客体相关的信息。对于自主访问控制,安全属性包括确定主、客体访问关系的相关信息;对于采用多级安全策略模型的强制访问控制,安全属性包括主、客体的标识信息和安全标记信息。

(16)自主访问控制(Discretionary Access Control)。由客体的所有者主体自主地规定其所拥有客体的访问权限的方法。有访问权限的主体能按授权方式对指定客体实施访问,并能根据授权,对访问权限进行转移。

(17)强制访问控制(Mandatory Access Control)。由系统根据主、客体所包含的敏感标记,按照确定的规则,决定主体对客体访问权限的方法。有访问权限的主体能按授权方式对指定客体实施访问。敏感标记由系统安全员或系统自动地按照确定的规则进行设置和维护。

(18)回退(Rollback)。由于某种原因而撤销上一次/一系列操作,并返回到该操作以前的已知状态的过程。

(19)可信信道(Trusted Channel)。为了执行关键的安全操作,在 SSF 与其他可信 IT 产品之间建立和维护的保护通信数据免遭修改和泄漏的通信路径。

(20)可信路径(Trusted Path)。为实现用户与 SSF 之间的可信通信,在 SSF 与用户之间建立和维护的保护通信数据免遭修改和泄漏的通信路径。

(21)公开用户数据(Published User Data)。信息系统中需要向所有用户公开的数据。该类数据需要进行完整性保护。

(22)内部用户数据(Internal User Data)。信息系统中具有一般使用价值或保密程度,需要进行一定保护的用户数据。该类数据的泄漏或破坏,会带来一定的损失。

(23)重要用户数据(Important User Data)。信息系统中具有重要使用价值或保密程度,需要进行重点保护的用户数据,该类数据的泄露或破坏,会带来较大的损失。

(24)关键用户数据(Key User Data)。信息系统中具有很高使用价值或保密程度,需要进行特别保护的用户数据,该类数据的泄漏或破坏,会带来重大损失。

(25)核心用户数据(Nuclear User Data)。信息系统中具有最高使用价值或保密程度,需要进行绝对保护的用户数据,该类数据的泄漏或破坏,会带来灾难性损失。

(26)容错(Tolerance)。通过一系列内部处理措施,将软、硬件所出现的错误消除掉,确保出错情况下 SSOIS 所提供的安全功能的有效性和可用性。

(27)服务优先级(Priority of Service)。通过对资源使用的有限控制策略,确保 SSOIS 中高优先级任务的完成不受低优先级任务的干扰和延误,从而确保 SSOIS 安全功能的安全性。

(28)资源分配(Resource Allocation)。通过对 SSOIS 安全功能控制范围内资源的合理管理和调度,确保 SSOIS 的安全功能不因资源使用方面的原因而受到影响。

(29)配置管理(Configuration Management,CM)。一种建立功能要求和规范的方法。该功能要求和规范是在 SSOIS 的执行中实现的。

(30)配置管理系统(Configuration Management System,CMS)。通过提供追踪任何变化,

以及确保所有修改都已授权的方法，确保 SSOIS 各部分的完整性。

(31)保护轮廓(Protection Profile,PP)。详细说明信息系统安全保护需求的文档，即通常的安全需求，一般由用户负责编写。

(32)安全目标(Security Target,ST)。阐述信息系统安全功能及信任度的文档，即通常的安全方案，一般由开发者编写。

(33)SSOIS 安全管理(SSOIS Security Management)。是指对与 SSOIS 安全相关方面的管理，包括对不同的管理角色和它们之间的相互作用(如能力的分离)进行规定，对分散在多个物理上分离的部件有关敏感标记的传播、SSF 数据和功能的修改等问题的处理。

(34)安全功能数据(Security Function Data)。安全子系统中各个安全功能模块实现其安全功能所需要的数据，如主、客体的安全属性，审计信息，鉴别信息等。

8.4.3 标准概念说明

为了明确标准涉及的各种概念，GB/T 20271-2006 中对上述术语和概念进行了进一步解释。

1. 组成与相互关系

信息安全保护是指信息的保密性、完整性和可用性(含可控性和不可否认性等)。信息系统安全保护包括信息系统的安全运行控制和对运行中的信息系统所存储、传输和处理的信息的安全保护。根据信息安全等级保护的总体要求，信息系统安全保护普遍适用的具体技术要求应从安全功能、安全保证和五个安全保护等级进行考虑。其相互关系如图 8-1 所示。

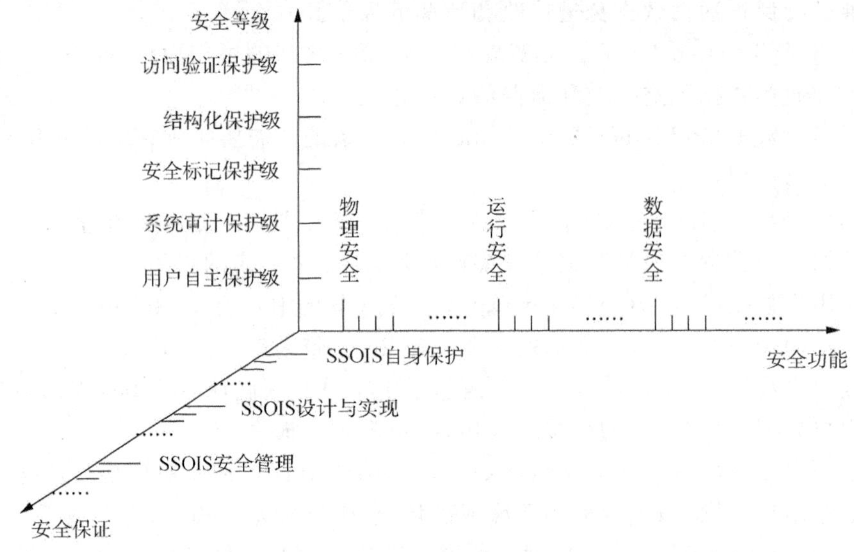

图 8-1 《信息系统通用安全技术要求》的组成与相互关系

标准的第 4 部分和第 5 部分在图 8-1 的基础上，列出了信息系统安全的安全功能技术要求以及安全保证技术要求，主要包括如下内容。

1)安全功能技术要求

(1)物理安全：包括环境安全、设备安全、记录介质安全。

(2)运行安全：包括风险分析、信息系统安全性检测分析、信息系统安全监控、安全审计、信息系统边界安全防护、备份与故障恢复、恶意代码防护、信息系统的应急处理以及可信计算和可信连接技术。

(3)数据安全:包括身份鉴别、抗抵赖、自主访问控制、标记、强制访问控制、用户数据完整性保护、用户数据保密性保护、数据流控制、可信路径和密码支持。

2)安全保证技术要求

(1)SSOIS 自身安全保护:包括 SSF 物理安全保护、SSF 运行安全保护、SSF 数据安全保护、SSOIS 资源利用以及 SSOIS 访问控制。

(2)SSOIS 设计和实现:包括配置管理、分发和操作、开发、文档要求、生存周期支持、测试以及脆弱性评定。

(3)SSOIS 安全管理:包括 SSF 功能的管理、安全属性的管理、SSF 数据的管理、安全角色的定义与管理以及 SSOIS 安全机制的集中管理。

2. 关于安全保护等级的划分

一个信息系统可能由多个计算机系统及其连接的网络和在其上运行的业务应用系统组成,可以包含多个操作系统和多个数据库系统,以及多个独立的网络产品,网络系统可能十分复杂。操作系统安全、数据库系统安全、网络安全、业务应用系统安全以及独立网络产品的安全,都可以单独作为一个独立的安全成分看待,只是它们的复杂程度不同而已。在对一个复杂的信息系统的安全保护等级进行划分时,通常需要对构成这个信息系统的操作系统、数据库管理系统、业务应用系统、网络系统和独立的网络产品的安全性进行全面考虑,选用所需要的安全保护等级的安全产品,并按木桶原理综合分析,确定对该信息系统安全保护等级的划分。

3. 关于主体、客体

在一个信息系统中,每一个实体成分都必须或者是主体,或者是客体,或者既是主体又是客体。

主体是一个主动的实体,它包括用户、用户组、终端、主机或进程。系统中最基本的主体应该是用户。系统中的所有事件要求,几乎全是由用户激发的。进程是系统中最活跃的实体,用户的所有事件要求都要通过进程的运行来处理。在这里,进程作为用户的客体,同时又是其访问对象的主体。

客体是一个被动的实体,它可以是按一定格式存储在一定记录介质上的数据信息,也可以是运行于某一网络节点上的进程。系统中最终的客体应该是记录介质及其信息。系统中的另一类实体,如进程,有着双重身份。当一个进程运行时,它必定为某 用户服务 直接或间接地处理该用户的事件要求。于是,该进程成为该用户的客体。系统中运行的任一进程,总是直接或间接为某一用户服务。这种服务关系可以构成一个服务链,最原始的主体是用户,最终的客体则是一定记录介质上的信息。

用户进程是固定为某一用户服务的,它在运行中代表该用户对客体资源进行访问,其权限应与所代表的用户相同(通过用户—主体绑定实现)。系统进程是动态地为所有用户提供服务的,因而它的权限是随着服务对象的变化而变化的,这就需要将用户的权限与为其服务的进程的权限动态地相关联(通过用户—主体绑定实现)。

4. 关于 SSOIS、SSF、SSP、SFP 及其相互关系

SSOIS、SSF、SSP、SFP 是本标准中的重要的概念。在信息系统中,SSOIS(信息系统安全子系统)是构成一个安全的信息系统的所有安全保护装置的组合体。一个 SSOIS 可以包含多个 SSF (SSOIS 安全功能模块),每个 SSF 是一个或多个 SFP(安全功能策略)的实现。SSP(SSOIS 安全功能策略)是这些 SFP 的总称,构成一个安全域,以防止不可信主体的干扰和篡改。实现

SSF 有两种方法，一种是设置前端过滤器，另一种是设置访问监控器。两者都是在一定硬件基础上通过软件实现确定的安全策略，并提供所要求的附加服务。在网络环境下，一个 SSOIS 可能跨网络实现，构成一个物理上分散、逻辑上统一的分布式 SSOIS。

5. 关于密码技术

密码技术已成为当今信息系统安全保护的关键技术。在不同安全保护等级中所采用的不同安全策略，应选取不同配置的密码技术作为构成数据安全保护的重要机制，或将密码技术与系统安全技术相结合，组成统一的安全机制。SSF 可以利用密码功能来满足一些特定的安全要求。这里主要是指由密码系统提供的以下支持：标识与鉴别、抗抵赖、传输数据加密保护、存储数据加密保护、传输数据的完整性保护、存储数据的完整性保护等。各个安全保护等级密码技术的具体配置由国家密码主管部门确定。

6. 关于信息安全技术等级和信息系统安全等级

信息安全技术泛指信息系统可以采用的所有安全技术，包括安全功能技术和安全保证技术。信息技术安全等级是根据安全功能技术和安全保证技术实现上的差异，参考国内外已有标准并结合我国当前信息系统安全的实际情况确定的。比如，身份鉴别技术，其功能是鉴别用户身份的真实性，其安全机制可以是“口令”鉴别、“数字证书”(如 IC 卡)鉴别，也可以是“生物特征”鉴别等。不同的识别机制所实现的身份鉴别功能会有不同的安全性，这种安全性还应有与之相匹配的安全保证技术来支持。于是，可以按照所采用的安全功能技术和安全保证技术的不同来划分身份鉴别技术的安全等级，以适应不同安全保护等级的信息系统的需要。信息系统安全等级是根据信息系统的安全需求、参照所采用的安全技术的等级确定的。信息系统安全通常是以子系统的形式体现的。安全子系统需要采用哪些安全技术是根据信息系统的安全需求确定的。以定性或定量分析的方法，对信息系统进行风险分析和评估，确定其风险等级和安全需求，按照本标准关于安全技术的等级划分，选取相应安全等级的安全技术，采用系统化的设计方法，构成一个完整的具有相应安全等级的安全子系统。这个安全子系统与信息系统共同组成具有相应安全等级的信息系统。

8.4.4 信息系统安全技术分等级要求

GB/T 20271-2006 的第 6 部分分别针对 GB 17859-1999 所规定的五个安全等级，给出了具体的安全功能技术要求和安全保证技术要求，包括物理安全、运行安全、数据安全、SSOIS 自身安全保护、SSOIS 设计和实现以及 SSOIS 安全管理几个方面。表 8-1 列出了安全功能技术要素与安全功能技术分等级要求的对应关系，表 8-2 则列出了安全保证技术要素与安全保证技术分等级要求的对应关系。

表 8-1 安全功能技术要素与安全功能技术分等级要求的对应关系

安全功能技术要求	安全保护等级				
	用户自主保护级	系统审计保护级	安全标记保护级	结构化保护级	访问验证保护级
1.1 物理安全	*	*	*	*	*
1.1.1 环境安全	*	*	*	*	*
1.1.1.1 中心机房安全保护	*	*	*	*	*
1.1.1.1.1 机房场地选择	*	*	*	*	*
a)基本要求	*	*			

续表

安全功能技术要求	安全保护等级				
	用户自主保护级	系统审计保护级	安全标记保护级	结构化保护级	访问验证保护级
b)防火要求			*	*	*
c)防污染要求			*	*	*
d)防潮及防雷要求			*	*	*
e)防震动和噪声要求			*	*	*
f)防强电场、磁场要求			*	*	*
g)防地震、水灾要求			*	*	*
h)位置要求			*	*	*
i)防公众干扰要求				*	*
1.1.1.1.2　机房内部安全防护	*	*	*	*	*
a)机房出入	*	*	*	*	*
b)机房物品	*	*	*	*	*
c)机房人员			*	*	*
d)机房分区			*	*	*
e)机房门禁			*	*	*
1.1.1.1.3　机房防火	*	*	*	*	*
a)建筑材料防火①	*	*			
b)建筑材料防火②			*		
c)建筑材料防火③				*	*
d)报警和灭火系统①	*	*			
e)报警和灭火系统②			*		
f)报警和灭火系统③		*		*	*
g)区域隔离防火		*	*	*	*
1.1.1.1.4　机房供、配电	*	*	*	*	*
a)分开供电	*	*	*	*	*
b)紧急供电①	*	*			
c)紧急供电②			*		
d)紧急供电③				*	*
e)备用供电			*	*	*
f)稳压供电		*	*	*	*
g)电源保护		*	*	*	*
h)小间断供电			*	*	*
i)电器噪声防护			*	*	*
j)突然事件防护					
1.1.1.1.5　机房空调、降温	*	*	*	*	*
a)基本温度要求	*	*			
b)较完备空调系统			*		
c)完备空调系统				*	*
1.1.1.1.6　机房防水与防潮	*	*	*	*	*
a)水管安装要求	*	*	*	*	*

续表

安全功能技术要求	安全保护等级				
	用户自主保护级	系统审计保护级	安全标记保护级	结构化保护级	访问验证保护级
b)水害防护	*	*	*	*	*
c)防水检测			*	*	*
d)排水要求				*	*
1.1.1.1.7 机房防静电	*	*	*	*	*
a)接地与屏蔽	*	*	*	*	*
b)服装防静电	*	*	*	*	*
c)温、湿度防静电	*	*	*	*	*
d)地板防静电			*	*	*
e)材料防静电			*	*	*
f)维修 MOS 电路保护				*	*
g)静电消除要求				*	*
1.1.1.1.8 机房接地与防雷击	*	*	*	*	*
a)接地要求	*	*	*	*	*
b)去耦、滤波要求	*	*	*	*	*
c)避雷要求	*	*	*	*	*
d)防护地与屏蔽地要求			*	*	*
e)交流电源地线要求				*	*
1.1.1.1.9 机房电磁防护	*	*	*	*	*
a)接地防干扰	*	*	*	*	*
b)屏蔽防干扰	*	*	*	*	*
c)距离防干扰	*	*	*	*	*
d)电磁泄漏发射防护			*	*	*
e)介质保护			*	*	*
f)机房屏蔽				*	*
1.1.1.2 通信线路的安全防护	*	*	*	*	*
a)确保线路畅通	*	*	*	*	*
b)发现线路截获			*	*	*
c)及时发现线路截获				*	*
d)防止线路截获				*	*
1.1.2 设备安全	*	*	*	*	*
1.1.2.1 设备的防盗和防毁	*	*	*	*	*
a)设备标记要求	*	*	*	*	*
b)计算中心防盗①	*	*			
c)计算中心防盗②			*		
d)计算中心防盗③				*	*
e)机房外部设备防盗			*	*	*
1.1.2.2 设备的安全可用	*	*	*	*	*
a)基本运行支持	*	*	*	*	*

续表

安全功能技术要求	安全保护等级				
	用户自主保护级	系统审计保护级	安全标记保护级	结构化保护级	访问验证保护级
b)设备可用			*	*	*
c)设备不间断运行				*	*
1.1.3 记录介质安全	*	*	*	*	*
a)公开数据介质保护	*				
b)内部数据介质保护		*			
c)重要数据介质保护			*		
d)关键数据介质保护				*	
e)核心数据介质保护					*
1.2 运行安全	*	*	*	*	*
1.2.1 风险分析	*	*	*	*	*
1.2.2 信息系统安全性检测分析	*	*	*	*	*
a)操作系统安全性检测分析	*	*	*	*	*
b)数据库管理系统安全性检测分析	*	*	*	*	*
c)网络系统安全性检测分析		*	*	*	*
d)应用系统安全性检测分析		*	*	*	*
e)硬件系统安全性检测分析		*	*	*	*
f)攻击性检测分析				*	*
1.2.3 信息系统安全监控			*	*	*
a)安全探测机制			*	*	*
b)安全监控中心			*	*	*
1.2.4 安全审计		*	*	*	*
1.2.4.1 安全审计的响应		*	*	*	*
a)记审计日志		*	*	*	*
b)实时报警生成			*	*	*
c)违例进程终止				*	*
d)服务取消					*
e)用户账号断开与失效					*
1.2.4.2 安全审计数据产生		*	*	*	*
1.2.4.3 安全审计分析		*	*	*	*
a)潜在侵害分析		*	*	*	*
b)基于异常检测的描述			*	*	*
c)简单攻击探测				*	*
d)复杂攻击探测					*
1.2.4.4 安全审计查阅		*	*	*	*
a)基本审计查阅		*	*	*	*
b)有限审计查阅		*	*	*	*
c)可选审计查阅			*	*	*
1.2.4.5 安全审计事件选择		*	*	*	*
1.2.4.6 安全审计事件存储		*	*	*	*
a)受保护的审计踪迹存储		*	*	*	*
b)审计数据的可用性确保			*	*	*

续表

安全功能技术要求	安全保护等级				
	用户自主保护级	系统审计保护级	安全标记保护级	结构化保护级	访问验证保护级
c)在审计数据可能丢失情况下的措施				*	*
d)防止审计数据丢失					*
1.2.4.7 网络环境安全审计与评估			*	*	*
1.2.5 信息系统边界安全防护	*	*	*	*	*
a)基本安全防护	*				
b)较严格安全防护		*			
c)严格安全防护			*		
d)最高安全防护				*	*
1.2.6 备份与故障恢复	*	*	*	*	*
a)用户自我信息备份与恢复	*	*	*	*	*
b)增量信息备份与恢复	*	*	*	*	*
c)局部系统备份与恢复		*	*	*	*
d)设备备份与容错		*	*	*	*
e)网络备份与容错			*	*	*
f)全系统备份与恢复			*	*	*
g)灾难备份与恢复				*	*
1.2.7 恶意代码防护	*	*	*	*	*
a)严格管理	*	*	*	*	*
b)网关防护		*	*	*	*
c)整体防护			*	*	*
d)防管结合				*	*
e)多层防御				*	*
1.2.8 信息系统应急处理	*	*	*	*	*
a)具有各种安全措施	*	*	*	*	*
b)设置正常备份机制		*	*	*	*
c)健全安全管理机构			*	*	*
d)建立处理流程图				*	*
1.3 数据安全	*	*	*	*	*
1.3.1 身份鉴别	*	*	*	*	*
1.3.1.1 用户标识与鉴别	*	*	*	*	*
1.3.1.1.1 用户标识	*	*	*	*	*
a)基本标识	*	*	*	*	*
b)唯一标识		*	*	*	*
c)标识信息管理	*	*	*	*	*
1.3.1.1.2 用户鉴别	*	*	*	*	*
a)基本鉴别	*	*	*	*	*
b)不可伪造鉴别		*	*	*	*
c)一次性使用鉴别			*	*	*
d)多机制鉴别				*	*
e)重新鉴别				*	*
f)鉴别信息管理	*	*	*	*	*

续表

安全功能技术要求	安全保护等级				
	用户自主保护级	系统审计保护级	安全标记保护级	结构化保护级	访问验证保护级
1.3.1.1.3　鉴别失败处理	*	*	*	*	*
1.3.1.2　用户-主体绑定	*	*	*	*	*
1.3.1.3　隐秘				*	*
1.3.1.4　设备标识与鉴别				*	*
1.3.1.4.1　设备标识				*	*
a)接入前标识				*	*
b)标识信息管理				*	*
1.3.1.4.2　设备鉴别				*	*
a)接入前鉴别				*	*
b)不可伪造鉴别				*	*
c)鉴别信息管理				*	*
1.3.1.4.3　鉴别失败处理				*	*
1.3.2　抗抵赖			*	*	*
1.3.2.1　抗原发抵赖			*	*	*
a)选择性原发证明			*		
b)强制性原发证明				*	*
1.3.2.2　抗接收抵赖			*	*	*
a)选择性接收证明			*		
b)强制性接收证明				*	*
1.3.3　自主访问控制	*	*	*	*	*
1.3.3.1　访问控制策略	*	*	*	*	*
1.3.3.2　访问控制功能	*	*	*	*	*
1.3.3.3　访问控制范围	*	*	*	*	*
a)子集访问控制	*	*	*		
b)完全访问控制				*	*
1.3.3.4　访问控制粒度	*	*	*	*	*
a)粗粒度	*				
b)中粒度	*	*	*	*	
c)细粒度					*
1.3.4　标记			*	*	*
1.3.4.1　主体标记			*	*	*
1.3.4.2　客体标记			*	*	*
1.3.4.2　标记的输出			*	*	*
a)不带敏感标记的用户数据输出			*	*	*
b)带有敏感标记的用户数据输出			*	*	*
1.3.4.3　标记的输入			*	*	*
a)小带敏感标记的用户数据输入			*	*	*
b)带有敏感标记的用户数据输入				*	*
1.3.5　强制访问控制			*	*	*
1.3.5.1　访问控制策略			*	*	*
1.3.5.2　访问控制功能			*	*	*

续表

安全功能技术要求	安全保护等级				
	用户自主保护级	系统审计保护级	安全标记保护级	结构化保护级	访问验证保护级
1.3.5.3 访问控制范围			*	*	*
a)子集访问控制			*		
b)完全访问控制				*	*
1.3.5.4 访问控制粒度			*	*	*
a)中粒度			*	*	
b)细粒度					*
1.3.5.5 访问控制环境			*	*	*
1.3.6 用户数据完整性保护	*	*	*	*	*
1.3.6.1 存储数据的完整性		*			
a)完整性检测		*	*	*	*
b)完整性检测和恢复			*	*	*
1.3.6.2 传输数据的完整性	*	*	*	*	*
a)完整性检测	*	*	*	*	*
b)数据交换恢复			*	*	*
1.3.6.3 处理数据的完整性		*	*	*	*
1.3.7 用户数据保密性保护		*	*	*	*
1.3.7.1 存储数据保密性保护		*	*	*	*
1.3.7.2 传输数据保密性保护		*	*	*	*
1.3.7.3 客体安全重用		*	*	*	*
a)子集信息保护		*	*		
b)完全信息保护				*	
c)特殊信息保护					*
1.3.8 数据流控制			*	*	*
1.3.9 可信路径				*	*
1.3.10 密码支持	*	*	*	*	*

注:“*”号表示具有该要求。每个安全保护等级的具体要求可能不同,详见标准中的描述。

表 8-2 安全保证技术要素与安全保证技术分等级要求的对应关系。

安全保证技术要求	安全保护等级				
	用户自主保护级	系统审计保护级	安全标记保护级	结构化保护级	访问验证保护级
2.1 SSOIS 自身安全保护	*	*	*	*	*
2.1.1 SSF 物理安全保护	*	*	*	*	*
2.1.1.1 物理攻击的被动检测	*	*	*	*	*
2.1.1.2 物理攻击的自动报告			*	*	*
2.1.1.3 物理攻击抵抗				*	*
2.1.2 SSF 运行安全保护	*	*	*	*	*
2.1.2.1 安全运行的测试	*	*	*	*	*
2.1.2.2 失败保护	*	*	*	*	*
2.1.2.3 重放检测			*	*	*
2.1.2.4 参照仲裁			*	*	*

续表

安全保证技术要求	安全保护等级				
	用户自主保护级	系统审计保护级	安全标记保护级	结构化保护级	访问验证保护级
2.1.2.5　域分离			*	*	*
a)SSF 域分离			*	*	*
b)SFP 域分离				*	*
2.1.2.6　状态同步协议			*	*	*
a)简单的可信回执			*		
b)相互的可信回执				*	*
2.1.2.7　可信时间戳			*	*	*
2.1.2.8　可信恢复					*
2.1.2.9　SSF 自检			*	*	*
2.1.3　SSF 数据安全保护	*	*	*	*	*
2.1.3.1　输出 SSF 数据的可用性			*	*	*
2.1.3.2　输出 SSF 数据的保密性			*	*	*
2.1.3.3　输出 SSF 数据的完整性			*	*	*
a)SSF 间修改的检测			*	*	*
b)SSF 间修改的改正				*	*
2.1.3.4　SSOIS 内 SSF 数据传输保护	*	*	*	*	*
a)基本传输保护	*	*	*	*	*
b)数据分离传输			*	*	*
c)数据完整性保护			*	*	*
2.1.3.5　SSF 间的 SSF 数据的一致性		*	*	*	*
2.1.3.6　SSOIS 内 SSF 数据复制的一致性			*	*	*
2.1.3.7　用户与 SSF 间可信路径				*	*
2.1.3.8　SSF 间可信信道					*
2.1.4　SSOIS 资源利用	*	*	*	*	*
2.1.4.1　容错	*	*	*	*	*
a)降级容错	*	*	*	*	*
b)受限容错			*	*	*
2.1.4.2　服务优先级	*	*	*	*	*
a)有限服务优先级	*	*			
b)全部服务优先级			*	*	*
2.1.4.3　资源分配	*	*	*	*	*
a)最大限额	*	*			
b)最小和最大限额			*	*	*
2.1.5　SSOIS 访问控制	*	*	*	*	*
a)SSOIS 会话建立	*	*	*	*	*
b)可选属性范围限定	*	*	*	*	*
c)多重并发会话限定	*	*	*	*	*
d)SSOIS 访问历史		*	*	*	*
e)会话锁定			*	*	*
2.2　SSOIS 设计和实现	*	*	*	*	*
2.2.1　配置管理	*	*	*	*	*

续表

安全保证技术要求	安全保护等级				
	用户自主保护级	系统审计保护级	安全标记保护级	结构化保护级	访问验证保护级
2.2.1.1　配置管理能力	*	*	*	*	*
a)版本号	*	*	*	*	*
b)配置项			*	*	*
c)授权控制			*	*	*
d)生成支持和验收过程				*	*
e)进一步的支持					*
2.2.1.2　配置管理自动化			*	*	*
a)部分 CM 自动化			*	*	
b)完全 CM 自动化					*
2.2.1.3　配置管理范围		*	*	*	*
a)SSOIS 配置管理范围		*			
b)问题跟踪配置管理范围			*		
c)开发工具配置管理范围				*	*
2.2.2　分发和操作	*	*	*	*	*
2.2.2.1　分发	*	*	*	*	*
a)分发过程	*	*			
b)修改检测			*		
c)修改防止				*	*
2.2.2.2　操作(安装、生成和启动)	*	*	*	*	*
a)安装、生成和启动过程	*	*	*	*	*
b)日志生成		*	*	*	*
2.2.3　开发	*	*	*	*	*
2.2.3.1　功能设计	*	*	*	*	*
a)非形式化功能设计	*				
b)完全定义的外部接口		*	*		
c)　半形式化功能设计				*	
d)形式化功能设计					*
2.2.3.2　安全策略模型化		*	*	*	*
a)非形式化 SSOIS 安全策略模型		*	*		
b)半形式化 SSOIS 安全策略模型				*	
c)形式化 SSOIS 安全策略模型					*
2.2.3.3　高层设计	*	*	*	*	*
a)描述性高层设计	*	*			
b)安全加强的高层设计			*		
c)半形式化高层设计				*	
d)形式化高层设计					*
2.2.3.4　低层设计	*	*	*	*	*
a)描述性低层设计	*	*	*		
b)半形式化低层设计				*	
c)形式化低层设计					
2.2.3.5　SSF 内部结构	*	*	*	*	*

续表

安全保证技术要求	安全保护等级				
	用户自主保护级	系统审计保护级	安全标记保护级	结构化保护级	访问验证保护级
a)模块化	*	*	*		
b)层次化		*	*	*	*
c)复杂度最小化	*	*	*	*	*
2.2.3.6 实现表示	*	*	*	*	*
a)SSF 子集实现	*	*	*		
b)SSF 完全实现			*	*	*
c)SSF 的结构化实现	*	*	*	*	*
2.2.3.7 表示的对应性	*	*	*	*	*
a)非形式化对应性说明	*	*	*	*	
b)半形式化对应性说明				*	
c)形式化对应性说明					*
2.2.4 文档要求	*	*	*	*	*
2.2.4.1 安全管理员指南	*	*	*	*	*
2.2.4.2 用户指南	*	*	*	*	*
2.2.5 生存周期支持	*	*	*	*	*
2.2.5.1 开发安全		*	*	*	*
a)安全措施的说明		*	*		
b)安全措施的充分性				*	*
2.2.5.2 缺陷纠正			*	*	*
a)基本缺陷纠正			*		
b)缺陷报告				*	
c)有组织的缺陷纠正					*
2.2.5.3 生存周期定义	*	*	*	*	*
a)开发者定义的生存周期模型	*	*			
b)标准生存周期模型			*	*	
c)可测量的生存周期模型					*
2.2.5.4 工具和技术		*	*	*	*
a)明确定义的开发工具		*	*		
b)遵照实现标准-应用部分				*	
c)遵照实现标准-所有部分					*
2.2.6 测试	*	*	*	*	*
2.2.6.1 范围		*	*	*	*
a)范围的证据		*	*	*	*
b)范围分析		*	*		
c)严格的范围分析				*	*
2.2.6.2 测试深度		*	*	*	*
a)高层设计测试		*	*	*	*
b)低层设计测试			*	*	*
c)实现表示测试				*	*
2.2.6.3 功能测试	*	*	*	*	*
a)一般功能测试	*	*			

续表

安全保证技术要求	安全保护等级				
	用户自主保护级	系统审计保护级	安全标记保护级	结构化保护级	访问验证保护级
b)顺序的功能测试			*	*	*
2.2.6.4　独立性测试	*	*	*	*	*
a)相符性独立测试	*	*	*	*	*
b)抽样独立性测试			*	*	
c)完全独立性测试					*
2.2.7　脆弱性评定		*	*	*	*
2.2.7.1　隐蔽信道分析				*	*
a)一般性隐蔽信道分析				*	
b)严格隐蔽信道分析					*
2.2.7.2　防止误用		*	*	*	*
a)文档检查		*	*	*	*
b)分析确认			*	*	*
c)对安全状态的检测和分析				*	*
2.2.7.3　SSOIS 安全功能强度评估		*	*	*	*
2.2.7.4　脆弱性分析		*	*	*	*
a)开发者脆弱性分析		*			
b)独立脆弱性分析			*		
c)中级抵抗力				*	
d)高级抵抗力					*
2.3　SSOIS 安全管理	*	*	*	*	*
2.3.1　SSF 功能的管理	*	*	*	*	*
2.3.2　安全属性的管理		*	*	*	*
a)管理安全属性		*	*	*	*
b)安全的安全属性		*	*	*	*
c)静态属性初始化		*	*	*	*
d)安全属性终止		*	*	*	*
e)安全属性撤销		*	*	*	*
2.3.3　SSF 数据的管理		*	*	*	*
a)管理 SSF 数据		*	*	*	*
b)SSF 数据界限的管理		*	*	*	*
c)安全的 SSF 数据			*	*	*
2.3.4　安全角色的定义与管理			*	*	*
a)安全角色的定义			*	*	*
b)安全角色的限制			*	*	*
c)安全角色的担任			*	*	*
2.3.5　SSOIS 安全机制集中管理			*	*	*

注:“*”号表示具有该要求。每个安全保护等级的具体要求可能不同,详见标准中的描述。

习　题

1. 我国计算机信息系统安全等级保护主要包括哪些标准?
2. GB 17859-1999 定义了哪几个安全保护能力等级?

3. 计算机信息系统可信计算基的含义是什么?
4. 分析 GB 17859-1999 中各个等级包含哪些相同的内容。
5. 简述 GB/T 20269-2006 中对完整性的定义。
6. 简述 GB/T 20269-2006 中定义的信息系统安全管理的原则。
7. GB/T 20269-2006 中,信息系统安全管理所包括的要素和强度包括哪些要点?
8. 简述信息系统安全通用技术要求的组成与相互关系。
9. GB/T 20271-2006 中对每个安全等级给出了哪几个方面的安全功能技术要求和安全保证技术要求?
10. 查阅资料,分析我国的信息安全等级保护标准和相关国际标准的联系。

第 3 部分　信息安全法律法规

第9章　信息安全法律法规概况

9.1　国际信息安全法律法规概况

为保护本国信息的安全，维护国家的利益，各国政府对信息安全非常重视，指定政府有关机构主管信息安全工作。从20世纪80年代开始，世界各国陆续加强了计算机安全的立法工作。

9.1.1　美国信息安全法律法规概况

美国作为当今世界信息大国，不仅信息技术具有国际领先水平，有关信息安全的立法活动进行得也较早。因此，与其他国家相比，美国无疑是信息安全方面的法案最多而且较为完善的国家。美国的国家信息安全机关除人们所熟知的国家安全局（NSA）、中央情报局（CIA）、联邦调查局（FBI）外，1996年成立了总统关键设施保护委员会，1998年成立了国家设施保护中心，以及国家计算机安全中心、设置威胁评估中心。美国早在1987年就再次修订了计算机犯罪法。该法早在20世纪80年代末至20世纪90年代初就被作为美国各州制定其他地方法规的依据，这些地方法规确立了计算机服务盗窃罪、侵犯知识产权罪、破坏计算机设备或配置罪、计算机欺骗罪、通过欺骗获得电话或电话服务罪、计算机滥用罪、计算机错误访问罪、非授权的计算机使用罪等罪名。美国现已确立的有关信息安全的法律有信息自由法、个人隐私法、反腐败行径法、伪造访问设备和计算机欺骗滥用法、电子通信隐私法、计算机欺骗滥用法、计算机安全法和电讯法等。其中，电讯法是1996年为了适应信息化的发展对20世纪30年代的原有法律进行全面修订而制定的全新法律，它综合了以往分别进行管理的广播、电视、通信和计算机等内容，部分内容体现了试图查禁色情贩子肆无忌惮地在网络空间散播淫秽资讯的活动，保护儿童和少年的身心健康的目的。《正当通信法令》于1996年2月颁布，但一些传媒机构和民权团体却以该法令违反了宪法授予的资讯自由为由，要求最高法院裁决。最高法院于同年6月推翻了该法令，使得联邦政府管制色情资讯的努力遭到重大挫折。这一事件表明人们的认识还存在很大的差异，在美国式的民主制度下，Internet的法制管理困难尚多。

国外关于信息安全法律问题的研究起步也比较早，相对完善一些。这一点可以从国外尤其是美国的信息安全法律制度的完善方面得到印证。美国联邦政府在信息安全方面的法律最主要的是1987年经美国第100届国会通过，1988年开始实施的第100-255号公法，即《1987年计算机安全法》。到目前为止，美国已确立的有关信息安全的法律包括计算机安全法、正当通信法、信息自由法、个人隐私法、反腐败行径法、伪造访问设备和计算机欺骗滥用法、电讯法、互联网网络完备性及关键设备保护法案等。

网络环境下的信息泄密是网络信息在存储、传播、使用或者获取的时候被其他人非法取得的过程。网络信息泄密主要涉及三个方面：个人隐私信息、企业商业秘密以及国家秘密、国家安全信息等的泄露。美国联邦立法中有关防范和制止信息泄密的法律主要有《电子通信隐私法》（Electronic Communications Privacy Act，ECPA）、《统一商业秘密法》（Uniform Trade Secrets Act，UTSA）和《计算机欺诈和滥用防止法》（Computer Fraud and Abuse Act，CFAA）。

信息破坏主要是指制造和传播恶意程序破坏计算机所存储的信息和程序，甚至破坏计算机硬件的行为。美国联邦法律对计算机和网络信息系统安全作了专门的规定。根据《计算机欺诈和滥用防止法》(CFAA)，受该法保护的计算机的范围不仅限于国家事务、国防建设、尖端科学技术领域，而是任何用于州际或者国际间的通信和贸易的计算机，从而确立了违反该法的民事、刑事责任。

信息侵权就是对信息产权的侵犯。网络环境下的信息内容和传统的信息相比有很大的不同，主要表现在信息内容的扩展、信息载体的变化、信息传递方式的增加，由此也就带来了传统知识产权保护手段难以解决的问题。美国有关信息侵权方面的联邦法律主要是《数字千年版权法》(The Digital Millennium Copyright Act，DMCA)。DMCA保护网络知识产权的主要手段是保障网络知识产权的所有人对其拥有所有权的网络知识产权作品设置的加密技术手段，防止任何人绕开该加密手段侵害网络知识产权。

信息污染是指无用信息、劣质信息或者有害信息渗透到信息资源中，对信息资源的收集、开发和利用造成干扰，甚至对用户和国家产生危害。美国国会在1998年通过的《儿童在线保护法》(Child Online Protection Act，COPA)规定经营者应对对未成年人有害的内容采取一定的措施予以控制，使之不能为未成年人所接触，否则需要承担一定的责任。2000年12月15日通过的《儿童互联网保护法》(Children's Internet Protection Act)规定中小学、图书馆等社会公共组织具有安装有害信息过滤和阻碍技术设备的义务，综合全社会力量共同抵御色情信息对未成年人的侵扰。

9.1.2 欧洲信息安全法律法规概况

欧洲共同体是一个在欧洲范围内具有较强影响力的政府间组织。为在共同体内正常地进行信息市场运作，该组织在诸多问题上具体包括竞争(反托马斯)法，产品责任、商标和广告规定，知识产权保护，保护软件、数据和多媒体产品及在线版权，数据跛扈，跨境电子贸易，税收和司法问题等。建立了一系列法律，这些法律若与其成员国原国家法律相矛盾，则必须以共同体的法律为准(1996年公布的国际市场商业绿皮书对上述问题有详细表述)。

其成员国从20世纪70年代末到80年代初，先后制定并颁布了各自有关数据安全的法律。

德国是欧洲信息技术最发达的国家，其电子信息和通信服务已涉及该国所有经济和生活领域。由于Internet在电子信息和通信服务行业中的重要性，德国政府在其发展的初始阶段即对其立法进行规范。1996年夏，德国政府颁布了《信息和通信服务规范法》，即《多媒体法》，并成立了联邦信息技术安全局，依法对网络进行管理。此外，该国政府通过了电讯服务数据保护法，并依据发展信息和通信服务的需要对刑法法典、治安法、传播危害青少年文字法、著作权法和报价法作了必要的修改和补充。《多媒体法》于1997年6月13日在联邦议会获得通过，1997年8月1日生效。该法为电子信息和通信服务的各种利用可能性规定了统一的经济框架条件，适用于所有私人利用信号、图像、声音等数据而提供的、通过电子传输的电子信息和通信服务(电讯服务)。在该法法律范围内，享用电讯服务不需经过批准和登记。法律规定：服务提供者根据一般法律对自己提供的内容负责；若提供的是他人的内容，服务提供者只有在了解这些内容、在技术上有可能阻止其传播的情况下对内容负责；在服务者的途径中传播他人提供的内容，服务者不对该内容负责；根据用户要求自动和短时间地提供他人的内容的是传播途径的中介；若服务提供者在不违背电讯法有关保守电讯秘密的规定的情况下了解这些内容，在技术上有可能阻止且进行阻止不超过其承受能力，则有义务按一般法律阻止利用违法的内容。德国在保障网络安全方面起步较早，在1996年就通过了《信息安全法》，并成立了联邦信息技术安全局。该法对网上安全、个人自由和隐私权作了一系列界定，而信息技术安全局配合内政部和刑警局进行“技术执法”。在技术上加强预防性和前瞻性研究，向企业和个人普及信息安全意识，推广安全技术标准等已成为德国的通行做法。因此，虽然德国近年来小规模的公司网站被袭事件并不少，但尚未发生造成惨重损失的黑客袭击事件。

法国作为欧洲大陆的主要国家之一，在Internet的使用上却起步较晚。此前，它使用的是自建的一套商业电讯系统。在意识到Internet的重要性及其存在的问题之后，法国政府积极地关注Internet的发展并制定了有关法律。1996年6月，法国邮电、电讯及空间部部长级代表Fra Ncis Fillon对一部有关通信自由的法律进行补充并提出《Fillon修正案》。该案根据互联网的特点，为在互联网从业人员和用户之间自律解决互联网带来的有关问题提出以下三方面措施：①迫使用于上网服务的网络信道提供者向客户提供封锁某些信道的软件设备，从而使成年人通过技术控制对未成年人负责；②建立一个委员会负责制定上网服务的职业规范，对被告发的服务提出处理意见，特别是负责原由网络信息委员会管辖的终端视讯服务；③若网络信道提供者违反技术规定，为进入已存异议的网络提供信道，或在知情的情况下为被控告的服务进入网络提供信道，则追究其刑事责任。

英国政府为了打击网上犯罪活动，采取了以下一些监管措施：加强法律规范，加大打击力度；对网络提供者提出具体、严格的要求；网络监察部门对网上内容进行合法性鉴别；对网上非法资料做出严肃处理；加强研究开发工作，研制适合国情的监控软件和电子设备。1996年以前，英国主要依据《黄色出版物法》、《青少年保护法》、《录像制品法》、《禁止滥用电脑法》和《刑事司法与公共秩序修正条例》惩处利用电脑和互联网网络进行犯罪的行为。1996年9月23日，英国政府颁布了第一个网络监管行业性法规《三R安全规则》。“三R”分别代表分级认定、举报告发、承担责任。该法规旨在从网络上消除儿童色情内容和其他有害信息，对提供网络服务的机构、终端用户和编发信息的网络新闻组，尤其对网络提供者作出了明确的职责分工。

9.1.3 亚洲信息安全法律法规概况

新加坡广播管理局（SBA）1996年7月11日宣布对互联网络实行管制，宣布实施分类许可证制度。该制度于1996年7月15日生效。它是一种自动取得许可证的制度，目的是鼓励正当使用互联网络，促进其在新加坡的健康发展。它依据计算机空间的最基本标准谋求保护网络用户，尤其是年轻人，使其免受非法和不健康的信息传播之害。为减少许可证持有者的经营与管理负担，规定凡遵循分类许可证规定的服务均被认为自动取得了执照。分类许可证涉及互联网络服务提供商（ISP）和互联网络内容提供商（ICP），并将前者分为互联网络连接服务商（IASP）、定点网络服务转售商和非定点网络服务转售商。互联网络管理的成功与否取决于产业界的自我管理和公众的配合程度。为帮助SBA确定最佳管理体制，新加坡新闻与艺术部还将成立一个“全国互联网络咨询委员会”，以便处理有关互联网络和电子信息服务的事务。

日本通产省已经编制出一套准则，防止越权访问计算机网络。建议计算机使用者避免以出生日期和电话号码作为口令，并定期变更口令。该部门提出应像防止计算机病毒的扩散一样，防止黑客对网上数据的窃取、替换及破坏。日本政府从2001年2月13日起正式实施《关于禁止不正当存取行为的法律》，加强了对黑客等不正当行为的处罚。为防止少数人利用电子邮件发送垃圾广告、进行网络欺诈、散发反动或色情信息、传播病毒木马等，避免本国成为垃圾邮件发送者的“避风港”，2002年4月，日本颁发了《特定电子邮件法》。同年7月，日本又颁发了《反垃圾邮件法》。2003 年，总务省宣布以立法的形式禁止用户擅自接收无线局域网的通信数据或破解其加密信息，并在现行《电波法》中增加了对此类行为的处罚条款，擅自窃听加密通信用户的通信，并对加密信息进行破解的行为将受到法律制裁。2003 年，日本正式制定了《个人情报保护法》。为打击网络色情犯罪，净化网络空间，2003 年 9 月 13 日，日本实施了《交友类网站限制法》，旨在为未成年人提供更安全、更健康的网络环境。

9.2 我国现有信息安全相关法律法规

我国已初步建成了国家信息安全组织保障体系，国务院信息办专门成立了网络与信息安全领导小组，各省、市、自治区也相继设立了相应的管理机构。迄今为止已制定了一批重要的与信息安全相关的法律法规，这些法律法规可以分为国家法律、行政法规、部门规章与规范性文件、地方法律法规四大类。

主要的信息安全国家法律有：

(1)中华人民共和国保守国家秘密法；

(2)中华人民共和国标准化法；

(3)中华人民共和国产品质量法；

(4)中华人民共和国反不正当竞争法；

(5)中华人民共和国国家安全法；

(6)中华人民共和国人民警察法；

(7)中华人民共和国宪法(摘录)；

(8)中华人民共和国刑法(摘录)；

(9)中华人民共和国刑事诉讼法；

(10)中华人民共和国行政处罚法；

(11)中华人民共和国著作权法；

(12)中华人民共和国专利法；

(13)中华人民共和国海关法；

(14)中华人民共和国商标法；

(15)维护互联网安全的决定。

主要的信息安全行政法规有：

(1)《中华人民共和国产品质量认证管理条例》；

(2)国务院第 147 号令——《中华人民共和国计算机信息系统安全保护条例》；

(3)国务院第 195 号令——《中华人民共和国计算机信息网络国际联网管理暂行规定》；

(4)国务院第 195 号令——《中华人民共和国计算机信息网络国际联网管理暂行规定实施办法》；

(5)国务院第 273 号令——《商用密码管理条例》；

(6)国务院第 291 号令——《中华人民共和国电信条例》；

(7)国务院第 84 号令——《计算机软件保护条例》；

(8)国务院第 292 号令——《互联网信息服务管理办法》；

(9)中华人民共和国计算机信息网络国际联网管理暂行办法(1996 年 2 月 1 日中华人民共和国国务院第 195 号令发布，根据 1997 年 5 月 20 日《国务院关于修改〈中华人民共和国计算机信息网络国际联网管理暂行规定〉的决定》修正)。

主要的信息安全部门规章与规范性文件有:

1. 公安部

(1)第32号令—《计算机信息系统安全产品检测和销售许可证管理办法》;

(2)第33号令—《计算机信息网络国际联网安全保护管理办法》;

(3)第51号令—《计算机病毒防治管理办法》;

(4)中华人民共和国公共安全行业标准——计算机信息系统安全专用产品分类原则;

(5)关于对《中华人民共和国计算机信息系统安全保护条例》中涉及的“有害数据”问题的批复。

2. 国家保密局

计算机信息系统国际联网保密管理规定。

3. 国务院新闻办公室

互联网站从事登载新闻业务管理暂行规定。

4. 中国互联网络信息中心

(1)CNNIC—中文域名争议解决办法;

(2)CNNIC—中文域名注册管理办法。

5. 新闻出版署

(1)新闻出版署令第11号—电子出版物管理规定(1998年1月1日起施行);

(2)关于实施《电子出版物管理暂行规定》若干问题的通知。

6. 信息产业部

(1)第3号令——《互联网电子公告服务管理规定》;

(2)第5号令——《软件产品管理办法》;

(3)信息产业部——电信网间互联管理暂行规定;

(4)信息产业部——关于互联网中文域名管理的通告;

(5)信息产业部——计算机信息系统集成资质管理办法;

(6)信息产业部——软件企业认定标准及管理办法(试行);

(7)信息产业部——关于处理恶意占用域名资源行为的批复;

(8)信息产业部——互联网上网服务营业场所管理办法;

(9)邮电部——《计算机信息网络国际联网出入口信道管理办法》;

(10)邮电部——《通信建设市场管理办法》;

(11)邮电部——《通信行政处罚程序暂行规定》;

(12)邮电部——《中国公共计算机互联网国际联网管理办法》;

(13)邮电部——《中国公众多媒体通信管理办法》;

(14)邮电部——《中国金桥信息网公众多媒体信息服务管理办法》。

7. 国家秘密管理委员会办公室

国家密码管理委员会办公室公告(第一号)。

8. 中华人民共和国国家科学技术委员会

科学技术保密规定。

9. 最高人民法院

(1)关于审理骚扰电信市场管理秩序案件具体应用法律若干问题的解释;

(2)最高人民法院关于审理涉及计算机网络域名民事纠纷案件适用法律若干问题的解释；

(3)最高人民法院关于审理扰乱电信市场管理秩序案件具体应用法律若干问题的解释(2000年)。

10. 广电总局

广电总局——关于加强通过信息网络向公众广播电影电视类节目管理的通告。

11. 国务院信息办

(1)国务院信息办——中国互联网络域名注册实施细则；

(2)国务院信息办——中国互联网络域名注册暂行管理办法。

12. 教育部

教育网站和网校暂行管理办法。

13. 证监会

网上证券委托暂行管理办法。

主要的地方信息安全法律法规有：

(1)广东省技术秘密保护条例，1999年3月7日广东省九届人大颁布；

(2)广东省电子政务信息安全管理暂行办法，2003年6月24日广东省人民政府发布；

(3)深圳经济特区企业技术秘密保护条例，1996年1月1日深圳市第四届人民代表大会常务委员会发布。

习 题

1. 美国对于信息泄密方面的主要法律规定是什么？
2. 我国现有的信息安全相关法律法规可以分为哪几类？
3. 网络信息泄密涉及哪几个方面？
4. 美国在信息安全方面最主要的法律是什么？
5. 美国哪部法律规定中小学、图书馆等社会公共组织具有安装有害信息过滤和阻碍技术设备的义务？
6. 德国哪部法律对网上安全、个人自由和隐私权作了一系列界定？
7. 英国政府颁布的第一个网络监管行业性法规是什么？
8. 新加坡广播管理局分类许可证制度于何时生效？
9. 为加强对黑客等不正当行为的处罚，日本政府颁布了什么法律？
10. 为打击网络色情犯罪，净化网络空间，日本政府颁布了什么法律？

第 10 章 信息安全国家法律

10.1 中华人民共和国保守国家秘密法

1988 年 9 月 5 日，中华人民共和国主席杨尚昆颁布了《中华人民共和国保守国家秘密法》。该法由中华人民共和国第七届全国人民代表大会常务委员会第三次会议通过，自 1989 年 5 月 1 日起施行，同时废止于 1951 年 6 月公布的《保守国家机密暂行条例》。

2010 年 10 月 1 日，中华人民共和国主席胡锦涛颁布了中华人民共和国主席令(第二十八号)，对 1988 年通过的《中华人民共和国保守国家秘密法》进行了修订。

10.1.1 目的和宗旨

第一条 为了保守国家秘密，维护国家安全和利益，保障改革开放和社会主义建设事业的顺利进行，制定本法。

第二条 国家秘密是关系国家安全和利益，依照法定程序确定，在一定时间内只限一定范围的人员知悉的事项。

第三条 国家秘密受法律保护。

一切国家机关、武装力量、政党、社会团体、企业事业单位和公民都有保守国家秘密的义务。

任何危害国家秘密安全的行为，都必须受到法律追究。

第四条 保守国家秘密的工作(以下简称保密工作)，实行积极防范、突出重点、依法管理的方针，既确保国家秘密安全，又便利信息资源合理利用。

法律、行政法规规定公开的事项，应当依法公开。

10.1.2 监管部门

第五条 国家保密行政管理部门主管全国的保密工作。县级以上地方各级保密行政管理部门主管本行政区域的保密工作。

第六条 国家机关和涉及国家秘密的单位(以下简称机关、单位)管理本机关和本单位的保密工作。

中央国家机关在其职权范围内，管理或者指导本系统的保密工作。

第七条 机关、单位应当实行保密工作责任制，健全保密管理制度，完善保密防护措施，开展保密宣传教育，加强保密检查。

第八条 国家对在保守、保护国家秘密以及改进保密技术、措施等方面成绩显著的单位或者个人给予奖励。

10.1.3 适用范围

第九条 下列涉及国家安全和利益的事项，泄露后可能损害国家在政治、经济、国防、外交等领域的安全和利益的，应当确定为国家秘密：

（一）国家事务重大决策中的秘密事项；

（二）国防建设和武装力量活动中的秘密事项；

（三）外交和外事活动中的秘密事项以及对外承担保密义务的秘密事项；

（四）国民经济和社会发展中的秘密事项；

（五）科学技术中的秘密事项；

（六）维护国家安全活动和追查刑事犯罪中的秘密事项；

（七）经国家保密行政管理部门确定的其他秘密事项。

政党的秘密事项中符合前款规定的，属于国家秘密。

第十条　国家秘密的密级分为绝密、机密、秘密三级。

绝密级国家秘密是最重要的国家秘密，泄露会使国家安全和利益遭受特别严重的损害；机密级国家秘密是重要的国家秘密，泄露会使国家安全和利益遭受严重的损害；秘密级国家秘密是一般的国家秘密，泄露会使国家安全和利益遭受损害。

第十一条　国家秘密及其密级的具体范围，由国家保密行政管理部门分别会同外交、公安、国家安全和其他中央有关机关规定。

军事方面的国家秘密及其密级的具体范围，由中央军事委员会规定。

国家秘密及其密级的具体范围的规定，应当在有关范围内公布，并根据情况变化及时调整。

第十二条　机关、单位负责人及其指定的人员为定密责任人，负责本机关、本单位的国家秘密确定、变更和解除工作。

机关、单位确定、变更和解除本机关、本单位的国家秘密，应当由承办人提出具体意见，经定密责任人审核批准。

第十三条　确定国家秘密的密级，应当遵守定密权限。

中央国家机关、省级机关及其授权的机关、单位可以确定绝密级、机密级和秘密级国家秘密；设区的市、自治州一级的机关及其授权的机关、单位可以确定机密级和秘密级国家秘密。具体的定密权限、授权范围由国家保密行政管理部门规定。

机关、单位执行上级确定的国家秘密事项，需要定密的，根据所执行的国家秘密事项的密级确定。下级机关、单位认为本机关、本单位产生的有关定密事项属于上级机关、单位的定密权限，应当先行采取保密措施，并立即报请上级机关、单位确定；没有上级机关、单位的，应当立即提请有相应定密权限的业务主管部门或者保密行政管理部门确定。

公安、国家安全机关在其工作范围内按照规定的权限确定国家秘密的密级。

第十四条　机关、单位对所产生的国家秘密事项，应当按照国家秘密及其密级的具体范围的规定确定密级，同时确定保密期限和知悉范围。

第十五条　国家秘密的保密期限，应当根据事项的性质和特点，按照维护国家安全和利益的需要，限定在必要的期限内；不能确定期限的，应当确定解密的条件。

国家秘密的保密期限，除另有规定外，绝密级不超过三十年，机密级不超过二十年，秘密级不超过十年。

机关、单位应当根据工作需要，确定具体的保密期限、解密时间或者解密条件。

机关、单位对在决定和处理有关事项工作过程中确定需要保密的事项，根据工作需要决定公开的，正式公布时即视为解密。

第十六条　国家秘密的知悉范围，应当根据工作需要限定在最小范围。

国家秘密的知悉范围能够限定到具体人员的，限定到具体人员；不能限定到具体人员的，限定到机关、单位，由机关、单位限定到具体人员。

国家秘密的知悉范围以外的人员，因工作需要知悉国家秘密的，应当经过机关、单位负责人批准。

第十七条　机关、单位对承载国家秘密的纸介质、光介质、电磁介质等载体（以下简称国家秘密载体）以及属于国家秘密的设备、产品，应当做出国家秘密标志。

不属于国家秘密的，不应当做出国家秘密标志。

第十八条　国家秘密的密级、保密期限和知悉范围，应当根据情况变化及时变更。国家秘密的密级、保密期限和知悉范围的变更，由原定密机关、单位决定，也可以由其上级机关决定。

国家秘密的密级、保密期限和知悉范围变更的，应当及时书面通知知悉范围内的机关、单位或者人员。

第十九条　国家秘密的保密期限已满的，自行解密。

机关、单位应当定期审核所确定的国家秘密。对在保密期限内因保密事项范围调整不再作为国家秘密事项，或者公开后不会损害国家安全和利益，不需要继续保密的，应当及时解密；对需要延长保密期限的，应当在原保密期限届满前重新确定保密期限。提前解密或者延长保密期限的，由原定密机关、单位决定，也可以由其上级机关决定。

第二十条　机关、单位对是否属于国家秘密或者属于何种密级不明确或者有争议的，由国家保密行政管理部门或者省、自治区、直辖市保密行政管理部门确定。

10.1.4　主要内容

1. 保密制度

第二十一条　国家秘密载体的制作、收发、传递、使用、复制、保存、维修和销毁，应当符合国家保密规定。

绝密级国家秘密载体应当在符合国家保密标准的设施、设备中保存，并指定专人管理；未经原定密机关、单位或者其上级机关批准，不得复制和摘抄；收发、传递和外出携带，应当指定人员负责，并采取必要的安全措施。

第二十二条　属于国家秘密的设备、产品的研制、生产、运输、使用、保存、维修和销毁，应当符合国家保密规定。

第二十三条　存储、处理国家秘密的计算机信息系统（以下简称涉密信息系统）按照涉密程度实行分级保护。

涉密信息系统应当按照国家保密标准配备保密设施、设备。保密设施、设备应当与涉密信息系统同步规划，同步建设，同步运行。

涉密信息系统应当按照规定，经检查合格后，方可投入使用。

第二十四条　机关、单位应当加强对涉密信息系统的管理，任何组织和个人不得有下列行为：

（一）将涉密计算机、涉密存储设备接入互联网及其他公共信息网络；

（二）在未采取防护措施的情况下，在涉密信息系统与互联网及其他公共信息网络之间进行信息交换；

（三）使用非涉密计算机、非涉密存储设备存储、处理国家秘密信息；

（四）擅自卸载、修改涉密信息系统的安全技术程序、管理程序；

（五）将未经安全技术处理的退出使用的涉密计算机、涉密存储设备赠送、出售、丢弃或者改作其他用途。

第二十五条　机关、单位应当加强对国家秘密载体的管理，任何组织和个人不得有下列行为：

(一)非法获取、持有国家秘密载体；

(二)买卖、转送或者私自销毁国家秘密载体；

(三)通过普通邮政、快递等无保密措施的渠道传递国家秘密载体；

(四)邮寄、托运国家秘密载体出境；

(五)未经有关主管部门批准，携带、传递国家秘密载体出境。

第二十六条　禁止非法复制、记录、存储国家秘密。

禁止在互联网及其他公共信息网络或者未采取保密措施的有线和无线通信中传递国家秘密。

禁止在私人交往和通信中涉及国家秘密。

第二十七条　报刊、图书、音像制品、电子出版物的编辑、出版、印制、发行，广播节目、电视节目、电影的制作和播放，互联网、移动通信网等公共信息网络及其他传媒的信息编辑、发布，应当遵守有关保密规定。

第二十八条　互联网及其他公共信息网络运营商、服务商应当配合公安机关、国家安全机关、检察机关对泄密案件进行调查；发现利用互联网及其他公共信息网络发布的信息涉及泄露国家秘密的，应当立即停止传输，保存有关记录，向公安机关、国家安全机关或者保密行政管理部门报告；应当根据公安机关、国家安全机关或者保密行政管理部门的要求，删除涉及泄露国家秘密的信息。

第二十九条　机关、单位公开发布信息以及对涉及国家秘密的工程、货物、服务进行采购时，应当遵守保密规定。

第三十条　机关、单位对外交往与合作中需要提供国家秘密事项，或者任用、聘用的境外人员因工作需要知悉国家秘密的，应当报国务院有关主管部门或者省、自治区、直辖市人民政府有关主管部门批准，并与对方签订保密协议。

第三十一条　举办会议或者其他活动涉及国家秘密的，主办单位应当采取保密措施，并对参加人员进行保密教育，提出具体保密要求。

第三十二条　机关、单位应当将涉及绝密级或者较多机密级、秘密级国家秘密的机构确定为保密要害部门，将集中制作、存放、保管国家秘密载体的专门场所确定为保密要害部位，按照国家保密规定和标准配备、使用必要的技术防护设施、设备。

第三十三条　军事禁区和属于国家秘密不对外开放的其他场所、部位，应当采取保密措施，未经有关部门批准，不得擅自决定对外开放或者扩大开放范围。

第三十四条　从事国家秘密载体制作、复制、维修、销毁，涉密信息系统集成，或者武器装备科研生产等涉及国家秘密业务的企业事业单位，应当经过保密审查，具体办法由国务院规定。

机关、单位委托企业事业单位从事前款规定的业务，应当与其签订保密协议，提出保密要求，采取保密措施。

第三十五条　在涉密岗位工作的人员(以下简称涉密人员)，按照涉密程度分为核心涉密人员、重要涉密人员和一般涉密人员，实行分类管理。

任用、聘用涉密人员应当按照有关规定进行审查。

涉密人员应当具有良好的政治素质和品行，具有胜任涉密岗位所要求的工作能力。

涉密人员的合法权益受法律保护。

第三十六条　涉密人员上岗应当经过保密教育培训，掌握保密知识技能，签订保密承诺书，严格遵守保密规章制度，不得以任何方式泄露国家秘密。

第三十七条　涉密人员出境应当经有关部门批准，有关机关认为涉密人员出境将对国家安全造成危害或者对国家利益造成重大损失的，不得批准出境。

第三十八条　涉密人员离岗离职实行脱密期管理。涉密人员在脱密期内，应当按照规定履行保密义务，不得违反规定就业，不得以任何方式泄露国家秘密。

第三十九条　机关、单位应当建立健全涉密人员管理制度，明确涉密人员的权利、岗位责任和要求，对涉密人员履行职责情况开展经常性的监督检查。

第四十条　国家工作人员或者其他公民发现国家秘密已经泄露或者可能泄露时，应当立即采取补救措施并及时报告有关机关、单位。机关、单位接到报告后，应当立即作出处理，并及时向保密行政管理部门报告。

2. 监督管理

第四十一条　国家保密行政管理部门依照法律、行政法规的规定，制定保密规章和国家保密标准。

第四十二条　保密行政管理部门依法组织开展保密宣传教育、保密检查、保密技术防护和泄密案件查处工作，对机关、单位的保密工作进行指导和监督。

第四十三条　保密行政管理部门发现国家秘密确定、变更或者解除不当的，应当及时通知有关机关、单位予以纠正。

第四十四条　保密行政管理部门对机关、单位遵守保密制度的情况进行检查，有关机关、单位应当配合。保密行政管理部门发现机关、单位存在泄密隐患的，应当要求其采取措施，限期整改；对存在泄密隐患的设施、设备、场所，应当责令停止使用；对严重违反保密规定的涉密人员，应当建议有关机关、单位给予处分并调离涉密岗位；发现涉嫌泄露国家秘密的，应当督促、指导有关机关、单位进行调查处理。涉嫌犯罪的，移送司法机关处理。

第四十五条　保密行政管理部门对保密检查中发现的非法获取、持有的国家秘密载体，应当予以收缴。

第四十六条　办理涉嫌泄露国家秘密案件的机关，需要对有关事项是否属于国家秘密以及属于何种密级进行鉴定的，由国家保密行政管理部门或者省、自治区、直辖市保密行政管理部门鉴定。

第四十七条　机关、单位对违反保密规定的人员不依法给予处分的，保密行政管理部门应当建议纠正，对拒不纠正的，提请其上一级机关或者监察机关对该机关、单位负有责任的领导人员和直接责任人员依法予以处理。

10.1.5　法律责任

第四十八条　违反本法规定，有下列行为之一的，依法给予处分；构成犯罪的，依法追究刑事责任：

（一）非法获取、持有国家秘密载体的；

（二）买卖、转送或者私自销毁国家秘密载体的；

（三）通过普通邮政、快递等无保密措施的渠道传递国家秘密载体的；

（四）邮寄、托运国家秘密载体出境，或者未经有关主管部门批准，携带、传递国家秘密载体出境的；

(五)非法复制、记录、存储国家秘密的；

(六)在私人交往和通信中涉及国家秘密的；

(七)在互联网及其他公共信息网络或者未采取保密措施的有线和无线通信中传递国家秘密的；

(八)将涉密计算机、涉密存储设备接入互联网及其他公共信息网络的；

(九)在未采取防护措施的情况下，在涉密信息系统与互联网及其他公共信息网络之间进行信息交换的；

(十)使用非涉密计算机、非涉密存储设备存储、处理国家秘密信息的；

(十一)擅自卸载、修改涉密信息系统的安全技术程序、管理程序的；

(十二)将未经安全技术处理的退出使用的涉密计算机、涉密存储设备赠送、出售、丢弃或者改作其他用途的。

有前款行为尚不构成犯罪，且不适用处分的人员，由保密行政管理部门督促其所在机关、单位予以处理。

第四十九条　机关、单位违反本法规定，发生重大泄密案件的，由有关机关、单位依法对直接负责的主管人员和其他直接责任人员给予处分；不适用处分的人员，由保密行政管理部门督促其主管部门予以处理。

机关、单位违反本法规定，对应当定密的事项不定密，或者对不应当定密的事项定密，造成严重后果的，由有关机关、单位依法对直接负责的主管人员和其他直接责任人员给予处分。

第五十条　互联网及其他公共信息网络运营商、服务商违反本法第二十八条规定的，由公安机关或者国家安全机关、信息产业主管部门按照各自职责分工依法予以处罚。

第五十一条　保密行政管理部门的工作人员在履行保密管理职责中滥用职权、玩忽职守、徇私舞弊的，依法给予处分；构成犯罪的，依法追究刑事责任。

10.2　中华人民共和国国家安全法

1993年2月22日，第七届全国人民代表大会常务委员会第三十次会议通过了《中华人民共和国国家安全法》。

10.2.1　宗旨和法律地位

第一条　为了维护国家安全，保卫中华人民共和国人民民主专政的政权和社会主义制度，保障改革开放和社会主义现代化建设的顺利进行，根据宪法，制定本法。

第三条　中华人民共和国公民有维护国家的安全、荣誉和利益的义务，不得有危害国家的安全、荣誉和利益的行为。

一切国家机关和武装力量、各政党和各社会团体及各企业事业组织，都有维护国家安全的义务。

国家安全机关在国家安全工作中必须依靠人民的支持，动员、组织人民防范、制止危害国家安全的行为。

10.2.2 适用范围

第四条　任何组织和个人进行危害中华人民共和国国家安全的行为都必须受到法律追究。

本法所称危害国家安全的行为，是指境外机构、组织、个人实施或者指使、资助他人实施的，或者境内组织、个人与境外机构、组织、个人相勾结实施的下列危害中华人民共和国国家安全的行为：

(一)阴谋颠覆政府，分裂国家，推翻社会主义制度的；

(二)参加间谍组织或者接受间谍组织及其代理人的任务的；

(三)窃取、刺探、收买、非法提供国家秘密的；

(四)策动、勾引、收买国家工作人员叛变的；

(五)进行危害国家安全的其他破坏活动的。

第五条　国家对支持、协助国家安全工作的组织和个人给予保护，对维护国家安全有重大贡献的给予奖励。

10.2.3 监管部门及职能

第二条　国家安全机关是本法规定的国家安全工作的主管机关。国家安全机关和公安机关按照国家规定的职权划分，各司其职，密切配合，维护国家安全。

第六条　国家安全机关在国家安全工作中依法行使侦查、拘留、预审和执行逮捕以及法律规定的其他职权。

第七条　国家安全机关的工作人员依法执行国家安全工作任务时，经出示相应证件，有权查验中国公民或者境外人员的身份证明；向有关组织和人员调查、询问有关情况。

第八条　国家安全机关的工作人员依法执行国家安全工作任务时，经出示相应证件，可以进入有关场所；根据国家有关规定，经过批准，出示相应证件，可以进入限制进入的有关地区、场所、单位；查看或者调阅有关的档案、资料、物品。

第九条　国家安全机关的工作人员在依法执行紧急任务的情况下，经出示相应证件，可以优先乘坐公共交通工具，遇交通阻碍时，优先通行。

国家安全机关为维护国家安全的需要，必要时，按照国家有关规定，可以优先使用机关、团体、企业事业组织和个人的交通工具、通信工具、场地和建筑物，用后应当及时归还，并支付适当费用；造成损失的，应当赔偿。

第十条　国家安全机关因侦察危害国家安全行为的需要，根据国家有关规定，经过严格的批准手续，可以采取技术侦察措施。

第十一条　国家安全机关为维护国家安全的需要，可以查验组织和个人的电子通信工具、器材等设备、设施。

第十二条　国家安全机关因国家安全工作的需要，根据国家有关规定，可以提请海关、边防等检察机关对有关人员和资料、器材免检。有关检察机关应当予以协助。

第十三条　国家安全机关及其工作人员在国家安全工作中，应当严格依法办事，不得超越职权、滥用职权，不得侵犯组织和个人的合法权益。

第十四条　国家安全机关工作人员依法执行职务受法律保护。

10.2.4 公民和组织维护国家安全的义务和权利

第十五条 机关、团体和其他组织应当对本单位的人员进行维护国家安全的教育，动员、组织本单位的人员防范、制止危害国家安全的行为。

第十六条 公民和组织应当为国家安全工作提供便利条件或者其他协助。

第十七条 公民发现危害国家安全的行为，应当直接或者通过所在组织及时向国家安全机关或者公安机关报告。

第十八条 在国家安全机关调查了解有关危害国家安全的情况、收集有关证据时，公民和有关组织应当如实提供，不得拒绝。

第十九条 任何公民和组织都应当保守所知悉的国家安全工作的国家秘密。

第二十条 任何个人和组织都不得非法持有属于国家秘密的文件、资料和其他物品。

第二十一条 任何个人和组织都不得非法持有、使用窃听、窃照等专用间谍器材。

第二十二条 任何公民和组织对国家安全机关及其工作人员超越职权、滥用职权和其他违法行为，都有权向上级国家安全机关或者有关部门检举、控告。上级国家安全机关或者有关部门应当及时查清事实，负责处理。

对协助国家安全机关工作或者依法检举、控告的公民和组织，任何人不得压制和打击报复。

10.2.5 法律责任

第二十三条 境外机构、组织、个人实施或者指使、资助他人实施，或者境内组织、个人与境外机构、组织、个人相勾结实施危害中华人民共和国国家安全的行为，构成犯罪的，依法追究刑事责任。

第二十四条 犯间谍罪自首或者有立功表现的，可以从轻、减轻或者免除处罚；有重大立功表现的，给予奖励。

第二十五条 在境外受胁迫或者受诱骗参加敌对组织，从事危害中华人民共和国国家安全的活动，及时向中华人民共和国驻外机构如实说明情况的，或者入境后直接或者通过所在组织及时向国家安全机关或者公安机关如实说明情况的，不予追究。

第二十六条 明知他人有间谍犯罪行为，在国家安全机关向其调查有关情况、收集有关证据时，拒绝提供的，由其所在单位或者上级主管部门予以行政处分，或者由国家安全机关处十五日以下拘留；情节严重的，比照刑法第一百六十二条的规定处罚。

第二十七条 以暴力、威胁方法阻碍国家安全机关依法执行国家安全工作任务的，依照刑法第一百五十七条的规定处罚。

故意阻碍国家安全机关依法执行国家安全工作任务，未使用暴力、威胁方法，造成严重后果的，比照刑法第一百五十七条的规定处罚；情节较轻的，由国家安全机关处十五日以下拘留。

第二十八条 故意或者过失泄露有关国家安全工作的国家秘密的，由国家安全机关处十五日以下拘留；构成犯罪的，依法追究刑事责任。

第二十九条 对非法持有属于国家秘密的文件、资料和其他物品的，以及非法持有、使用专用间谍器材的，国家安全机关可以依法对其人身、物品、住处和其他有关的地方进行搜查；对其非法持有的属于国家秘密的文件、资料和其他物品，以及非法持有、使用的专用间谍器材予以没收。

非法持有属于国家秘密的文件、资料和其他物品，构成泄露国家秘密罪的，依法追究刑事责任。

第三十条　境外人员违反本法的，可以限期离境或者驱逐出境。

第三十一条　当事人对拘留决定不服的，可以自接到处罚决定书之日起十五日内，向作出处罚决定的上一级机关申请复议；对复议决定不服的，可以自接到复议决定书之日起十五日内向人民法院提起诉讼。

第三十二条　国家安全机关工作人员玩忽职守、徇私舞弊，构成犯罪的，分别依照刑法第一百八十七条、第一百八十八条的规定处罚；非法拘禁、刑讯逼供，构成犯罪的，分别依照刑法第一百四十三条、第一百三十六条的规定处罚。

第三十三条　公安机关依照本法第二条第二款的规定，执行国家安全工作任务时，适用本法有关规定。

第三十四条　本法自公布之日起施行。

10.3　关于维护互联网安全的决定

2000 年 12 月 28 日，第九届全国人民代表大会常务委员会第十九次会议通过《关于维护互联网安全的决定》。

10.3.1　目的

我国的互联网，在国家大力倡导和积极推动下，在经济建设和各项事业中得到日益广泛的应用，使人们的生产、工作、学习和生活方式已经开始并将继续发生深刻的变化，对于加快我国国民经济、科学技术的发展和社会服务信息化进程具有重要作用。同时，如何保障互联网的运行安全和信息安全问题已经引起全社会的普遍关注。为了兴利除弊，促进我国互联网的健康发展，维护国家安全和社会公共利益，保护个人、法人和其他组织的合法权益，特作该决定。

10.3.2　界定违法犯罪行为

一、为了保障互联网的运行安全，对有下列行为之一，构成犯罪的，依照刑法有关规定追究刑事责任：

（一）侵入国家事务、国防建设、尖端科学技术领域的计算机信息系统；

（二）故意制作、传播计算机病毒等破坏性程序，攻击计算机系统及通信网络，致使计算机系统及通信网络遭受损害；

（三）违反国家规定，擅自中断计算机网络或者通信服务，造成计算机网络或者通信系统不能正常运行。

二、为了维护国家安全和社会稳定，对有下列行为之一，构成犯罪的，依照刑法有关规定追究刑事责任：

（一）利用互联网造谣、诽谤或者发表、传播其他有害信息，煽动颠覆国家政权、推翻社会主义制度，或者煽动分裂国家、破坏国家统一；

（二）通过互联网窃取、泄露国家秘密、情报或者军事秘密；

（三）利用互联网煽动民族仇恨、民族歧视，破坏民族团结；

（四）利用互联网组织邪教组织、联络邪教组织成员，破坏国家法律、行政法规实施。

三、为了维护社会主义市场经济秩序和社会管理秩序，对有下列行为之一，构成犯罪的，依照刑法有关规定追究刑事责任：

(一)利用互联网销售伪劣产品或者对商品、服务作虚假宣传；

(二)利用互联网损害他人商业信誉和商品声誉；

(三)利用互联网侵犯他人知识产权；

(四)利用互联网编造并传播影响证券、期货交易或者其他扰乱金融秩序的虚假信息；

(五)在互联网上建立淫秽网站、网页，提供淫秽站点链接服务，或者传播淫秽书刊、影片、音像、图片。

四、为了保护个人、法人和其他组织的人身、财产等合法权利，对有下列行为之一，构成犯罪的，依照刑法有关规定追究刑事责任：

(一)利用互联网侮辱他人或者捏造事实诽谤他人；

(二)非法截获、篡改、删除他人电子邮件或者其他数据资料，侵犯公民通信自由和通信秘密；

(三)利用互联网进行盗窃、诈骗、敲诈勒索。

五、利用互联网实施本决定第一条、第二条、第三条、第四条所列行为以外的其他行为，构成犯罪的，依照刑法有关规定追究刑事责任。

六、利用互联网实施违法行为，违反社会治安管理，尚不构成犯罪的，由公安机关依照《治安管理处罚条例》予以处罚；违反其他法律、行政法规，尚不构成犯罪的，由有关行政管理部门依法给予行政处罚；对直接负责的主管人员和其他直接责任人员，依法给予行政处分或者纪律处分。

利用互联网侵犯他人合法权益，构成民事侵权的，依法承担民事责任。

10.3.3 行动指南

各级人民政府及有关部门要采取积极措施，在促进互联网的应用和网络技术的普及过程中，重视和支持对网络安全技术的研究和开发，增强网络的安全防护能力。有关主管部门要加强对互联网的运行安全和信息安全的宣传教育，依法实施有效的监督管理，防范和制止利用互联网进行的各种违法活动，为互联网的健康发展创造良好的社会环境。从事互联网业务的单位要依法开展活动，发现互联网上出现违法犯罪行为和有害信息时，要采取措施，停止传输有害信息，并及时向有关机关报告。任何单位和个人在利用互联网时，都要遵纪守法，抵制各种违法犯罪行为和有害信息。人民法院、人民检察院、公安机关、国家安全机关要各司其职，密切配合，依法严厉打击利用互联网实施的各种犯罪活动。要动员全社会的力量，依靠全社会的共同努力，保障互联网的运行安全与信息安全，促进社会主义精神文明和物质文明建设。

10.4 中华人民共和国电子签名法

2004年8月28日，第十届全国人民代表大会常务委员会第十一次会议通过了《中华人民共和国电子签名法》。

10.4.1 宗旨和适用范围

第一条　为了规范电子签名行为，确立电子签名的法律效力，维护有关各方的合法权益，制定本法。

第二条　本法所称电子签名，是指数据电文中以电子形式所含、所附用于识别签名人身份并表明签名人认可其中内容的数据。

本法所称数据电文，是指以电子、光学、磁或者类似手段生成、发送、接收或者储存的信息。

第三条　民事活动中的合同或者其他文件、单证等文书，当事人可以约定使用或者不使用电子签名、数据电文。

当事人约定使用电子签名、数据电文的文书，不得仅因为其采用电子签名、数据电文的形式而否定其法律效力。

前款规定不适用下列文书：

（一）涉及婚姻、收养、继承等人身关系的；

（二）涉及土地、房屋等不动产权益转让的；

（三）涉及停止供水、供热、供气、供电等公用事业服务的；

（四）法律、行政法规规定的不适用电子文书的其他情形。

第三十四条　本法中下列用语的含义：

（一）电子签名人，是指持有电子签名制作数据并以本人身份或者以其所代表的人的名义实施电子签名的人；

（二）电子签名依赖方，是指基于对电子签名认证证书或者电子签名的信赖从事有关活动的人；

（三）电子签名认证证书，是指可证实电子签名人与电子签名制作数据有联系的数据电文或者其他电子记录；

（四）电子签名制作数据，是指在电子签名过程中使用的，将电子签名与电子签名人可靠地联系起来的字符、编码等数据；

（五）电子签名验证数据，是指用于验证电子签名的数据，包括代码、口令、算法或者公钥等。

10.4.2　数据电文

第四条　能够有形地表现所载内容，并可以随时调取查用的数据电文，视为符合法律、法规要求的书面形式。

第五条　符合下列条件的数据电文，视为满足法律、法规规定的原件形式要求：

（一）能够有效地表现所载内容并可供随时调取查用；

（二）能够可靠地保证自最终形成时起，内容保持完整、未被更改。但是，在数据电文上增加背书以及数据交换、储存和显示过程中发生的形式变化不影响数据电文的完整性。

第六条　符合下列条件的数据电文，视为满足法律、法规规定的文件保存要求：

（一）能够有效地表现所载内容并可供随时调取查用；

（二）数据电文的格式与其生成、发送或者接收时的格式相同，或者格式不相同但是能够准确表现原来生成、发送或者接收的内容；

（三）能够识别数据电文的发件人、收件人以及发送、接收的时间。

第七条　数据电文不得仅因为其是以电子、光学、磁或者类似手段生成、发送、接收或者储存的而被拒绝作为证据使用。

第八条　审查数据电文作为证据的真实性，应当考虑以下因素：

（一）生成、储存或者传递数据电文方法的可靠性；

（二）保持内容完整性方法的可靠性；

（三）用以鉴别发件人方法的可靠性；

（四）其他相关因素。

第九条　数据电文有下列情形之一的，视为发件人发送：

(一)经发件人授权发送的；

(二)发件人的信息系统自动发送的；

(三)收件人按照发件人认可的方法对数据电文进行验证后结果相符的。

当事人对前款规定的事项另有约定的，从其约定。

第十条　法律、行政法规规定或者当事人约定数据电文需要确认收讫的，应当确认收讫。发件人收到收件人的收讫确认时，数据电文视为已经收到。

第十一条　数据电文进入发件人控制之外的某个信息系统的时间，视为该数据电文的发送时间。

收件人指定特定系统接收数据电文的，数据电文进入该特定系统的时间，视为该数据电文的接收时间；未指定特定系统的，数据电文进入收件人的任何系统的首次时间，视为该数据电文的接收时间。

当事人对数据电文的发送时间、接收时间另有约定的，从其约定。

第十二条　发件人的主营业地为数据电文的发送地点，收件人的主营业地为数据电文的接收地点。没有主营业地的，其经常居住地为发送或者接收地点。

当事人对数据电文的发送地点、接收地点另有约定的，从其约定。

10.4.3 电子签名与认证

第十三条　电子签名同时符合下列条件的，视为可靠的电子签名：

(一)电子签名制作数据用于电子签名时，属于电子签名人专有；

(二)签署时电子签名制作数据仅由电子签名人控制；

(三)签署后对电子签名的任何改动能够被发现；

(四)签署后对数据电文内容和形式的任何改动能够被发现。

当事人也可以选择使用符合其约定的可靠条件的电子签名。

第十四条　可靠的电子签名与手写签名或者盖章具有同等的法律效力。

第十五条　电子签名人应当妥善保管电子签名制作数据。电子签名人知悉电子签名制作数据已经失密或者可能已经失密时，应当及时告知有关各方，并终止使用该电子签名制作数据。

第十六条　电子签名需要第三方认证的，由依法设立的电子认证服务提供者提供认证服务。

第十七条　提供电子认证服务，应当具备下列条件：

(一)具有与提供电子认证服务相适应的专业技术人员和管理人员；

(二)具有与提供电子认证服务相适应的资金和经营场所；

(三)具有符合国家安全标准的技术和设备；

(四)具有国家密码管理机构同意使用密码的证明文件；

(五)法律、行政法规规定的其他条件。

第十八条　从事电子认证服务，应当向国务院信息产业主管部门提出申请，并提交符合本法第十七条规定条件的相关材料。国务院信息产业主管部门接到申请后经依法审查，征求国务院商务主管部门等有关部门的意见后，自接到申请之日起四十五日内作出许可或者不予许可的决定。予以许可的，颁发电子认证许可证书；不予许可的，应当书面通知申请人并告知理由。

申请人应当持电子认证许可证书依法向工商行政管理部门办理企业登记手续。

取得认证资格的电子认证服务提供者，应当按照国务院信息产业主管部门的规定在互联网上公布其名称、许可证号等信息。

第十九条　电子认证服务提供者应当制定、公布符合国家有关规定的电子认证业务规则，并向国务院信息产业主管部门备案。

电子认证业务规则应当包括责任范围、作业操作规范、信息安全保障措施等事项。

第二十条　电子签名人向电子认证服务提供者申请电子签名认证证书，应当提供真实、完整和准确的信息。

电子认证服务提供者收到电子签名认证证书申请后，应当对申请人的身份进行查验，并对有关材料进行审查。

第二十一条　电子认证服务提供者签发的电子签名认证证书应当准确无误，并应当载明下列内容：

(一)电子认证服务提供者名称；

(二)证书持有人名称；

(三)证书序列号；

(四)证书有效期；

(五)证书持有人的电子签名验证数据；

(六)电子认证服务提供者的电子签名；

(七)国务院信息产业主管部门规定的其他内容。

第二十二条　电子认证服务提供者应当保证电子签名认证证书内容在有效期内完整、准确，并保证电子签名依赖方能够证实或者了解电子签名认证证书所载内容及其他有关事项。

第二十三条　电子认证服务提供者拟暂停或者终止电子认证服务的，应当在暂停或者终止服务九十日前，就业务承接及其他有关事项通知有关各方。

电子认证服务提供者拟暂停或者终止电子认证服务的，应当在暂停或者终止服务六十日前向国务院信息产业主管部门报告，并与其他电子认证服务提供者就业务承接进行协商，作出妥善安排。

电子认证服务提供者未能就业务承接事项与其他电子认证服务提供者达成协议的，应当申请国务院信息产业主管部门安排其他电子认证服务提供者承接其业务。

电子认证服务提供者被依法吊销电子认证许可证书的，其业务承接事项的处理按照国务院信息产业主管部门的规定执行。

第二十四条　电子认证服务提供者应当妥善保存与认证相关的信息，信息保存期限至少为电子签名认证证书失效后五年。

第二十五条　国务院信息产业主管部门依照本法制定电子认证服务业的具体管理办法，对电子认证服务提供者依法实施监督管理。

第二十六条　经国务院信息产业主管部门根据有关协议或者对等原则核准后，中华人民共和国境外的电子认证服务提供者在境外签发的电子签名认证证书与依照本法设立的电子认证服务提供者签发的电子签名认证证书具有同等的法律效力。

10.4.4　法律责任

第二十七条　电子签名人知悉电子签名制作数据已经失密或者可能已经失密未及时告知有关各方、并终止使用电子签名制作数据，未向电子认证服务提供者提供真实、完整和准确的信息，或者有其他过错，给电子签名依赖方、电子认证服务提供者造成损失的，承担赔偿责任。

第二十八条　电子签名人或者电子签名依赖方因依据电子认证服务提供者提供的电子签名

认证服务从事民事活动遭受损失，电子认证服务提供者不能证明自己无过错的，承担赔偿责任。

第二十九条　未经许可提供电子认证服务的，由国务院信息产业主管部门责令停止违法行为；有违法所得的，没收违法所得；违法所得三十万元以上的，处违法所得一倍以上三倍以下的罚款；没有违法所得或者违法所得不足三十万元的，处十万元以上三十万元以下的罚款。

第三十条　电子认证服务提供者暂停或者终止电子认证服务，未在暂停或者终止服务六十日前向国务院信息产业主管部门报告的，由国务院信息产业主管部门对其直接负责的主管人员处一万元以上五万元以下的罚款。

第三十一条　电子认证服务提供者不遵守认证业务规则、未妥善保存与认证相关的信息，或者有其他违法行为的，由国务院信息产业主管部门责令限期改正；逾期未改正的，吊销电子认证许可证书，其直接负责的主管人员和其他直接责任人员十年内不得从事电子认证服务。吊销电子认证许可证书的，应当予以公告并通知工商行政管理部门。

第三十二条　伪造、冒用、盗用他人的电子签名，构成犯罪的，依法追究刑事责任；给他人造成损失的，依法承担民事责任。

第三十三条　依照本法负责电子认证服务业监督管理工作的部门的工作人员，不依法履行行政许可、监督管理职责的，依法给予行政处分；构成犯罪的，依法追究刑事责任。

第三十五条　国务院或者国务院规定的部门可以依据本法制定政务活动和其他社会活动中使用电子签名、数据电文的具体办法。

第三十六条　本法自 2005 年 4 月 1 日起施行。

习　题

1. 我国最早制定的信息安全国家法律是什么？

2. 简述《中华人民共和国保守国家秘密法》的目的和宗旨。

3. 国家秘密分为哪几个密级？

4. 按照《中华人民共和国国家安全法》，故意或者过失泄露有关国家安全工作的国家秘密，应当处以何种处罚？

5. 在国家机关调查了解有关危害国家安全的情况时，公民可以拒绝提供涉及个人隐私的证据吗？为什么？

6. 可靠的电子签名需要满足哪些条件？

7. 电子认证服务提供者暂停或者终止电子认证服务，未在暂停或者终止服务六十日前向国务院信息产业主管部门报告的，适用何种处罚？

8. 制定《关于维护互联网安全的决定》的目的是什么？

9.《关于维护互联网安全的决定》从哪几个方面界定了违法犯罪行为？

10. 违反国家规定，侵入国家事务、国防建设、尖端科学技术领域的计算机信息系统的，适用何种处罚？

第 11 章　信息安全行政法规

11.1　计算机信息系统安全保护条例

1994 年 2 月 18 日，中华人民共和国国务院令(147 号)发布了《中华人民共和国计算机信息系统安全保护条例》，条例自发布之日起施行。

11.1.1　宗旨和法律地位

第一条　为了保护计算机信息系统的安全，促进计算机的应用和发展，保障社会主义现代化建设的顺利进行，制定本条例。

第二条　本条例所称的计算机信息系统，是指由计算机及其相关的和配套的设备、设施(含网络)构成的，按照一定的应用目标和规则对信息进行采集、加工、存储、传输、检索等处理的人机系统。

第三条　计算机信息系统的安全保护，应当保障计算机及其相关的和配套的设备、设施(含网络)的安全，运行环境的安全，保障信息的安全，保障计算机功能的正常发挥，以维护计算机信息系统的安全运行。

第四条　计算机信息系统的安全保护工作，重点维护国家事务、经济建设、国防建设、尖端科学技术等重要领域的计算机信息系统的安全。

第五条　中华人民共和国境内的计算机信息系统的安全保护，适用本条例。未联网的微型计算机的安全保护办法，另行制定。

第六条　公安部主管全国计算机信息系统安全保护工作。国家安全部、国家保密局和国务院其他有关部门，在国务院规定的职责范围内做好计算机信息系统安全保护的有关工作。

第七条　任何组织或者个人，不得利用计算机信息系统从事危害国家利益、集体利益和公民合法利益的活动，不得危害计算机信息系统的安全。

11.1.2　适用范围

第八条　计算机信息系统的建设和应用，应当遵守法律、行政法规和国家其他有关规定。

第九条　计算机信息系统实行安全等级保护。安全等级的划分标准和安全等级保护的具体办法，由公安部会同有关部门制定。

第十条　计算机机房应当符合国家标准和国家有关规定。在计算机机房附近施工，不得危害计算机信息系统的安全。

第十一条　进行国际联网的计算机信息系统，由计算机信息系统的使用单位报省级以上人民政府公安机关备案。

第十二条　运输、携带、邮寄计算机信息媒体进出境的，应当如实向海关申报。

第十三条　计算机信息系统的使用单位应当建立健全安全管理制度，负责本单位计算机信息系统的安全保护工作。

第十四条　对计算机信息系统中发生的案件，有关使用单位应当在24小时内向当地县级以上人民政府公安机关报告。

第十五条　对计算机病毒和危害社会公共安全的其他有害数据的防治研究工作，由公安部归口管理。

第十六条　国家对计算机信息系统安全专用产品的销售实行许可证制度。具体办法由公安部会同有关部门制定。

11.1.3　安全监督

第十七条　公安机关对计算机信息系统安全保护工作行使下列监督职权：

（一）监督、检查、指导计算机信息系统安全保护工作；

（二）查处危害计算机信息系统安全的违法犯罪案件；

（三）履行计算机信息系统安全保护工作的其他监督职责。

第十八条　公安机关发现影响计算机信息系统安全的隐患时，应当及时通知使用单位采取安全保护措施。

第十九条　公安部在紧急情况下，可以就涉及计算机信息系统安全的特定事项发布专项通令。

11.1.4　法律责任

第二十条　违反本条例的规定，有下列行为之一的，由公安机关处以警告或者停机整顿：

（一）违反计算机信息系统安全等级保护制度，危害计算机信息系统安全的；

（二）违反计算机信息系统国际联网备案制度的；

（三）不按照规定时间报告计算机信息系统中发生的案件的；

（四）接到公安机关要求改进安全状况的通知后，在限期内拒不改进的；

（五）有危害计算机信息系统安全的其他行为的。

第二十一条　计算机机房不符合国家标准和国家其他有关规定的，或者在计算机机房附近施工危害计算机信息系统安全的，由公安机关会同有关单位进行处理。

第二十二条　运输、携带、邮寄计算机信息媒体进出境，不如实向海关申报的，由海关依照《中华人民共和国海关法》和本条例以及其他有关法律、法规的规定处理。

第二十三条　故意输入计算机病毒以及其他有害数据危害计算机信息系统安全的，或者未经许可出售计算机信息系统安全专用产品的，由公安机关处以警告或者对个人处以5000元以下的罚款、对单位处以15000元以下的罚款；有违法所得的，除予以没收外，可以处以违法所得1至3倍的罚款。

第二十四条　违反本条例的规定，构成违反治安管理行为的，依照《中华人民共和国治安管理处罚条例》的有关规定处罚；构成犯罪的，依法追究刑事责任。

第二十五条　任何组织或者个人违反本条例的规定，给国家、集体或者他人财产造成损失的，应当依法承担民事责任。

第二十六条　当事人对公安机关依照本条例所作出的具体行政行为不服的，可以依法申请行政复议或者提起行政诉讼。

第二十七条　执行本条例的国家公务员利用职权，索取、收受贿赂或者有其他违法、失职行为，构成犯罪的，依法追究刑事责任；尚不构成犯罪的，给予行政处分。

11.1.5 附则

第二十八条　本条例下列用语的含义：

计算机病毒，是指编制或者在计算机程序中插入的破坏计算机功能或者毁坏数据，影响计算机使用，并能自我复制的一组计算机指令或者程序代码。

计算机信息系统安全专用产品，是指用于保护计算机信息系统安全的专用硬件和软件产品。

第二十九条　军队的计算机信息系统安全保护工作，按照军队的有关法规执行。

第三十条　公安部可以根据本条例制定实施办法。

第三十一条　本条例自发布之日起施行。

11.2 计算机信息网络国际联网管理暂行规定实施办法

1996 年 2 月 1 日，中华人民共和国国务院令(第 195 号)发布了《中华人民共和国计算机信息网络国际联网管理暂行规定》，由国务院第 42 次常务会议通过，现予发布施行。并于 1997 年 5 月 20 日，根据《国务院关于修改〈中华人民共和国计算机信息网络国际联网管理暂行规定〉的决定》对该法规进行了修正。

11.2.1 目的和意义

第一条　为了加强对计算机信息网络国际联网的管理，保障国际计算机信息交流的健康发展，制定本规定。

第二条　中华人民共和国境内的计算机信息网络进行国际联网，应当依照本规定办理。

11.2.2 国际联网的相关定义

第三条　本规定下列用语的含义是：

(一) 计算机信息网络国际联网(以下简称国际联网)，是指中华人民共和国境内的计算机信息网络为实现信息的国际交流，同外国的计算机信息网络相联接。

(二) 互联网络，是指直接进行国际联网的计算机信息网络；互联单位，是指负责互联网络运行的单位。

(三) 接入网络，是指通过接入互联网络进行国际联网的计算机信息网络；接入单位，是指负责接入网络运行的单位。

第四条　国家对国际联网实行统筹规划、统一标准、分级管理、促进发展的原则。

第五条　国务院信息化工作领导小组(以下简称领导小组)，负责协调、解决有关国际联网工作中的重大问题。领导小组办公室按照本规定制定具体管理办法，明确国际出入口信道提供单位、互联单位、接入单位和用户的权利、义务和责任，并负责对国际联网工作的检查监督。

第六条　计算机信息网络直接进行国际联网，必须使用邮电部国家公用电信网提供的国际出入口信道。任何单位和个人不得自行建立或者使用其他信道进行国际联网。

第七条　已经建立的互联网络，根据国务院有关规定调整后，分别由邮电部、电子工业部、国家教育委员会和中国科学院管理。新建互联网络，必须报经国务院批准。

第八条　接入网络必须通过互联网络进行国际联网。

接入单位拟从事国际联网经营活动的，应当向有权受理从事国际联网经营活动申请的互联单位主管部门或者主管单位申请领取国际联网经营许可证；未取得国际联网经营许可证的，不得从事国际联网经营业务。

接入单位拟从事非经营活动的，应当报经有权受理从事非经营活动申请的互联单位主管部门或者主管单位审批；未经批准的，不得接入互联网络进行国际联网。

申请领取国际联网经营许可证或者办理审批手续时，应当提供其计算机信息网络的性质、应用范围和主机地址等资料。

国际联网经营许可证的格式，由领导小组统一制定。

第十条　个人、法人和其他组织（以下统称用户）使用的计算机或者计算机信息网络，需要进行国际联网的，必须通过接入网络进行国际联网。

前款规定的计算机或者计算机信息网络，需要接入接入网络的，应当征得接入单位的同意，并办理登记手续。

第十二条　互联单位与接入单位，应当负责本单位及其用户有关国际联网的技术培训和管理教育工作。

11.2.3　与信息安全管理相关的条款

第九条　从事国际联网经营活动的和从事非经营活动的接入单位必须具备下列条件：

（一）是依法设立的企业法人或者事业法人；

（二）具有相应的计算机信息网络、装备以及相应的技术人员和管理人员；

（三）具有健全的安全保密管理制度和技术保护措施；

（四）符合法律和国务院规定的其他条件。

接入单位从事国际联网经营活动的，除必须具备本条前款规定条件外，还应当具备为用户提供长期服务的能力。

从事国际联网经营活动的接入单位的情况发生变化，不再符合本条第一款、第二款规定条件的，其国际联网经营许可证由发证机构予以吊销；从事非经营活动的接入单位的情况发生变化，不再符合本条第一款规定条件的，其国际联网资格由审批机构予以取消。

第十一条　国际出入口信道提供单位、互联单位和接入单位，应当建立相应的网络管理中心，依照法律和国家有关规定加强对本单位及其用户的管理，做好网络信息安全管理工作，确保为用户提供良好、安全的服务。

第十三条　从事国际联网业务的单位和个人，应当遵守国家有关法律、行政法规，严格执行安全保密制度，不得利用国际联网从事危害国家安全、泄露国家秘密等违法犯罪活动，不得制作、查阅、复制和传播妨碍社会治安的信息和淫秽色情等信息。

11.2.4　处罚条款

第十四条　违反本规定第六条、第八条和第十条的规定的，由公安机关责令停止联网，给予警告，可以并处15000元以下的罚款；有违法所得的，没收违法所得。

第十五条　违反本规定，同时触犯其他有关法律、行政法规的，依照有关法律、行政法规的规定予以处罚；构成犯罪的，依法追究刑事责任。

第十六条　与台湾、香港、澳门地区的计算机信息网络的联网，参照本规定执行。

第十七条　本规定自发布之日起施行。

11.3 商用密码管理条例

1999 年 10 月 7 日，中华人民共和国国务院第 273 号令发布了《商用密码管理条例》。

11.3.1 总则

第一条 为了加强商用密码管理，保护信息安全，保护公民和组织的合法权益，维护国家的安全和利益，制定本条例。

第二条 本条例所称商用密码，是指对不涉及国家秘密内容的信息进行加密保护或者安全认证所使用的密码技术和密码产品。

第三条 商用密码技术属于国家秘密。国家对商用密码产品的科研、生产、销售和使用实行专控管理。

第四条 国家密码管理委员会及其办公室(以下简称国家密码管理机构)主管全国的商用密码管理工作。

省、自治区、直辖市负责密码管理的机构根据国家密码管理机构的委托，承担商用密码的有关管理工作。

11.3.2 科研、生产管理

第五条 商用密码的科研任务由国家密码管理机构指定的单位承担。

商用密码指定科研单位必须具有相应的技术力量和设备，能够采用先进的编码理论和技术，编制的商用密码算法具有较高的保密强度和抗攻击能力。

第六条 商用密码的科研成果，由国家密码管理机构组织专家按照商用密码技术标准和技术规范审查、鉴定。

第七条 商用密码产品由国家密码管理机构指定的单位生产。未经指定，任何单位或者个人不得生产商用密码产品。

商用密码产品指定生产单位必须具有与生产商用密码产品相适应的技术力量以及确保商用密码产品质量的设备、生产工艺和质量保证体系。

第八条 商用密码产品指定生产单位生产的商用密码产品的品种和型号，必须经国家密码管理机构批准，并不得超过批准范围生产商用密码产品。

第九条 商用密码产品，必须经国家密码管理机构指定的产品质量检测机构检测合格。

11.3.3 销售管理

第十条 商用密码产品由国家密码管理机构许可的单位销售。未经许可，任何单位或者个人不得销售商用密码产品。

第十一条 销售商用密码产品，应当向国家密码管理机构提出申请，并应当具备下列条件：

(一)有熟悉商用密码产品知识和承担售后服务的人员；

(二)有完善的销售服务和安全管理规章制度；

(三)有独立的法人资格。

经审查合格的单位，由国家密码管理机构发给《商用密码产品销售许可证》。

第十二条 销售商用密码产品，必须如实登记直接使用商用密码产品的用户的名称(姓名)、地址(住址)、组织机构代码(居民身份证号码)以及每台商用密码产品的用途,并将登记情况报国家密码管理机构备案。

第十三条 进口密码产品以及含有密码技术的设备或者出口商用密码产品,必须报经国家密码管理机构批准。任何单位或者个人不得销售境外的密码产品。

11.3.4 使用管理

第十四条 任何单位或者个人只能使用经国家密码管理机构认可的商用密码产品,不得使用自行研制的或者境外生产的密码产品。

第十五条 境外组织或者个人在中国境内使用密码产品或者含有密码技术的设备,必须报经国家密码管理机构批准;但是,外国驻华外交代表机构、领事机构除外。

第十六条 商用密码产品的用户不得转让其使用的商用密码产品。商用密码产品发生故障,必须由国家密码管理机构指定的单位维修。报废、销毁商用密码产品,应当向国家密码管理机构备案。

11.3.5 安全、保密管理

第十七条 商用密码产品的科研、生产,应当在符合安全、保密要求的环境中进行。销售、运输、保管商用密码产品,应当采取相应的安全措施。

从事商用密码产品的科研、生产和销售以及使用商用密码产品的单位和人员,必须对所接触和掌握的商用密码技术承担保密义务。

第十八条 宣传、公开展览商用密码产品,必须事先报国家密码管理机构批准。

第十九条 任何单位和个人不得非法攻击商用密码,不得利用商用密码危害国家的安全和利益、危害社会治安或者进行其他违法犯罪活动。

11.3.6 罚则

第二十条 有下列行为之一的,由国家密码管理机构根据不同情况分别会同工商行政管理、海关等部门没收密码产品,有违法所得的,没收违法所得;情节严重的,可以并处违法所得 1 至 3 倍的罚款:

(一)未经指定,擅自生产商用密码产品的,或者商用密码产品指定生产单位超过批准范围生产商用密码产品的;

(二)未经许可,擅自销售商用密码产品的;

(三)未经批准,擅自进口密码产品以及含有密码技术的设备、出口商用密码产品或者销售境外的密码产品的。

经许可销售商用密码产品的单位未按照规定销售商用密码产品的,由国家密码管理机构会同工商行政管理部门给予警告,责令改正。

第二十一条 有下列行为之一的,由国家密码管理机构根据不同情况分别会同公安、国家安全机关给予警告,责令立即改正:

(一)商用密码产品的科研、生产过程中违反安全、保密规定的;

(二)销售、运输、保管商用密码产品,未采取相应的安全措施的;

(三)未经批准,宣传、公开展览商用密码产品的;

(四)擅自转让商用密码产品或者不到国家密码管理机构指定的单位维修商用密码产品的。

使用自行研制的或者境外生产的密码产品，转让商用密码产品，或者不到国家密码管理机构指定的单位维修商用密码产品，情节严重的，由国家密码管理机构根据不同情况分别会同公安、国家安全机关没收其密码产品。

第二十二条　商用密码产品的科研、生产、销售单位有本条例第二十条、第二十一条第一款第(一)、(二)、(三)项所列行为，造成严重后果的，由国家密码管理机构撤销其指定科研、生产单位资格，吊销《商用密码产品销售许可证》。

第二十三条　泄露商用密码技术秘密、非法攻击商用密码或者利用商用密码从事危害国家的安全和利益的活动，情节严重，构成犯罪的，依法追究刑事责任。

有前款所列行为尚不构成犯罪的，由国家密码管理机构根据不同情况分别会同国家安全机关或者保密部门没收其使用的商用密码产品，对有危害国家安全行为的，由国家安全机关依法处以行政拘留；属于国家工作人员的，并依法给予行政处分。

第二十四条　境外组织或者个人未经批准，擅自使用密码产品或者含有密码技术的设备的，由国家密码管理机构会同公安机关给予警告，责令改正，可以并处没收密码产品或者含有密码技术的设备。

第二十五条　商用密码管理机构的工作人员滥用职权、玩忽职守、徇私舞弊，构成犯罪的，依法追究刑事责任；尚不构成犯罪的，依法给予行政处分。

11.3.7　附　则

第二十六条　国家密码管理委员会可以依据本条例制定有关的管理规定。

第二十七条　本条例自发布之日起施行。

11.4　互联网信息服务管理办法

2000 年 9 月 20 日，中华人民共和国国务院令(第 292 号)发布了《互联网信息服务管理办法》，由国务院第 31 次常务会议通过并予公布施行。

11.4.1　目的

第一条　为了规范互联网信息服务活动，促进互联网信息服务健康有序发展，制定本办法。

11.4.2　互联网信息服务的含义与分类

第二条　在中华人民共和国境内从事互联网信息服务活动，必须遵守本办法。

本办法所称互联网信息服务，是指通过互联网向上网用户提供信息的服务活动。

第三条　互联网信息服务分为经营性和非经营性两类。

经营性互联网信息服务，是指通过互联网向上网用户有偿提供信息或者网页制作等服务活动。

非经营性互联网信息服务，是指通过互联网向上网用户无偿提供具有公开性、共享性信息的服务活动。

11.4.3　不同信息服务的管理办法

第四条　国家对经营性互联网信息服务实行许可制度；对非经营性互联网信息服务实行备

案制度。

未取得许可或者未履行备案手续的，不得从事互联网信息服务。

第五条　从事新闻、出版、教育、医疗保健、药品和医疗器械等互联网信息服务，依照法律、行政法规以及国家有关规定须经有关主管部门审核同意的，在申请经营许可或者履行备案手续前，应当依法经有关主管部门审核同意。

11.4.4　互联网信息服务应具备的条件

第六条　从事经营性互联网信息服务，除应当符合《中华人民共和国电信条例》规定的要求外，还应当具备下列条件：

(一)有业务发展计划及相关技术方案；

(二)有健全的网络与信息安全保障措施，包括网站安全保障措施、信息安全保密管理制度、用户信息安全管理制度；

(三)服务项目属于本办法第五条规定范围的，已取得有关主管部门同意的文件。

11.4.5　经营者的权利和义务

第七条　从事经营性互联网信息服务，应当向省、自治区、直辖市电信管理机构或者国务院信息产业主管部门申请办理互联网信息服务增值电信业务经营许可证(以下简称经营许可证)。

省、自治区、直辖市电信管理机构或者国务院信息产业主管部门应当自收到申请之日起60日内审查完毕，作出批准或者不予批准的决定。予以批准的，颁发经营许可证；不予批准的，应当书面通知申请人并说明理由。

申请人取得经营许可证后，应当持经营许可证向企业登记机关办理登记手续。

第八条　从事非经营性互联网信息服务，应当向省、自治区、直辖市电信管理机构或者国务院信息产业主管部门办理备案手续。办理备案时，应当提交下列材料：

(一)主办单位和网站负责人的基本情况；

(二)网站网址和服务项目；

(三)服务项目属于本办法第五条规定范围的，已取得有关主管部门的同意文件。

省、自治区、直辖市电信管理机构对备案材料齐全的，应当予以备案并编号。

第九条　从事互联网信息服务，拟开办电子公告服务的，应当在申请经营性互联网信息服务许可或者办理非经营性互联网信息服务备案时，按照国家有关规定提出专项申请或者专项备案。

第十条　省、自治区、直辖市电信管理机构和国务院信息产业主管部门应当公布取得经营许可证或者已履行备案手续的互联网信息服务提供者名单。

第十一条　互联网信息服务提供者应当按照经许可或者备案的项目提供服务，不得超出经许可或者备案的项目提供服务。

非经营性互联网信息服务提供者不得从事有偿服务。

互联网信息服务提供者变更服务项目、网站网址等事项的，应当提前30日向原审核、发证或者备案机关办理变更手续。

第十二条　互联网信息服务提供者应当在其网站主页的显著位置标明其经营许可证编号或者备案编号。

第十三条　互联网信息服务提供者应当向上网用户提供良好的服务，并保证所提供的信息内容合法。

第十四条 从事新闻、出版以及电子公告等服务项目的互联网信息服务提供者，应当记录提供的信息内容及其发布时间、互联网地址或者域名；互联网接入服务提供者应当记录上网用户的上网时间、用户账号、互联网地址或者域名、主叫电话号码等信息。

互联网信息服务提供者和互联网接入服务提供者的记录备份应当保存60日，并在国家有关机关依法查询时，予以提供。

第十五条 互联网信息服务提供者不得制作、复制、发布、传播含有下列内容的信息：

（一）反对宪法所确定的基本原则的；

（二）危害国家安全，泄露国家秘密，颠覆国家政权，破坏国家统一的；

（三）损害国家荣誉和利益的；

（四）煽动民族仇恨、民族歧视，破坏民族团结的；

（五）破坏国家宗教政策，宣扬邪教和封建迷信的；

（六）散布谣言，扰乱社会秩序，破坏社会稳定的；

（七）散布淫秽、色情、赌博、暴力、凶杀、恐怖或者教唆犯罪的；

（八）侮辱或者诽谤他人，侵害他人合法权益的；

（九）含有法律、行政法规禁止的其他内容的。

第十六条 互联网信息服务提供者发现其网站传输的信息明显属于本办法第十五条所列内容之一的，应当立即停止传输，保存有关记录，并向国家有关机关报告。

第十七条 经营性互联网信息服务提供者申请在境内境外上市或者同外商合资、合作，应当事先经国务院信息产业主管部门审查同意；其中，外商投资的比例应当符合有关法律、行政法规的规定。

11.4.6 监督管理

第十八条 国务院信息产业主管部门和省、自治区、直辖市电信管理机构，依法对互联网信息服务实施监督管理。

新闻、出版、教育、卫生、药品监督管理、工商行政管理和公安、国家安全等有关主管部门，在各自职责范围内依法对互联网信息内容实施监督管理。

11.4.7 处罚条款

第十九条 违反本办法的规定，未取得经营许可证，擅自从事经营性互联网信息服务，或者超出许可的项目提供服务的，由省、自治区、直辖市电信管理机构责令限期改正，有违法所得的，没收违法所得，处违法所得3倍以上5倍以下的罚款；没有违法所得或者违法所得不足5万元的，处10万元以上100万元以下的罚款；情节严重的，责令关闭网站。

违反本办法的规定，未履行备案手续，擅自从事非经营性互联网信息服务，或者超出备案的项目提供服务的，由省、自治区、直辖市电信管理机构责令限期改正；拒不改正的，责令关闭网站。

第二十条 制作、复制、发布、传播本办法第十五条所列内容之一的信息，构成犯罪的，依法追究刑事责任；尚不构成犯罪的，由公安机关、国家安全机关依照《中华人民共和国治安管理处罚条例》、《计算机信息网络国际联网安全保护管理办法》等有关法律、行政法规的规定予以处罚；对经营性互联网信息服务提供者，并由发证机关责令停业整顿直至吊销经营许可证，通知企业登记机关；对非经营性互联网信息服务提供者，并由备案机关责令暂时关闭网站直至关闭网站。

第二十一条 未履行本办法第十四条规定的义务的，由省、自治区、直辖市电信管理机构责令改正；情节严重的，责令停业整顿或者暂时关闭网站。

第二十二条　违反本办法的规定，未在其网站主页上标明其经营许可证编号或者备案编号的，由省、自治区、直辖市电信管理机构责令改正，处5000元以上5万元以下的罚款。

第二十三条　违反本办法第十六条规定的义务的，由省、自治区、直辖市电信管理机构责令改正；情节严重的，对经营性互联网信息服务提供者，并由发证机关吊销经营许可证，对非经营性互联网信息服务提供者，并由备案机关责令关闭网站。

第二十四条　互联网信息服务提供者在其业务活动中，违反其他法律、法规的，由新闻、出版、教育、卫生、药品监督管理和工商行政管理等有关主管部门依照有关法律、法规的规定处罚。

第二十五条　电信管理机构和其他有关主管部门及其工作人员，玩忽职守、滥用职权、徇私舞弊，疏于对互联网信息服务的监督管理，造成严重后果，构成犯罪的，依法追究刑事责任；尚不构成犯罪的，对直接负责的主管人员和其他直接责任人员依法给予降级、撤职直至开除的行政处分。

第二十六条　在本办法公布前从事互联网信息服务的，应当自本办法公布之日起60日内依照本办法的有关规定补办有关手续。

第二十七条　本办法自公布之日起施行。

11.5　计算机软件保护条例

2001年12月20日，中华人民共和国国务院第339号令公布了《计算机软件保护条例》，该法规自2002年1月1日起施行。

11.5.1　宗旨

第一条　为了保护计算机软件著作权人的权益，调整计算机软件在开发、传播和使用中发生的利益关系，鼓励计算机软件的开发与应用，促进软件产业和国民经济信息化的发展，根据《中华人民共和国著作权法》，制定本条例。

第二条　本条例所称计算机软件（以下简称软件），是指计算机程序及其有关文档。

第三条　本条例下列用语的含义：

（一）计算机程序，是指为了得到某种结果而可以由计算机等具有信息处理能力的装置执行的代码化指令序列，或者可以被自动转换成代码化指令序列的符号化指令序列或者符号化语句序列。同一计算机程序的源程序和目标程序为同一作品。

（二）文档，是指用来描述程序的内容、组成、设计、功能规格、开发情况、测试结果及使用方法的文字资料和图表等，如程序设计说明书、流程图、用户手册等。

（三）软件开发者，是指实际组织开发、直接进行开发，并对开发完成的软件承担责任的法人或者其他组织；或者依靠自己具有的条件独立完成软件开发，并对软件承担责任的自然人。

（四）软件著作权人，是指依照本条例的规定，对软件享有著作权的自然人、法人或者其他组织。

第四条　受本条例保护的软件必须由开发者独立开发，并已固定在某种有形物体上。

第五条　中国公民、法人或者其他组织对其所开发的软件，不论是否发表，依照本条例享有著作权。

外国人、无国籍人的软件首先在中国境内发行的，依照本条例享有著作权。

外国人、无国籍人的软件，依照其开发者所属国或者经常居住地国同中国签订的协议或者依照中国参加的国际条约享有的著作权，受本条例保护。

第六条　本条例对软件著作权的保护不延及开发软件所用的思想、处理过程、操作方法或者数学概念等。

第七条　软件著作权人可以向国务院著作权行政管理部门认定的软件登记机构办理登记。软件登记机构发放的登记证明文件是登记事项的初步证明。

办理软件登记应当缴纳费用。软件登记的收费标准由国务院著作权行政管理部门会同国务院价格主管部门规定。

11.5.2　软件著作权

第八条　软件著作权人享有下列各项权利：

（一）发表权，即决定软件是否公之于众的权利；

（二）署名权，即表明开发者身份，在软件上署名的权利；

（三）修改权，即对软件进行增补、删节，或者改变指令、语句顺序的权利；

（四）复制权，即将软件制作一份或者多份的权利；

（五）发行权，即以出售或者赠与方式向公众提供软件的原件或者复制件的权利；

（六）出租权，即有偿许可他人临时使用软件的权利，但是软件不是出租的主要标的的除外；

（七）信息网络传播权，即以有线或者无线方式向公众提供软件，使公众可以在其个人选定的时间和地点获得软件的权利；

（八）翻译权，即将原软件从一种自然语言文字转换成另一种自然语言文字的权利；

（九）应当由软件著作权人享有的其他权利。

软件著作权人可以许可他人行使其软件著作权，并有权获得报酬。

软件著作权人可以全部或者部分转让其软件著作权，并有权获得报酬。

第九条　软件著作权属于软件开发者，本条例另有规定的除外。

如无相反证明，在软件上署名的自然人、法人或者其他组织为开发者。

第十条　由两个以上的自然人、法人或者其他组织合作开发的软件，其著作权的归属由合作开发者签订书面合同约定。无书面合同或者合同未作明确约定，合作开发的软件可以分割使用的，开发者对各自开发的部分可以单独享有著作权；但是，行使著作权时，不得扩展到合作开发的软件整体的著作权。合作开发的软件不能分割使用的，其著作权由各合作开发者共同享有，通过协商一致行使；不能协商一致，又无正当理由的，任何一方不得阻止他方行使除转让权以外的其他权利，但是所得收益应当合理分配给所有合作开发者。

第十一条　接受他人委托开发的软件，其著作权的归属由委托人与受托人签订书面合同约定；无书面合同或者合同未作明确约定的，其著作权由受托人享有。

第十二条　由国家机关下达任务开发的软件，著作权的归属与行使由项目任务书或者合同规定；项目任务书或者合同中未作明确规定的，软件著作权由接受任务的法人或者其他组织享有。

第十三条　自然人在法人或者其他组织中任职期间所开发的软件有下列情形之一的，该软件著作权由该法人或者其他组织享有，该法人或者其他组织可以对开发软件的自然人进行奖励：

（一）针对本职工作中明确指定的开发目标所开发的软件；

（二）开发的软件是从事本职工作活动所预见的结果或者自然的结果；

(三)主要使用了法人或者其他组织的资金、专用设备、未公开的专门信息等物质技术条件所开发并由法人或者其他组织承担责任的软件。

第十四条　软件著作权自软件开发完成之日起产生。

自然人的软件著作权,保护期为自然人终生及其死亡后 50 年,截止于自然人死亡后第 50 年的 12 月 31 日;软件是合作开发的,截止于最后死亡的自然人死亡后第 50 年的 12 月 31 日。

法人或者其他组织的软件著作权,保护期为 50 年,截止于软件首次发表后第 50 年的 12 月 31 日,但软件自开发完成之日起 50 年内未发表的,本条例不再保护。

第十五条　软件著作权属于自然人的,该自然人死亡后,在软件著作权的保护期内,软件著作权的继承人可以依照《中华人民共和国继承法》的有关规定,继承本条例第八条规定的除署名权以外的其他权利。

软件著作权属于法人或者其他组织的,法人或者其他组织变更、终止后,其著作权在本条例规定的保护期内由承受其权利义务的法人或者其他组织享有;没有承受其权利义务的法人或者其他组织的,由国家享有。

第十六条　软件的合法复制品所有人享有下列权利:

(一)根据使用的需要把该软件装入计算机等具有信息处理能力的装置内;

(二)为了防止复制品损坏而制作备份复制品。这些备份复制品不得通过任何方式提供给他人使用,并在所有人丧失该合法复制品的所有权时,负责将备份复制品销毁;

(三)为了把该软件用于实际的计算机应用环境或者改进其功能、性能而进行必要的修改;但是,除合同另有约定外,未经该软件著作权人许可,不得向任何第三方提供修改后的软件。

第十七条　为了学习和研究软件内含的设计思想和原理,通过安装、显示、传输或者存储软件等方式使用软件的,可以不经软件著作权人许可,不向其支付报酬。

11.5.3　软件著作权的许可使用和转让

第十八条　许可他人行使软件著作权的,应当订立许可使用合同。

许可使用合同中软件著作权人未明确许可的权利,被许可人不得行使。

第十九条　许可他人专有行使软件著作权的,当事人应当订立书面合同。

没有订立书面合同或者合同中未明确约定为专有许可的,被许可行使的权利应当视为非专有权利。

第二十条　转让软件著作权的,当事人应当订立书面合同。

第二十一条　订立许可他人专有行使软件著作权的许可合同,或者订立转让软件著作权合同,可以向国务院著作权行政管理部门认定的软件登记机构登记。

第二十二条　中国公民、法人或者其他组织向外国人许可或者转让软件著作权的,应当遵守《中华人民共和国技术进出口管理条例》的有关规定。

11.5.4　法律责任

第二十三条　除《中华人民共和国著作权法》或者本条例另有规定外,有下列侵权行为的,应当根据情况,承担停止侵害、消除影响、赔礼道歉、赔偿损失等民事责任:

(一)未经软件著作权人许可,发表或者登记其软件的;

(二)将他人软件作为自己的软件发表或者登记的;

(三)未经合作者许可,将与他人合作开发的软件作为自己单独完成的软件发表或者登记的;

(四)在他人软件上署名或者更改他人软件上的署名的；

(五)未经软件著作权人许可，修改、翻译其软件的；

(六)其他侵犯软件著作权的行为。

第二十四条　除《中华人民共和国著作权法》、本条例或者其他法律、行政法规另有规定外，未经软件著作权人许可，有下列侵权行为的，应当根据情况，承担停止侵害、消除影响、赔礼道歉、赔偿损失等民事责任；同时损害社会公共利益的，由著作权行政管理部门责令停止侵权行为，没收违法所得，没收、销毁侵权复制品，可以并处罚款；情节严重的，著作权行政管理部门并可以没收主要用于制作侵权复制品的材料、工具、设备等；触犯刑律的，依照刑法关于侵犯著作权罪、销售侵权复制品罪的规定，依法追究刑事责任：

(一)复制或者部分复制著作权人的软件的；

(二)向公众发行、出租、通过信息网络传播著作权人的软件的；

(三)故意避开或者破坏著作权人为保护其软件著作权而采取的技术措施的；

(四)故意删除或者改变软件权利管理电子信息的；

(五)转让或者许可他人行使著作权人的软件著作权的。

有前款第(一)项或者第(二)项行为的，可以并处每件 100 元或者货值金额 5 倍以下的罚款；有前款第(三)项、第(四)项或者第(五)项行为的，可以并处 5 万元以下的罚款。

第二十五条　侵犯软件著作权的赔偿数额，依照《中华人民共和国著作权法》第四十八条的规定确定。

第二十六条　软件著作权人有证据证明他人正在实施或者即将实施侵犯其权利的行为，如不及时制止，将会使其合法权益受到难以弥补的损害的，可以依照《中华人民共和国著作权法》第四十九条的规定，在提起诉讼前向人民法院申请采取责令停止有关行为和财产保全的措施。

第二十七条　为了制止侵权行为，在证据可能灭失或者以后难以取得的情况下，软件著作权人可以依照《中华人民共和国著作权法》第五十条的规定，在提起诉讼前向人民法院申请保全证据。

第二十八条　软件复制品的出版者、制作者不能证明其出版、制作有合法授权的，或者软件复制品的发行者、出租者不能证明其发行、出租的复制品有合法来源的，应当承担法律责任。

第二十九条　软件开发者开发的软件，由于可供选用的表达方式有限而与已经存在的软件相似的，不构成对已经存在的软件的著作权的侵犯。

第三十条　软件的复制品持有人不知道也没有合理理由应当知道该软件是侵权复制品的，不承担赔偿责任；但是，应当停止使用、销毁该侵权复制品。如果停止使用并销毁该侵权复制品将给复制品使用人造成重大损失的，复制品使用人可以在向软件著作权人支付合理费用后继续使用。

第三十一条　软件著作权侵权纠纷可以调解。

软件著作权合同纠纷可以依据合同中的仲裁条款或者事后达成的书面仲裁协议，向仲裁机构申请仲裁。

当事人没有在合同中订立仲裁条款，事后又没有书面仲裁协议的，可以直接向人民法院提起诉讼。

11.5.5　附则

第三十二条　本条例施行前发生的侵权行为，依照侵权行为发生时的国家有关规定处理。

第三十三条　本条例自2002年1月1日起施行。1991年6月4日国务院发布的《计算机软件保护条例》同时废止。

11.6　认证认可条例

2003年9月3日,中华人民共和国国务院令(第390号)发布了《中华人民共和国认证认可条例》,该法规于2003年8月20日经由国务院第18次常务会议通过,自2003年11月1日起施行。

11.6.1　宗旨

第一条　为了规范认证认可活动,提高产品、服务的质量和管理水平,促进经济和社会的发展,制定本条例。

第二条　本条例所称认证,是指由认证机构证明产品、服务、管理体系符合相关技术规范、相关技术规范的强制性要求或者标准的合格评定活动。

本条例所称认可,是指由认可机构对认证机构、检查机构、实验室以及从事评审、审核等认证活动人员的能力和执业资格,予以承认的合格评定活动。

第三条　在中华人民共和国境内从事认证认可活动,应当遵守本条例。

第四条　国家实行统一的认证认可监督管理制度。

国家对认证认可工作实行在国务院认证认可监督管理部门统一管理、监督和综合协调下,各有关方面共同实施的工作机制。

第五条　国务院认证认可监督管理部门应当依法对认证培训机构、认证咨询机构的活动加强监督管理。

第六条　认证认可活动应当遵循客观独立、公开公正、诚实信用的原则。

第七条　国家鼓励平等互利地开展认证认可国际互认活动。认证认可国际互认活动不得损害国家安全和社会公共利益。

第八条　从事认证认可活动的机构及其人员,对其所知悉的国家秘密和商业秘密负有保密义务。

11.6.2　认证机构

第九条　设立认证机构,应当经国务院认证认可监督管理部门批准,并依法取得法人资格后,方可从事批准范围内的认证活动。

未经批准,任何单位和个人不得从事认证活动。

第十条　设立认证机构,应当符合下列条件:

(一)有固定的场所和必要的设施;

(二)有符合认证认可要求的管理制度;

(三)注册资本不得少于人民币300万元;

(四)有10名以上相应领域的专职认证人员。

从事产品认证活动的认证机构,还应当具备与从事相关产品认证活动相适应的检测、检查等技术能力。

第十一条　设立外商投资的认证机构除应当符合本条例第十条规定的条件外,还应当符合下列条件：

（一）外方投资者取得其所在国家或者地区认可机构的认可；

（二）外方投资者具有 3 年以上从事认证活动的业务经历。

设立外商投资认证机构的申请、批准和登记，按照有关外商投资法律、行政法规和国家有关规定办理。

第十二条　设立认证机构的申请和批准程序：

（一）设立认证机构的申请人，应当向国务院认证认可监督管理部门提出书面申请，并提交符合本条例第十条规定条件的证明文件；

（二）国务院认证认可监督管理部门自受理认证机构设立申请之日起 90 日内，应当作出是否批准的决定。涉及国务院有关部门职责的，应当征求国务院有关部门的意见。决定批准的，向申请人出具批准文件，决定不予批准的，应当书面通知申请人，并说明理由；

（三）申请人凭国务院认证认可监督管理部门出具的批准文件，依法办理登记手续。

国务院认证认可监督管理部门应当公布依法设立的认证机构名录。

第十三条　境外认证机构在中华人民共和国境内设立代表机构，须经批准，并向工商行政管理部门依法办理登记手续后，方可从事与所从属机构的业务范围相关的推广活动，但不得从事认证活动。

境外认证机构在中华人民共和国境内设立代表机构的申请、批准和登记，按照有关外商投资法律、行政法规和国家有关规定办理。

第十四条　认证机构不得与行政机关存在利益关系。

认证机构不得接受任何可能对认证活动的客观公正产生影响的资助；不得从事任何可能对认证活动的客观公正产生影响的产品开发、营销等活动。

认证机构不得与认证委托人存在资产、管理方面的利益关系。

第十五条　认证人员从事认证活动，应当在一个认证机构执业，不得同时在两个以上认证机构执业。

第十六条　向社会出具具有证明作用的数据和结果的检查机构、实验室，应当具备有关法律、行政法规规定的基本条件和能力，并依法经认定后，方可从事相应活动，认定结果由国务院认证认可监督管理部门公布。

11.6.3　认证

第十七条　国家根据经济和社会发展的需要，推行产品、服务、管理体系认证。

第十八条　认证机构应当按照认证基本规范、认证规则从事认证活动。认证基本规范、认证规则由国务院认证认可监督管理部门制定；涉及国务院有关部门职责的，国务院认证认可监督管理部门应当会同国务院有关部门制定。

属于认证新领域，前款规定的部门尚未制定认证规则的，认证机构可以自行制定认证规则，并报国务院认证认可监督管理部门备案。

第十九条　任何法人、组织和个人可以自愿委托依法设立的认证机构进行产品、服务、管理体系认证。

第二十条　认证机构不得以委托人未参加认证咨询或者认证培训等为理由，拒绝提供本认证机构业务范围内的认证服务，也不得向委托人提出与认证活动无关的要求或者限制条件。

第二十一条　认证机构应当公开认证基本规范、认证规则、收费标准等信息。

第二十二条　认证机构以及与认证有关的检查机构、实验室从事认证以及与认证有关的检查、检测活动，应当完成认证基本规范、认证规则规定的程序，确保认证、检查、检测的完整、客观、真实，不得增加、减少、遗漏程序。

认证机构以及与认证有关的检查机构、实验室应当对认证、检查、检测过程作出完整记录，归档留存。

第二十三条　认证机构及其认证人员应当及时做出认证结论，并保证认证结论的客观、真实。认证结论经认证人员签字后，由认证机构负责人签署。

认证机构及其认证人员对认证结果负责。

第二十四条　认证结论为产品、服务、管理体系符合认证要求的，认证机构应当及时向委托人出具认证证书。

第二十五条　获得认证证书的，应当在认证范围内使用认证证书和认证标志，不得利用产品、服务认证证书、认证标志和相关文字、符号，误导公众认为其管理体系已通过认证，也不得利用管理体系认证证书、认证标志和相关文字、符号，误导公众认为其产品、服务已通过认证。

第二十六条　认证机构可以自行制定认证标志，并报国务院认证认可监督管理部门备案。

认证机构自行制定的认证标志的式样、文字和名称，不得违反法律、行政法规的规定，不得与国家推行的认证标志相同或者近似，不得妨碍社会管理，不得有损社会道德风尚。

第二十七条　认证机构应当对其认证的产品、服务、管理体系实施有效的跟踪调查，认证的产品、服务、管理体系不能持续符合认证要求的，认证机构应当暂停其使用直至撤销认证证书，并予公布。

第二十八条　为了保护国家安全、防止欺诈行为、保护人体健康或者安全、保护动植物生命或者健康、保护环境，国家规定相关产品必须经过认证的，应当经过认证并标注认证标志后，方可出厂、销售、进口或者在其他经营活动中使用。

第二十九条　国家对必须经过认证的产品，统一产品目录，统一技术规范的强制性要求、标准和合格评定程序，统一标志，统一收费标准。

统一的产品目录(以下简称目录)由国务院认证认可监督管理部门会同国务院有关部门制定、调整，由国务院认证认可监督管理部门发布，并会同有关方面共同实施。

第三十条　列入目录的产品，必须经国务院认证认可监督管理部门指定的认证机构进行认证。

列入目录产品的认证标志，由国务院认证认可监督管理部门统一规定。

第三十一条　列入目录的产品，涉及进出口商品检验目录的，应当在进出口商品检验时简化检验手续。

第三十二条　国务院认证认可监督管理部门指定的从事列入目录产品认证活动的认证机构以及与认证有关的检查机构、实验室(以下简称指定的认证机构、检查机构、实验室)，应当是长期从事相关业务、无不良记录，且已经依照本条例的规定取得认可、具备从事相关认证活动能力的机构。国务院认证认可监督管理部门指定从事列入目录产品认证活动的认证机构，应当确保在每一列入目录产品领域至少指定两家符合本条例规定条件的机构。

国务院认证认可监督管理部门指定前款规定的认证机构、检查机构、实验室，应当事先公布有关信息，并组织在相关领域公认的专家组成专家评审委员会，对符合前款规定要求的认证机构、检查机构、实验室进行评审；经评审并征求国务院有关部门意见后，按照资源合理利用、公平竞争和便利、有效的原则，在公布的时间内作出决定。

第三十三条　国务院认证认可监督管理部门应当公布指定的认证机构、检查机构、实验室名录及指定的业务范围。

未经指定，任何机构不得从事列入目录产品的认证以及与认证有关的检查、检测活动。

第三十四条　列入目录产品的生产者或者销售者、进口商，均可自行委托指定的认证机构进行认证。

第三十五条　指定的认证机构、检查机构、实验室应当在指定业务范围内，为委托人提供方便、及时的认证、检查、检测服务，不得拖延，不得歧视、刁难委托人，不得牟取不当利益。

指定的认证机构不得向其他机构转让指定的认证业务。

第三十六条　指定的认证机构、检查机构、实验室开展国际互认活动，应当在国务院认证认可监督管理部门或者经授权的国务院有关部门对外签署的国际互认协议框架内进行。

11.6.4　认可

第三十七条　国务院认证认可监督管理部门确定的认可机构（以下简称认可机构），独立开展认可活动。

除国务院认证认可监督管理部门确定的认可机构外，其他任何单位不得直接或者变相从事认可活动。其他单位直接或者变相从事认可活动的，其认可结果无效。

第三十八条　认证机构、检查机构、实验室可以通过认可机构的认可，以保证其认证、检查、检测能力持续、稳定地符合认可条件。

第三十九条　从事评审、审核等认证活动的人员，应当经认可机构注册后，方可从事相应的认证活动。

第四十条　认可机构应当具有与其认可范围相适应的质量体系，并建立内部审核制度，保证质量体系的有效实施。

第四十一条　认可机构根据认可的需要，可以选聘从事认可评审活动的人员。从事认可评审活动的人员应当是相关领域公认的专家，熟悉有关法律、行政法规以及认可规则和程序，具有评审所需要的良好品德、专业知识和业务能力。

第四十二条　认可机构委托他人完成与认可有关的具体评审业务的，由认可机构对评审结论负责。

第四十三条　认可机构应当公开认可条件、认可程序、收费标准等信息。

认可机构受理认可申请，不得向申请人提出与认可活动无关的要求或者限制条件。

第四十四条　认可机构应当在公布的时间内，按照国家标准和国务院认证认可监督管理部门的规定，完成对认证机构、检查机构、实验室的评审，作出是否给予认可的决定，并对认可过程作出完整记录，归档留存。认可机构应当确保认可的客观公正和完整有效，并对认可结论负责。

认可机构应当向取得认可的认证机构、检查机构、实验室颁发认可证书，并公布取得认可的认证机构、检查机构、实验室名录。

第四十五条　认可机构应当按照国家标准和国务院认证认可监督管理部门的规定，对从事评审、审核等认证活动的人员进行考核，考核合格的，予以注册。

第四十六条　认可证书应当包括认可范围、认可标准、认可领域和有效期限。

认可证书的格式和认可标志的式样须经国务院认证认可监督管理部门批准。

第四十七条　取得认可的机构应当在取得认可的范围内使用认可证书和认可标志。取得认可的机构不当使用认可证书和认可标志的，认可机构应当暂停其使用直至撤销认可证书，并予公布。

第四十八条　认可机构应当对取得认可的机构和人员实施有效的跟踪监督，定期对取得认可的机构进行复评审，以验证其是否持续符合认可条件。取得认可的机构和人员不再符合认可条件的，认可机构应当撤销认可证书，并予公布。

取得认可的机构的从业人员和主要负责人、设施、自行制定的认证规则等与认可条件相关的情况发生变化的，应当及时告知认可机构。

第四十九条　认可机构不得接受任何可能对认可活动的客观公正产生影响的资助。

第五十条　境内的认证机构、检查机构、实验室取得境外认可机构认可的，应当向国务院认证认可监督管理部门备案。

11.6.5　监督管理

第五十一条　国务院认证认可监督管理部门可以采取组织同行评议，向被认证企业征求意见，对认证活动和认证结果进行抽查，要求认证机构以及与认证有关的检查机构、实验室报告业务活动情况的方式，对其遵守本条例的情况进行监督。发现有违反本条例行为的，应当及时查处，涉及国务院有关部门职责的，应当及时通报有关部门。

第五十二条　国务院认证认可监督管理部门应当重点对指定的认证机构、检查机构、实验室进行监督，对其认证、检查、检测活动进行定期或者不定期的检查。指定的认证机构、检查机构、实验室，应当定期向国务院认证认可监督管理部门提交报告，并对报告的真实性负责；报告应当对从事列入目录产品认证、检查、检测活动的情况作出说明。

第五十三条　认可机构应当定期向国务院认证认可监督管理部门提交报告，并对报告的真实性负责；报告应当对认可机构执行认可制度的情况、从事认可活动的情况、从业人员的工作情况作出说明。

国务院认证认可监督管理部门应当对认可机构的报告作出评价，并采取查阅认可活动档案资料、向有关人员了解情况等方式，对认可机构实施监督。

第五十四条　国务院认证认可监督管理部门可以根据认证认可监督管理的需要，就有关事项询问认可机构、认证机构、检查机构、实验室的主要负责人，调查了解情况，给予告诫，有关人员应当积极配合。

第五十五条　省、自治区、直辖市人民政府质量技术监督部门和国务院质量监督检验检疫部门设在地方的出入境检验检疫机构，在国务院认证认可监督管理部门的授权范围内，依照本条例的规定对认证活动实施监督管理。

国务院认证认可监督管理部门授权的省、自治区、直辖市人民政府质量技术监督部门和国务院质量监督检验检疫部门设在地方的出入境检验检疫机构，统称地方认证监督管理部门。

第五十六条　任何单位和个人对认证认可违法行为，有权向国务院认证认可监督管理部门和地方认证监督管理部门举报。国务院认证认可监督管理部门和地方认证监督管理部门应当及时调查处理，并为举报人保密。

11.6.6　法律责任

第五十七条　未经批准擅自从事认证活动的，予以取缔，处10万元以上50万元以下的罚款，有违法所得的，没收违法所得。

第五十八条　境外认证机构未经批准在中华人民共和国境内设立代表机构的，予以取缔，处

5 万元以上 20 万元以下的罚款。

经批准设立的境外认证机构代表机构在中华人民共和国境内从事认证活动的，责令改正，处 10 万元以上 50 万元以下的罚款，有违法所得的，没收违法所得；情节严重的，撤销批准文件，并予公布。

第五十九条　认证机构接受可能对认证活动的客观公正产生影响的资助，或者从事可能对认证活动的客观公正产生影响的产品开发、营销等活动，或者与认证委托人存在资产、管理方面的利益关系的，责令停业整顿；情节严重的，撤销批准文件，并予公布；有违法所得的，没收违法所得；构成犯罪的，依法追究刑事责任。

第六十条　认证机构有下列情形之一的，责令改正，处 5 万元以上 20 万元以下的罚款，有违法所得的，没收违法所得；情节严重的，责令停业整顿，直至撤销批准文件，并予公布：

（一）超出批准范围从事认证活动的；

（二）增加、减少、遗漏认证基本规范、认证规则规定的程序的；

（三）未对其认证的产品、服务、管理体系实施有效的跟踪调查，或者发现其认证的产品、服务、管理体系不能持续符合认证要求，不及时暂停其使用或者撤销认证证书并予公布的；

（四）聘用未经认可机构注册的人员从事认证活动的。

与认证有关的检查机构、实验室增加、减少、遗漏认证基本规范、认证规则规定的程序的，依照前款规定处罚。

第六十一条　认证机构有下列情形之一的，责令限期改正；逾期未改正的，处 2 万元以上 10 万元以下的罚款：

（一）以委托人未参加认证咨询或者认证培训等为理由，拒绝提供本认证机构业务范围内的认证服务，或者向委托人提出与认证活动无关的要求或者限制条件的；

（二）自行制定的认证标志的式样、文字和名称，与国家推行的认证标志相同或者近似，或者妨碍社会管理，或者有损社会道德风尚的；

（三）未公开认证基本规范、认证规则、收费标准等信息的；

（四）未对认证过程作出完整记录，归档留存的；

（五）未及时向其认证的委托人出具认证证书的。

与认证有关的检查机构、实验室未对与认证有关的检查、检测过程作出完整记录，归档留存的，依照前款规定处罚。

第六十二条　认证机构出具虚假的认证结论，或者出具的认证结论严重失实的，撤销批准文件，并予公布；对直接负责的主管人员和负有直接责任的认证人员，撤销其执业资格；构成犯罪的，依法追究刑事责任；造成损害的，认证机构应当承担相应的赔偿责任。

指定的认证机构有前款规定的违法行为的，同时撤销指定。

第六十三条　认证人员从事认证活动，不在认证机构执业或者同时在两个以上认证机构执业的，责令改正，给予停止执业 6 个月以上 2 年以下的处罚，仍不改正的，撤销其执业资格。

第六十四条　认证机构以及与认证有关的检查机构、实验室未经指定擅自从事列入目录产品的认证以及与认证有关的检查、检测活动的，责令改正，处 10 万元以上 50 万元以下的罚款，有违法所得的，没收违法所得。

认证机构未经指定擅自从事列入目录产品的认证活动的，撤销批准文件，并予公布。

第六十五条　指定的认证机构、检查机构、实验室超出指定的业务范围从事列入目录产品的认证以及与认证有关的检查、检测活动的，责令改正，处 10 万元以上 50 万元以下的罚款，有违法所得的，没收违法所得；情节严重的，撤销指定直至撤销批准文件，并予公布。

指定的认证机构转让指定的认证业务的，依照前款规定处罚。

第六十六条　认证机构、检查机构、实验室取得境外认可机构认可，未向国务院认证认可监督管理部门备案的，给予警告，并予公布。

第六十七条　列入目录的产品未经认证，擅自出厂、销售、进口或者在其他经营活动中使用的，责令改正，处5万元以上20万元以下的罚款，有违法所得的，没收违法所得。

第六十八条　认可机构有下列情形之一的，责令改正；情节严重的，对主要负责人和负有责任的人员撤职或者解聘：

(一)对不符合认可条件的机构和人员予以认可的；

(二)发现取得认可的机构和人员不符合认可条件，不及时撤销认可证书，并予公布的；

(三)接受可能对认可活动的客观公正产生影响的资助的。

被撤职或者解聘的认可机构主要负责人和负有责任的人员，自被撤职或者解聘之日起5年内不得从事认可活动。

第六十九条　认可机构有下列情形之一的，责令改正；对主要负责人和负有责任的人员给予警告：

(一)受理认可申请，向申请人提出与认可活动无关的要求或者限制条件的；

(二)未在公布的时间内完成认可活动，或者未公开认可条件、认可程序、收费标准等信息的；

(三)发现取得认可的机构不当使用认可证书和认可标志，不及时暂停其使用或者撤销认可证书并予公布的；

(四)未对认可过程作出完整记录，归档留存的。

第七十条　国务院认证认可监督管理部门和地方认证监督管理部门及其工作人员，滥用职权、徇私舞弊、玩忽职守，有下列行为之一的，对直接负责的主管人员和其他直接责任人员，依法给予降级或者撤职的行政处分；构成犯罪的，依法追究刑事责任：

(一)不按照本条例规定的条件和程序，实施批准和指定的；

(二)发现认证机构不再符合本条例规定的批准或者指定条件，不撤销批准文件或者指定的；

(三)发现指定的检查机构、实验室不再符合本条例规定的指定条件，不撤销指定的；

(四)发现认证机构以及与认证有关的检查机构、实验室出具虚假的认证以及与认证有关的检查、检测结论或者出具的认证以及与认证有关的检查、检测结论严重失实，不予查处的；

(五)发现本条例规定的其他认证认可违法行为，不予查处的。

第七十一条　伪造、冒用、买卖认证标志或者认证证书的，依照《中华人民共和国产品质量法》等法律的规定查处。

第七十二条　本条例规定的行政处罚，由国务院认证认可监督管理部门或者其授权的地方认证监督管理部门按照各自职责实施。法律、其他行政法规另有规定的，依照法律、其他行政法规的规定执行。

第七十三条　认证人员自被撤销执业资格之日起5年内，认可机构不再受理其注册申请。

第七十四条　认证机构未对其认证的产品实施有效的跟踪调查，或者发现其认证的产品不能持续符合认证要求，不及时暂停或者撤销认证证书和要求其停止使用认证标志给消费者造成损失的，与生产者、销售者承担连带责任。

11.6.7 附则

第七十五条　药品生产、经营企业质量管理规范认证，实验动物质量合格认证，军工产品的认证，以及从事军工产品校准、检测的实验室及其人员的认可，不适用本条例。

依照本条例经批准的认证机构从事矿山、危险化学品、烟花爆竹生产经营单位管理体系认证，由国务院安全生产监督管理部门结合安全生产的特殊要求组织；从事矿山、危险化学品、烟花爆竹生产经营单位安全生产综合评价的认证机构，经国务院安全生产监督管理部门推荐，方可取得认可机构的认可。

第七十六条　认证认可收费，应当符合国家有关价格法律、行政法规的规定。

第七十七条　认证培训机构、认证咨询机构的管理办法由国务院认证认可监督管理部门制定。

第七十八条　本条例自 2003 年 11 月 1 日起施行。1991 年 5 月 7 日国务院发布的《中华人民共和国产品质量认证管理条例》同时废止。（完）

习　题

1. 我国最早的信息安全行政法规是什么？
2. 根据商用密码管理条例，什么是商用密码？
3. 什么是计算机信息系统？
4. 简述颁布《计算机信息系统安全保护条例》的宗旨。
5. 简述《计算机信息系统安全保护条例》所设立的安全保护制度。
6. 简述公安机关在计算机信息系统安全保护方面的监督职权。
7. 简述《中华人民共和国计算机信息网络国际联网管理暂行规定实施办法》的意义。
8. 简述目前国内现有的四大互联网络及其管理单位。
9. 在申请互联网接入服务时，接入网络可行性报告的主要内容应当包括哪几个方面？
10. 简述作为一个用户在使用互联网时应注意的事项。

第12章 信息安全部门规章和规范性文件

12.1 保密局与科委发布的规章和规范性文件

12.1.1 计算机信息系统国际联网保密管理规定

2000年1月，国家保密局发布了《计算机信息系统国际联网保密管理规定》。

1. 总则

第一条 为了加强计算机信息系统国际联网的保密管理，确保国家秘密的安全，根据《中华人民共和国保守国家秘密法》和国家有关法规的规定，制定本规定。

第二条 计算机信息系统国际联网，是指中华人民共和国境内的计算机信息系统为实现信息的国际交流，同外国的计算机信息网络相联接。

第三条 凡进行国际联网的个人、法人和其他组织(以下统称用户)，互联单位和接入单位，都应当遵守本规定。

第四条 计算机信息系统国际联网的保密管理，实行控制源头、归口管理、分级负责、突出重点、有利发展的原则。

第五条 国家保密工作部门主管全国计算机信息系统国际联网的保密工作。县级以上地方各级保密工作部门，主管本行政区域内计算机信息系统国际联网的保密工作。

中央国家机关在其职权范围内，主管或指导本系统计算机信息系统国际联网的保密工作。

2. 保密制度

第六条 涉及国家秘密的计算机信息系统，不得直接或间接地与国际互联网或其他公共信息网络相联接，必须实行物理隔离。

第七条 涉及国家秘密的信息，包括在对外交往与合作中经审查、批准与境外特定对象合法交换的国家秘密信息，不得在国际联网的计算机信息系统中存储、处理、传递。

第八条 上网信息的保密管理坚持"谁上网谁负责"的原则。凡向国际联网的站点提供或发布信息，必须经过保密审查批准。保密审批实行部门管理，有关单位应当根据国家保密法规，建立健全上网信息保密审批领导责任制。提供信息的单位应当按照一定的工作程序，健全信息保密审批制度。

第九条 凡以提供网上信息服务为目的而采集的信息，除在其他新闻媒体上已公开发表的，组织者在上网发布前，应当征得提供信息单位的同意；凡对网上信息进行扩充或更新，应当认真执行信息保密审核制度。

第十条 凡在网上开设电子公告系统、聊天室、网络新闻组的单位和用户，应由相应的保密工作机构审批，明确保密要求和责任。任何单位和个人不得在电子公告系统、聊天室、网络新闻组上发布、谈论和传播国家秘密信息。

面向社会开放的电子公告系统、聊天室、网络新闻组，开办人或其上级主管部门应认真履行保密义务，建立完善的管理制度，加强监督检查。发现有涉密信息，应及时采取措施，并报告当地保密工作部门。

第十一条 用户使用电子函件进行网上信息交流，应当遵守国家有关保密规定，不得利用电子函件传递、转发或抄送国家秘密信息。

互联单位、接入单位对其管理的邮件服务器的用户，应当明确保密要求，完善管理制度。

第十二条 互联单位和接入单位，应当把保密教育作为国际联网技术培训的重要内容。互联单位与接入单位、接入单位与用户所签订的协议和用户守则中，应当明确规定遵守国家保密法律，不得泄露国家秘密信息的条款。

3. 保密监督

第十三条 各级保密工作部门应当有相应机构或人员负责计算机信息系统国际联网的保密管理工作，应当督促互联单位、接入单位及用户建立健全信息保密管理制度，监督、检查国际联网保密管理制度规定的执行情况。

对于没有建立信息保密管理制度或责任不明、措施不力、管理混乱，存在明显威胁国家秘密信息安全隐患的部门或单位，保密工作部门应责令其进行整改，整改后仍不符合保密要求的，应当督促其停止国际联网。

第十四条 各级保密工作部门，应当加强计算机信息系统国际联网的保密检查，依法查处各种泄密行为。

第十五条 互联单位、接入单位和用户，应当接受并配合保密工作部门实施的保密监督检查，协助保密工作部门查处利用国际联网泄露国家秘密的违法行为，并根据保密工作部门的要求，删除网上涉及国家秘密的信息。

第十六条 互联单位、接入单位和用户，发现国家秘密泄露或可能泄露情况时，应当立即向保密工作部门或机构报告。

第十七条 各级保密工作部门和机构接到举报或检查发现网上有泄密情况时，应当立即组织查处，并督促有关部门及时采取补救措施，监督有关单位限期删除网上涉及国家秘密的信息。

4. 附则

第十八条 与香港、澳门特别行政区和台湾地区联网的计算机信息系统的保密管理，参照本规定执行。

第十九条 军队的计算机信息系统国际联网保密管理工作，可根据本规定制定具体规定执行。

第二十条 本规定自 2000 年 1 月 1 日起施行。

12.1.2 加强科技人员流动中技术秘密管理的若干意见

1997 年 7 月 2 日，国家科委发布了《加强科技人员流动中技术秘密管理的若干意见》(国科发政字(1997)317 号)，主要内容如下。

随着社会主义市场经济体制的逐步建立和完善，科技、经济体制改革的不断深入和发展，我国的科技人员流动工作有了新的发展，对促进科技成果转化，科研结构调整、人才分流，实现在社会主义市场经济体制下科技人才和技术资源的优化配置，深化科技体制改革，发挥了积极的作用。当前，随着社会经济生活的日益活跃，经济、技术竞争日益加剧，在科技人员流动中，也出现了一些值得重视的问题，如少数承担国家重点科技计划项目或者在科研、国防、军工等关键岗位上工作的科技人员擅自离职，给国家利益造成重大损失；科技人员在离职后侵犯原单位的知识产权和技术权益，特别是将原单位拥有的技术秘密，甚至经法定程序确定的国家科技秘密擅自披露、使用或者允许他人使用；一些单位采取不正当手段挖走人才，破坏正常的科研秩序和市场竞争秩序，等等。因此，如何正确处理科技人员流动中所涉及的国家、单位和个人三者的利益关系，鼓励正当的人才流动活动，制止在流动中对国家科技秘密和单位技术秘密的侵犯行为，是当前科技体制改革中亟待解决的一个重要问题，需要明确有关具体的政策界限和管理措施，为此，提出如下意见：

一、科技人员流动是社会主义市场经济体制下劳动择业自由的体现，也是深化科技体制改革，促进科研结构调整、人才分流，实现科技人才和技术资源优化配置的一项重要措施。

鼓励和支持部分科技人员以调离、辞职等方式到社会主义现代化建设中最能发挥其作用的岗位去工作。

科技人员流动应当依法有序地进行。科技人员在流动中，应当遵守国家的有关法律、法规和本单位的各项管理制度，自觉维护国家或者单位的合法权益。国家机关和企业事业单位要加强对科技人员流动的管理工作，对科研任务不饱满或者学科专业不适合本单位发展需要、自愿流动的科技人员，在组织和人事管理上应提供便利和支持。各级科技行政主管部门也应当加强对科技人员流动的宏观管理和政策引导，支持正当合理的科技人员流动活动。

二、本单位所拥有的技术秘密，是指由单位研制开发或者以其他合法方式掌握的、未公开的、能给单位带来经济利益或竞争优势，具有实用性且本单位采取了保密措施的技术信息，包括但不限于设计图纸（含草图）、试验结果和试验记录、工艺、配方、样品、数据、计算机程序等等。技术信息可以是有特定的完整的技术内容，构成一项产品、工艺、材料及其改进的技术方案，也可以是某一产品、工艺、材料等技术或产品中的部分技术要素。

技术秘密是一种重要的知识产权，其开发和完成凝聚着国家或者有关单位大量的人力和物力投入。因此，科技人员流动中不得将本人在工作中掌握的、由本单位拥有的技术秘密（包括本人完成或参与完成的职务技术成果）非法披露给用人单位、转让给第三者或者自行使用。

三、企事业单位要加强对承担国家科技计划项目或者本单位重要科研任务的科技人员进行管理。对列入确定为国家重大科技计划项目的计划任务书或者有关合同课题组成员名单的科技人员，在科研任务尚未结束前要求调离、辞职，并可能泄露国家重大科技计划项目或者科研任务所涉及的技术秘密，危及国家安全和利益的，原则上不予批准。擅自离职，并给国家或者原单位造成经济损失或泄露有关技术秘密的，可以依据有关法律规定，要求其承担经济责任；用人单位有过错的，也应当依法承担连带赔偿责任。

四、企事业单位所拥有的技术秘密，凡依据国家科委、国家保密局发布的《科学技术保密规定》确定为国家科学技术秘密的，应当按该规定并参照本意见进行管理。各企事业单位和科技人员负有保守国家科学技术秘密的义务。在依据国家科委、国家保密局《科学技术保密规定》确定国家科学技术秘密时，应当确定涉密人员范围。涉密人员调离、辞职时，应当经确定密级的主管部门批准，并对其进行保密教育。未经批准擅自离职的，依法追究当事人及用人单位负责人的行政责任。故意或者过失泄露国家科学技术秘密，情节严重，并致使国家利益遭受重大损失的，依法追究当事人的刑事责任。

五、企事业单位应当对本单位拥有的技术秘密采取合法、有效的保密措施，并使这些措施有针对性地适用于科技成果的完成人、与因业务上可能知悉该技术秘密的人员或者业务相关人员，以及有关的行政管理人员。这些措施包括订立保密协议、建立保密制度、采用保密技术、采用适当的保密设施和装置以及采用其他合理的保密方法。有关保密措施应当是明确、明示的，并能够具体确定本单位所拥有的技术秘密的范围、种类、保密期限、保密方法以及泄密责任。单位未采取适当保密措施，或者有关技术信息的内容已公开、能够从公开渠道直接得到的，科技人员可以自行使用。

科技人员可以与其工作单位就该单位的技术秘密、职务技术成果的使用、转让等有关事项签订书面协议，约定科技人员可以自行使用的范围、方式、条件等具体问题。

六、企事业单位可以按照有关法律规定，与本单位的科技人员、行政管理人员，以及因业务上可能知悉技术秘密的人员或业务相关人员，签订技术保密协议。该保密协议可以与劳动聘用合同订为一个合同，也可以与有关知识产权权利归属协议合订为一个合同，也可以单独签订。

签订技术保密协议，应当遵循公平、合理的原则，其主要内容包括：保密的内容和范围、双方的权利和义务、保密期限、违约责任等。技术保密协议可以在有关人员调入本单位时签订，也可以与已在本单位工作的人员协商后签订。拒不签订保密协议的，单位有权不调入，或者不予聘用。但是，有关技术保密协议不得违反法律、法规规定，或非法限制科技人员的正当流动。协议条款所确定的双方权利义务不得显失公平。

承担保密义务的科技人员享有因从事技术开发活动而获取相应报酬和奖励的权利。单位无正当理由，拒不支付奖励和报酬的，科技人员或者有关人员有权要求变更或者终止技术保密协议。技术保密协议一经双方当事人签字盖章，即发生法律效力，任何一方违反协议的，另一方可以依法向有关仲裁机构申请仲裁或向人民法院提起诉讼。

七、单位可以在劳动聘用合同、知识产权权利归属协议或者技术保密协议中，与对本单位技术权益和经济利益有重要影响的有关行政管理人员、科技人员和其他相关人员协商，约定竞业限制条款，约定有关人员在离开单位后一定期限内不得在生产同类产品或经营同类业务且有竞争关系或者其他利害关系的其他单位内任职，或者自己生产、经营与原单位有竞争关系的同类产品或业务。凡有这种约定的，单位应向有关人员支付一定数额的补偿费。竞业限制的期限最长不得超过 3 年。

竞业限制条款一般应当包括竞业限制的具体范围、竞业限制的期限、补偿费的数额及支付方法、违约责任等内容。但与竞业限制内容相关的技术秘密已为公众所知悉，或者已不能为本单位带来经济利益或竞争优势，不具有实用性，或负有竞业限制义务的人员有足够证据证明该单位未执行国家有关科技人员的政策，受到显失公平待遇以及本单位违反竞业限制条款，不支付或者无正当理由拖欠补偿费的，竞业限制条款自行终止。

单位与有关人员就竞业限制条款发生争议的，任何一方有权依法向有关仲裁机构申请仲裁或向人民法院起诉。

八、企事业单位应当在科技人员或者有关人员离开本单位时，以书面或者口头形式向 该人员重申其保密义务和竞业限制义务，并可以向其新任职的单位通报该人员在原单位所承担的保密义务和竞业限制义务。用人单位在科技人员或有关人员调入本单位时，应当主动了解该人员在原单位所承担的保密义务和竞业限制义务，并自觉尊重上述协议。明知该人员承担原单位保密义务或者竞业限制义务，并以获取有关技术秘密为目的故意聘用的，应当承担相应的法律责任。

九、科技人员或者其他有关人员在离开原单位后，利用在原单位掌握或接触的由原单位所拥有的技术秘密，并在此基础上作出新的技术成果或技术创新，有权就新的技术成果或技术创新予以实施或者使用，但在实施或者使用时利用了原单位所拥有的，且其本人开发的新的技术成果或技术创新的，有关人员和用人单位应当承担相应的法律责任。

十、在工作期间接触或掌握本单位所拥有的技术秘密的离退休人员、行政管理人员以及其他因业务上可能知悉本单位拥有的技术秘密的人员，可以依照本意见进行管理。

十一、科技人员在完成本职工作和不侵犯本单位技术权益、经济利益的前提下，业余兼职从事技术开发和技术创新等活动的，应当依照国家有关法律、法规和1988年1月国务院批准的《国家科委关于科技人员业余兼职若干问题的意见》的规定，正确处理本职和兼职关系，不得在业余兼职活动中将本单位的技术秘密擅自提供给兼职单位，也不得利用兼职关系从兼职单位套取技术秘密，侵害兼职单位的技术权益。企事业单位可以参照本意见对有关兼职人员进行管理。

12.1.3 科学技术保密规定

1995年1月6日，由国家科学技术委员会和国家保密局共同制定了《科学技术保密规定》。

1. 总则

第一条　根据《中华人民共和国保守国家秘密法》和《中华人民共和国科学技术进步法》，制定本规定。

第二条　科学技术保密工作既要保障国家科学技术秘密的安全，又要促进科学技术的发展，有利于解放和发展生产力。

第三条　科学技术保密应当突出重点，确保重要国家科学技术秘密的安全，有控制地放宽一般国家科学技术秘密的交流与应用。

第四条　科学技术保密工作应当与科学技术管理工作相结合，是科技管理部门的重要职责。做好科学技术保密工作应当依靠广大科学工作者。

第五条　国家科学技术委员会（以下简称国家科委）按照职责管理全国的科学技术保密工作。各省、自治区、直辖市科技主管部门按照职责管理本地区的科学技术保密工作，中央国家机关各部门的科技主管机构按照职责管理本部门或者本系统的科学技术保密工作。

第六条　各级保密工作部门对科学技术保密工作负有指导、协调、监督和检查的职责。

2. 国家科学技术秘密的范围和密级

第七条　关系国家的安全和利益，一旦泄露会造成下列后果之一的科学技术，应当列入国家科学技术秘密范围：

（一）削弱国家的防御和治安能力；

（二）影响我国技术在国际上的先进程度；

（三）失去我国技术的独有性；

（四）影响技术的国际竞争能力；

（五）损害国家声誉、权益和对外关系。

第八条　国家科学技术秘密的密级：

（一）绝密级

1. 国际领先，并且对国防建设或者经济建设具有特别重大影响的；

2. 能够导致高新技术领域突破的；

3. 能够整体反映国家防御和治安实力的。

（二）机密级

1. 处于国际先进水平，并且具有军事用途或者对经济建设具有重要影响的；

2. 能够局部反映国家防御和治安实力的；

3. 我国独有、不受自然条件因素制约、能体现民族特色的精华，并且社会效益或者经济效益显著的传统工艺。

(三)秘密级

1. 处于国际先进水平,并且与国外相比在主要技术方面具有优势,社会效益或者经济效益较大的;

2. 我国独有、受一定自然条件因素制约,并且社会效益或者经济效益很大的传统工艺。

第九条　有下列情形之一的,不列入国家科学技术秘密的范围:

(一)国外已经公开;

(二)在国际上无竞争能力且不涉及国家防御和治安能力;

(三)纯基础理论研究成果;

(四)在国内已经流传或者当地群众基本能够掌握的传统工艺;

(五)主要受当地气候、资源等自然条件因素制约且很难模拟其生产条件的传统工艺。

第十条　属于国家科学技术秘密的民用科学技术,原则上不定为绝密级。确需定为绝密级的应当符合本规定第八条关于绝密级的规定,并报国家科委审批。

3. 国家科学技术秘密密级的确定、变更及其解密。

第十一条　国家科学技术秘密事项,应当依照下列规定确定密级:

(一)产生单位按照本规定第八条的规定及时确定密级。

(二)按照本规定第七条、第八条的规定,对科学技术成果难以确定其是否属于国家秘密和属于何种密级的,由产生单位按照《科技成果国家秘密密级评价方法》,及时确定密级;

(三)制定科研计划、规划时,有关单位应当按照本规定及时确定项目或者课题的密级。科技成果完成的同时,应当对其密级进行评价;

(四)有关单位应当在国家科学技术秘密事项的密级确定后三十日内,按照行政隶属关系上报省、自治区、直辖市的科技主管部门或者中央国家机关各部门的科技主管机构。

确定国家科学技术秘密事项的密级,应当同时确定其保密期限和保密要点。

第十二条　个人完成的科学技术成果,由其所在省、自治区、直辖市的科技主管部门确定密级,并按照本规定予以管理。

第十三条　国家科学技术秘密事项,有下列情形之一的,应当及时变更密级:

(一)知悉范围拟作较大改变的;

(二)一旦泄露对国家安全和利益的损害程度会发生明显变化的。

国家科学技术秘密事项密级的变更,由确定其密级的机关、单位决定。

第十四条　国家科学技术秘密事项,有下列情形之一的,应当及时解密:

(一)技术趋向陈旧,失去保密价值的;

(二)为使我国占领国际市场,且已有接替技术或者国外即将研究成功的;

(三)已经扩散而很难采取补救措施的;

(四)已在大范围试验推广,可保性较差的;

(五)可以从公开产品中获得的。

国家科学技术秘密事项保密期限届满的,自行解密。

对需在保密期限内解密的国家科学技术秘密事项,有关单位和个人可以提出解密建议。秘密级的报省、自治区、直辖市的科技主管部门或者中央国家机关各部门的科技主管机构审定;机密级、绝密级的报国家科委审定。审定结果应当在接到报告后的三十日内通知有关单位和个人。

第十五条　国家科委,各省、自治区、直辖市的科技主管部门,中央国家机关各部门的科技主管机构,以及确定密级的机关、单位对认为需要继续保密的,可以作出延长保密期限的决定,并在保密期限届满前三十日通知有关单位和个人。

第十六条　国家科委，各省、自治区、直辖市的科技主管部门和中央国家机关各部门的科技主管机构对国家科学秘密事项的确定、变更及解密不符合国家有关保密法规和本规定的行为，有权予以纠正。

第十七条　各省、自治区、直辖市的科技主管部门和中央国家机关各部门的科技主管机构应当将本地区、本部门确定和变更国家秘密技术的密级及其解密的情况按年度报国家科委，由国家科委组织专家进行审核，并会同国家保密工作部门定期发布。

4. 国家科学技术秘密保密管理

第十八条　国家科委管理全国科学技术保密工作，具体职责如下：

（一）制定或者会同有关部门制定科学技术保密工作的规章制度；

（二）指导国家科学技术秘密事项的确定和调整工作；

（三）按规定审查或者审批涉外的国家科学技术秘密事项；

（四）协助国家保密工作部门对科学技术保密工作进行检查和查处重大科学技术泄密事件；

（五）开展科学技术保密宣传教育，组织科学技术保密干部培训；

（六）表彰、奖励科学保密办公室，负责科学技术保密管理的日常工作。

第十九条　各省、自治区、直辖市的科技主管部门和中央国家机关各部门的科技主管机构，在国家科委和本地区、本部门的保密工作部门的指导下，负责管理本地区、本部门或者本系统的科学技术保密工作。其主要职责如下：

（一）贯彻执行国家科学技术保密工作的方针、政策，制定本地区、本部门或者本系统的科学技术保密规章制度；

（二）指导本地区、本部门或者本系统国家科学技术秘密事项的确定和调整工作；

（三）按规定审查或者审批涉外的国家科学技术秘密事项；

（四）参与本地区、本部门或者本系统的重大科学技术活动和涉外科学技术活动，配合有关部门制定专项保密方案；

（五）协助保密工作部门检查本地区、本部门或者本系统的科学技术保密工作和查处科学技术泄密事件；

（六）表彰、奖励本地区、本部门或者本系统的科学技术保密先进单位和个人。

各省、自治区、直辖市的科技主管部门和中央国家机关各部门的科技主管机构，应当设立专门机构或者指定专人负责科学技术管理的日常工作。

第二十条　各级机关、单位、社会团体及个人，在下列科学技术合作与交流活动中，不得涉及国家科学技术秘密：

（一）进行公开的科学技术讲学、进修、考察、合作研究等活动；

（二）利用广播、电影、电视以及公开发行的报刊、书籍、图文资料和声像制品进行宣传或者发表论文；

第二十一条　在对外科学技术交流合作中，确需对外提供国家科学技术秘密的，应当按照国家有关规定办理审批手续。

因工作确需携运国家科学技术秘密资料、物品出境，应当按照国家有关规定进行保密审查，并办理出境手续。

第二十二条　接待境外人员参观国家科学技术秘密事项，应当由接待单位按照行政隶属关系报省、自治区、直辖市的科技主管部门或者中央国家机关各部门的科技主管机构审查批准。

第二十三条　国家秘密技术在国内转让，应当经技术完成单位的上级主管部门批准，并在合同中明确该项技术的密级、保密期限及受让方承担的保密义务。

第二十四条　国家秘密技术出口，应当依照国家秘密技术出口审查的有关规定办理审批手续。

第二十五条　以国家秘密技术在境内同境外的企业、其他经济组织和个人开办合营合资企业的，应当在立项前按照行政隶属关系报省、自治区、直辖市的科技主管部门或者中央国家机关各部门的科技主管机构审批；在境外合办企业的，视同国家秘密技术出口，应当依照国家秘密技术出口审查的有关规定办理审批手续。

第二十六条　推广应用国家秘密技术，应当选择有相应保密条件的单位进行，有关人员均负有保守国家秘密的义务。

第二十七条　对参与国家秘密技术研制的科技人员，有关机关、单位不得因其成果不宜公开发表、交流、推广而影响其评奖、表彰和职称的评定。

对确因保密而不能在境内外公开刊物上发表的论文，有关机关、单位应对论文的实际水平给予评价。

第二十八条　各级机关、单位应当按照有关规定做好国家科学技术秘密档案的管理工作。

第二十九条　绝密级国家秘密技术在保密期限内不得申请专利或者保密专利。

机密级、秘密级国家秘密技术在保密期限内可申请保密专利，但机密级的应当报国家科委批准，秘密级的应当报省、自治区、直辖市的科技主管部门或者中央国家机关各部门的科技主管机构批准。

机密级、秘密级国家秘密技术申请专利或者由保密专利转为专利的，应当按照本规定第十四条的规定先行办理解密手续。

第三十条　各级机关、单位对于为科学技术保密工作作出贡献、成绩显著的集体和个人，应当给予奖励；对于违反国家保密法规的行为，应当给予批评教育；对于情节严重，给国家安全和利益造成损害的，应当依照有关法律、法规给予有关责任人员以行政处分，触犯刑律的，交由司法机关追究其刑事责任。

5. 附则

第三十一条　以国防为目的或者为主要目的的科学技术保密规定，由国防科学技术工业委员会依照国家规定的职责范围另行制定。

第三十二条　各省、自治区、直辖市的科技主管部门和中央国家机关各部门的科技主管机构可以根据本规定制定具体规定。

第三十三条　本规定由国家科委解释。

第三十四条　本规定自发布之日起施行。经国务院批准，一九八一年颁布的《科学技术保密条例》同时废止。

12.2　公安部发布的规章和规范性文件

12.2.1　计算机信息系统安全专用产品检测和销售许可证管理办法

1997 年 6 月 28 日，中华人民共和国公安部第 32 号令发布了《计算机信息系统安全专用产品检测和销售许可证管理办法》，该办法由公安部部长办公会议通过，于 1997 年 12 月 12 日施行。

1. 目的与定义

第一条　为了加强计算机信息系统安全专用产品(以下简称安全专用产品)的管理,保证安全专用产品的安全功能,维护计算机信息系统的安全,根据《中华人民共和国计算机信息系统安全保护条例》第十六条的规定,制定本办法。

2. 适用范围与调整对象

第二条　本办法所称计算机信息系统安全专用产品,是指用于保护计算机信息系统安全的专用硬件和软件产品。

第三条　中华人民共和国境内的安全专用产品进入市场销售,实行销售许可证制度。

安全专用产品的生产者在其产品进入市场销售之前,必须申领《计算机信息系统安全专用产品销售许可证》(以下简称销售许可证)。

第四条　安全专用产品的生产者申领销售许可证,必须对其产品进行安全功能检测和认定。

3. 相关监管部门

第五条　公安部计算机管理监察部门负责销售许可证的审批颁发工作和安全专用产品安全功能检测机构(以下简称检测机构)的审批工作。地(市)级以上人民政府公安机关负责销售许可证的监督检查工作。

4. 检测机构的申请与批准

第六条　经省级以上技术监督行政主管部门或者其授权的部门考核合格的检测机构,可以向公安部计算机管理监察部门提出承担安全专用产品检测任务的申请。

第七条　公安部计算机管理监察部门对提出申请的检测机构的检测条件和能力进行审查,经审查合格的,批准其承担安全专用产品检测任务。

第八条　检测机构应当履行下列职责:

(一)严格执行公安部计算机管理监察部门下达的检测任务;

(二)按照标准格式填写安全专用产品检测报告;

(三)出具检测结果报告;

(四)接受公安部计算机管理监察部门对检测过程的监督及查阅检测机构内部验证和审核试验的原始测试记录;

(五)保守检测产品的技术秘密,并不得非法占有他人科技成果;

(六)不得从事与检测产品有关的开发和对外咨询业务。

第九条　公安部计算机管理监察部门对承担检测任务的检测机构每年至少进行一次监督检查。

第十条　被取消检测资格的检测机构,两年后方准许重新申请承担安全专用产品的检测任务。

5. 安全专用产品的检测

第十一条　安全专用产品的生产者应当向经公安部计算机管理监察部门批准的检测机构申请安全功能检测。

对在国内生产的安全专用产品,由其生产者负责送交检测;对境外生产在国内销售的安全专用产品,由国外生产者指定的国内具有法人资格的企业或单位负责送交检测。

当安全专用产品的安全功能发生改变时,安全专用产品应当进行重新检测。

第十二条　送交安全专用产品检测时,应当向检测机构提交以下材料:

(一)安全专用产品的安全功能检测申请;

(二)营业执照(复印件);

(三)样品;

(四)产品功能及性能的中文说明;

(五)证明产品功能及性能的有关材料;

(六)采用密码技术的安全专用产品必须提交国家密码管理部门的审批文件;

(七)根据有关规定需要提交的其他材料。

第十三条　检测机构收到检测申请、样品及其他有关材料后,应当按照安全专用产品的功能说明,检测其是否具有计算机信息系统安全保护功能。

第十四条　检测机构应当及时检测,并将检测报告报送公安部计算机管理监察部门备案。

6. 销售许可证的审批与颁发

第十五条　安全专用产品的生产者申领销售许可证,应当向公安部计算机管理监察部门提交以下材料:

(一)营业执照(复印件);

(二)安全专用产品检测结果报告;

(三)防治计算机病毒的安全专用产品须提交公安机关颁发的计算机病毒防治研究的备案证明。

第十六条　公安部计算机管理监察部门自接到申请之日起,应当在十五日内对安全专用产品作出审核结果,特殊情况可延至三十日;经审核合格的,颁发销售许可证和安全专用产品“销售许可”标记;不合格的,书面通知申领者,并说明理由。

第十七条　已取得销售许可证的安全专用产品,生产者应当在固定位置标明“销售许可”标记。

任何单位和个人不得销售无“销售许可”标记的安全专用产品。

第十八条　销售许可证只对所申请销售的安全专用产品有效。

当安全专用产品的功能发生改变时,必须重新申领销售许可证。

第十九条　销售许可证自批准之日起两年内有效。期满需要延期的,应当于期满前三十日内向公安部计算机管理监察部门申请办理延期手续。

7. 罚则

第二十条　生产企业违反本办法的规定,有下列情形之一的,视为未经许可出售安全专用产品,由公安机关根据《中华人民共和国计算机信息系统安全保护条例》的规定予以处罚:

(一)没有申领销售许可证而将生产的安全专用产品进入市场销售的;

(二)安全专用产品的功能发生改变,而没有重新申领销售许可证进行销售的;

(三)销售许可证有效期满,未办理延期申领手续而继续销售的;

(四)提供虚假的安全专用产品检测报告或者虚假的计算机病毒防治研究的备案证明,骗取销售许可证的;

(五)销售的安全专用产品与送检样品安全功能不一致的;

(六)未在安全专用产品上标明“销售许可”标记而销售的;

(七)伪造、变造销售许可证和“销售许可”标记的。

第二十一条　检测机构违反本办法的规定,情节严重的,取消检测资格。

第二十二条　安全专用产品中含有有害数据危害计算机信息系统安全的,依据《中华人民共和国计算机信息系统安全保护条例》第二十三条的规定处罚；构成犯罪的，依法追究刑事责任。

第二十三条　依照本办法作出的行政处罚，应当由县级以上(含县级)公安机关决定，并填写行政处罚决定书，向被处罚人宣布。

8. 附则

第二十四条　安全专用产品的检测通告和经安全功能检测确认的安全专用产品目录，由公安部计算机管理监察部门发布。

第二十五条　检测机构申请书、检测机构批准书、《计算机信息系统安全专用产品销售许可证》、“销售许可”标记，由公安部制定式样，统一监制。

第二十六条　本办法自一九九七年十二月十二日起施行。

12.2.2　计算机信息网络国际联网安全保护管理办法

1997年12月30日，公安部第33号令发布了《计算机信息网络国际联网安全保护管理办法》，该办法于1997年12月11日经国务院批准，自1997年12月30日起施行。

1. 宗旨

第一条　为了加强对计算机信息网络国际联网的安全保护，维护公共秩序和社会稳定，根据《中华人民共和国计算机信息系统安全保护条例》、《中华人民共和国计算机信息网络国际联网管理暂行规定》和其他法律、行政法规的规定，制定本办法。

第二条　中华人民共和国境内的计算机信息网络国际联网安全保护管理，适用本办法。

第三条　公安部计算机管理监察机构负责计算机信息网络国际联网的安全保护管理工作。公安机关计算机管理监察机构应当保护计算机信息网络国际联网的公共安全，维护从事国际联网业务的单位和个人的合法权益和公众利益。

2. 适用范围和调整对象

第八条　从事国际联网业务的单位和个人应当接受公安机关的安全监督、检查和指导，如实向公安机关提供有关安全保护的信息、资料及数据文件，协助公安机关查处通过国际联网的计算机信息网络的违法犯罪行为。

第九条　国际出入口信道提供单位、互联单位的主管部门或者主管单位，应当依照法律和国家有关规定负责国际出入口信道、所属互联网络的安全保护管理工作。

3. 基本要求

第四条　任何单位和个人不得利用国际联网危害国家安全、泄露国家秘密，不得侵犯国家的、社会的、集体的利益和公民的合法权益，不得从事违法犯罪活动。

第五条　任何单位和个人不得利用国际联网制作、复制、查阅和传播下列信息：

(一)煽动抗拒、破坏宪法和法律、行政法规实施的；

(二)煽动颠覆国家政权，推翻社会主义制度的；

(三)煽动分裂国家、破坏国家统一的；

(四)煽动民族仇恨、民族歧视，破坏民族团结的；

(五)捏造或者歪曲事实，散布谣言，扰乱社会秩序的；

(六)宣扬封建迷信、淫秽、色情、赌博、暴力、凶杀、恐怖，教唆犯罪的；

(七)公然侮辱他人或者捏造事实诽谤他人的；

(八)损害国家机关信誉的；

(九)其他违反宪法和法律、行政法规的。

第六条　任何单位和个人不得从事下列危害计算机信息网络安全的活动：

(一)未经允许，进入计算机信息网络或者使用计算机信息网络资源的；

(二)未经允许，对计算机信息网络功能进行删除、修改或者增加的；

(三)未经允许，对计算机信息网络中存储、处理或者传输的数据和应用程序进行删除、修改或者增加的；

(四)故意制作、传播计算机病毒等破坏性程序的；

(五)其他危害计算机信息网络安全的。

第七条　用户的通信自由和通信秘密受法律保护。任何单位和个人不得违反法律规定，利用国际联网侵犯用户的通信自由和通信秘密。

第十条　互联单位、接入单位及使用计算机信息网络国际联网的法人和其他组织应当履行下列安全保护职责：

(一)负责本网络的安全保护管理工作，建立健全安全保护管理制度；

(二)落实安全保护技术措施，保障本网络的运行安全和信息安全；

(三)负责对本网络用户的安全教育和培训；

(四)对委托发布信息的单位和个人进行登记，并对所提供的信息内容按照本办法第五条进行审核；

(五)建立计算机信息网络电子公告系统的用户登记和信息管理制度；

(六)发现有本办法第四条、第五条、第六条、第七条所列情形之一的，应当保留有关原始记录，并在二十四小时内向当地公安机关报告；

(七)按照国家有关规定，删除本网络中含有本办法第五条内容的地址、目录或者关闭服务器。

第十一条　用户在接入单位办理入网手续时，应当填写用户备案表。备案表由公安部监制。

第十二条　互联单位、接入单位、使用计算机信息网络国际联网的法人和其他组织(包括跨省、自治区、直辖市联网的单位和所属的分支机构)，应当自网络正式联通之日起三十日内，到所在地的省、自治区、直辖市人民政府公安机关指定的受理机关办理备案手续。前款所列单位应当负责将接入本网络的接入单位和用户情况报当地公安机关备案，并及时报告本网络中接入单位和用户的变更情况。

第十三条　使用公用账号的注册者应当加强对公用账号的管理，建立账号使用登记制度。用户账号不得转借、转让。

第十四条　涉及国家事务、经济建设、国防建设、尖端科学技术等重要领域的单位办理备案手续时，应当出具其行政主管部门的审批证明。前款所列单位的计算机信息网络与国际联网，应当采取相应的安全保护措施。

4. 安全监督

第十五条　省、自治区、直辖市公安厅(局)，地(市)、县(市)公安局，应当有相应机构负责国际联网的安全保护管理工作。

第十六条　公安机关计算机管理监察机构应当掌握互联单位、接入单位和用户的备案情况，建立备案档案，进行备案统计，并按照国家有关规定逐级上报。

第十七条　公安机关计算机管理监察机构应当督促互联单位、接入单位及有关用户建立健全安全保护管理制度。监督、检查网络安全保护管理以及技术措施的落实情况。公安机关计算机管理监察机构在组织安全检查时，有关单位应当派人参加。公安机关计算机管理监察机构对安全检查发现的问题，应当提出改进意见，作出详细记录，存档备查。

第十八条　公安机关计算机管理监察机构发现含有本办法第五条所列内容的地址、目录或者服务器时，应当通知有关单位关闭或者删除。

第十九条　公安机关计算机管理监察机构应当负责追踪和查处通过计算机信息网络的违法行为和针对计算机信息网络的犯罪案件，对违反本办法第四条、第七条规定的违法犯罪行为，应当按照国家有关规定移送有关部门或者司法机关处理。

5. 法律责任

第二十条　违反法律、行政法规，有本办法第五条、第六条所列行为之一的，由公安机关给予警告，有违法所得的，没收违法所得，对个人可以并处五千元以下的罚款，对单位可以并处一万五千元以下的罚款；情节严重的，并可以给予六个月以内停止联网、停机整顿的处罚，必要时可以建议原发证、审批机构吊销经营许可证或者取消联网资格；构成违反治安管理行为的，依照治安管理处罚条例的规定处罚；构成犯罪的，依法追究刑事责任。

第二十一条　有下列行为之一的，由公安机关责令限期改正，给予警告，有违法所得的，没收违法所得；在规定的限期内未改正的，对单位的主管负责人员和其他直接责任人员可以并处五千元以下的罚款，对单位可以并处一万五千元以下的罚款；情节严重的，并可以给予六个月以内的停止联网、停机整顿的处罚，必要时可以建议原发证、审批机构吊销经营许可证或者取消联网资格。

(一)未建立安全保护管理制度的；

(二)未采取安全技术保护措施的；

(三)未对网络用户进行安全教育和培训的；

(四)未提供安全保护管理所需信息、资料及数据文件，或者所提供内容不真实的；

(五)对委托其发布的信息内容未进行审核或者对委托单位和个人未进行登记的；

(六)未建立电子公告系统的用户登记和信息管理制度的；

(七)未按照国家有关规定，删除网络地址、目录或者关闭服务器的；

(八)未建立公用账号使用登记制度的；

(九)转借、转让用户账号的。

第二十二条　违反本办法第四条、第七条规定的，依照有关法律、法规予以处罚。

第二十三条　违反本办法第十一条、第十二条规定，不履行备案职责的，由公安机关给予警告或者停机整顿不超过六个月的处罚。

6. 附则

第二十四条　与香港特别行政区和台湾、澳门地区联网的计算机信息网络的安全保护管理，参照本办法执行。

第二十五条　本办法自发布之日起施行。

12.2.3　计算机病毒防治管理办法

2000 年 4 月 26 日，公安部发布了《计算机病毒防治管理办法》。

1. 宗旨

第一条　为了加强对计算机病毒的预防和治理，保护计算机信息系统安全，保障计算机的应用与发展，根据《中华人民共和国计算机信息系统安全保护条例》的规定，制定本办法。

2. 适用范围与调整对象

第二条　本办法所称的计算机病毒，是指编制或者在计算机程序中插入的破坏计算机功能或者毁坏数据，影响计算机使用，并能自我复制的一组计算机指令或者程序代码。

第三条　中华人民共和国境内的计算机信息系统以及未联网计算机的计算机病毒防治管理工作，适用本办法。

第二十一条　本办法所称计算机病毒疫情，是指某种计算机病毒爆发、流行的时间、范围、破坏特点、破坏后果等情况的报告或者预报。

本办法所称媒体，是指计算机软盘、硬盘、磁带、光盘等。

3. 相关监管部门

第四条　公安部公共信息网络安全监察部门主管全国的计算机病毒防治管理工作。

地方各级公安机关具体负责本行政区域内的计算机病毒防治管理工作。

4. 基本要求

第五条　任何单位和个人不得制作计算机病毒。

第六条　任何单位和个人不得有下列传播计算机病毒的行为：

（一）故意输入计算机病毒，危害计算机信息系统安全；

（二）向他人提供含有计算机病毒的文件、软件、媒体；

（三）销售、出租、附赠含有计算机病毒的媒体；

（四）其他传播计算机病毒的行为。

第七条　任何单位和个人不得向社会发布虚假的计算机病毒疫情。

第八条　从事计算机病毒防治产品生产的单位，应当及时向公安部公共信息网络安全监察部门批准的计算机病毒防治产品检测机构提交病毒样本。

第九条　计算机病毒防治产品检测机构应当对提交的病毒样本及时进行分析、确认，并将确认结果上报公安部公共信息网络安全监察部门。

第十条　对计算机病毒的认定工作，由公安部公共信息网络安全监察部门批准的机构承担。

第十一条　计算机信息系统的使用单位在计算机病毒防治工作中应当履行下列职责：

（一）建立本单位的计算机病毒防治管理制度；

（二）采取计算机病毒安全技术防治措施；

（三）对本单位计算机信息系统使用人员进行计算机病毒防治教育和培训；

（四）及时检测、清除计算机信息系统中的计算机病毒，并备有检测、清除的记录；

（五）使用具有计算机信息系统安全专用产品销售许可证的计算机病毒防治产品；

（六）对因计算机病毒引起的计算机信息系统瘫痪、程序和数据严重破坏等重大事故及时向公安机关报告，并保护现场。

第十二条　任何单位和个人在从计算机信息网络上下载程序、数据或者购置、维修、借入计算机设备时，应当进行计算机病毒检测。

第十三条　任何单位和个人销售、附赠的计算机病毒防治产品，应当具有计算机信息系统安全专用产品销售许可证，并贴有“销售许可”标记。

第十四条　从事计算机设备或者媒体生产、销售、出租、维修行业的单位和个人，应当对计算机设备或者媒体进行计算机病毒检测、清除工作，并备有检测、清除的记录。

第十五条　任何单位和个人应当接受公安机关对计算机病毒防治工作的监督、检查和指导。

5. 罚则

第十六条　在非经营活动中有违反本办法第五条、第六条第二、三、四项规定行为之一的，由公安机关处以一千元以下罚款。

在经营活动中有违反本办法第五条、第六条第二、三、四项规定行为之一，没有违法所得的，由公安机关对单位处以一万元以下罚款，对个人处以五千元以下罚款；有违法所得的，处以违法所得三倍以下罚款，但是最高不得超过三万元。

违反本办法第六条第一项规定的，依照《中华人民共和国计算机信息系统安全保护条例》第二十三条的规定处罚。

第十七条　违反本办法第七条、第八条规定行为之一的，由公安机关对单位处以一千元以下罚款，对单位直接负责的主管人员和直接责任人员处以五百元以下罚款；对个人处以五百元以下罚款。

第十八条　违反本办法第九条规定的，由公安机关处以警告，并责令其限期改正；逾期不改正的，取消其计算机病毒防治产品检测机构的检测资格。

第十九条　计算机信息系统的使用单位有下列行为之一的，由公安机关处以警告，并根据情况责令其限期改正；逾期不改正的，对单位处以一千元以下罚款，对单位直接负责的主管人员和直接责任人员处以五百元以下罚款：

(一)未建立本单位计算机病毒防治管理制度的；

(二)未采取计算机病毒安全技术防治措施的；

(三)未对本单位计算机信息系统使用人员进行计算机病毒防治教育和培训的；

(四)未及时检测、清除计算机信息系统中的计算机病毒，对计算机信息系统造成危害的；

(五)未使用具有计算机信息系统安全专用产品销售许可证的计算机病毒防治产品，对计算机信息系统造成危害的。

第二十条　违反本办法第十四条规定，没有违法所得的，由公安机关对单位处以一万元以下罚款，对个人处以五千元以下罚款；有违法所得的，处以违法所得三倍以下罚款，但是最高不得超过三万元。

12.2.4　联网单位安全员管理办法

2000 年 9 月 29 日，公安部第十一局发布了《联网单位安全员管理办法》。

1. 目的

第一条　为了进一步做好信息网络安全保护工作，加强联网单位安全员制度和安全责任制的落实，规范安全员的管理，充分发挥安全员在维护网络安全和信息安全中的作用，依据国家有关法律法规，结合工作实际，特制定本管理办法。

2. 适用范围与调整对象

第二条　安全员是公安机关公共信息网络安全监察部门以公开管理的形式，依据国家有关法律法规，要求联网单位指定的负责本单位网络安全管理工作的专职或兼职人员。安全员隶属本单位领导，在公安机关的指导下开展工作。

第五条　以下单位应建立安全员制度：

(一)国际互联网接入单位、信息服务单位和专线用户单位；

(二)涉及国家事务、经济建设、国防建设、尖端科学技术等重要领域计算机信息系统的单位；

(三)提供网络信息服务的场所；

（四）其他重要联网单位。

县以上国家重要领域计算机信息系统使用单位，应成立计算机信息系统安全保护领导小组，由主管领导任组长，并确定专职部门负责日常的信息网络安全保护工作。

3. 相关监管部门

第六条　安全员必须由所在单位以书面形式向当地公安机关公共信息网络安全监察部门申报、备案。

第七条　公安机关要按照有关规定对安全员进行培训，经培训考试合格的才能确定为安全员，并发给《信息网络安全员证》，安全员实行持证上岗。

第八条　公安机关公共信息网络安全监察部门对各联网单位上报的安全员必须建立健全档案管理。对安全员的工作要定期考核，考核情况要记入档案。

第九条　安全员每半年要向当地公安机关提供一份本单位信息网络安全状况的综合报告。

第十条　公安机关要指定专人负责与安全员联络，并指导他们的工作。对安全员要加强业务训练和法律法规的教育。

4. 基本要求

第三条　安全员的职责是：

（一）依据国家有关法规政策，从事本单位的信息网络安全保护工作，确保网络安全运行。

（二）在公安机关公共信息网络安全监察部门的监督、指导下进行信息网络安全检查和安全宣传工作。

（三）向公安机关及时报告发生在本单位网上的有关信息、安全事故和违法犯罪案件，并协助公安机关做好现场保护和技术取证工作。

（四）有关危害信息网络安全的计算机病毒、黑客等方面的情报信息及时向公安机关报告。

（五）与信息网络安全保护有关的其他工作。

第四条　安全员应具备以下条件：

（一）遵守国家法律法规，无违法犯罪记录；

（二）具有一定的计算机网络专业技术知识；

（三）经过计算机安全员培训，并考试合格。基本掌握国家信息网络安全方面的法律法规和有关政策。

5. 奖惩规定

第十一条　安全员在工作中有下列情况之一者，应当给予表扬或奖励：

（一）工作积极主动，能够积极向公安机关反映情况，出色完成本单位的安全保护工作，对保障国家重要计算机信息系统安全做出重大贡献的；

（二）所提供重要情报信息，对维护国家安全和社会政治稳定发挥重要作用的；

（三）积极协助公安机关的调查工作，在侦破案件中发挥重要作用的；

（四）提供其他重要情报信息的。

第十二条　对安全员考核中发现具有下列情形之一者，应视情节轻重，分别给予批评教育或取消其安全员资格；触犯刑律的依法追究刑事责任：

（一）不履行安全员的责任，本单位信息网络安全管理混乱，经常发生安全事故；

（二）故意夸大、隐瞒或谎报情况，造成一定危害的；

（三）利用安全员工作之便招摇撞骗的；

（四）捏造事实，陷害他人的；

（五）有违法犯罪行为或包庇违法犯罪分子的；

（六）长期不起作用或不愿为公安机关反映情况的。

12.2.5 互联网安全保护技术措施规定

2005年12月13日，公安部发布了《互联网安全保护技术措施规定》。

1. 目的

第一条　为加强和规范互联网安全技术防范工作，保障互联网网络安全和信息安全，促进互联网健康、有序发展，维护国家安全、社会秩序和公共利益，根据《计算机信息网络国际联网安全保护管理办法》，制定本规定。

2. 适用范围与调整对象

第二条　本规定所称互联网安全保护技术措施，是指保障互联网网络安全和信息安全、防范违法犯罪的技术设施和技术方法。

第三条　互联网服务提供者、联网使用单位负责落实互联网安全保护技术措施，并保障互联网安全保护技术措施功能的正常发挥。

第四条　互联网服务提供者、联网使用单位应当建立相应的管理制度。未经用户同意不得公开、泄露用户注册信息，但法律、法规另有规定的除外。互联网服务提供者、联网使用单位应当依法使用互联网安全保护技术措施，不得利用互联网安全保护技术措施侵犯用户的通信自由和通信秘密。

3. 相关监管部门

第五条　公安机关公共信息网络安全监察部门负责对互联网安全保护技术措施的落实情况依法实施监督管理。

4. 基本要求

第六条　互联网安全保护技术措施应当符合国家标准。没有国家标准的，应当符合公共安全行业技术标准。

第七条　互联网服务提供者和联网使用单位应当落实以下互联网安全保护技术措施：

（一）防范计算机病毒、网络入侵和攻击破坏等危害网络安全事项或者行为的技术措施；

（二）重要数据库和系统主要设备的抗灾备份措施；

（三）记录并留存用户登录和退出时间、主叫号码、账号、互联网地址或域名、系统维护日志的技术措施；

（四）法律、法规和规章规定应当落实的其他安全保护技术措施。

第八条　提供互联网接入服务的单位除落实本规定第七条规定的互联网安全保护技术措施外，还应当落实具有以下功能的安全保护技术措施：

（一）记录并留存用户注册信息；

（二）使用内部网络地址与互联网网络地址转换方式为用户提供接入服务的，能够记录并留存用户使用的互联网网络地址和内部网络地址对应关系；

（三）记录、跟踪网络运行状态，监测、记录网络安全事件等安全审计功能。

第九条　提供互联网信息服务的单位除落实本规定第七条规定的互联网安全保护技术措施外，还应当落实具有以下功能的安全保护技术措施：

（一）在公共信息服务中发现、停止传输违法信息，并保留相关记录；

（二）提供新闻、出版以及电子公告等服务的，能够记录并留存发布的信息内容及发布时间；

(三)开办门户网站、新闻网站、电子商务网站的,能够防范网站、网页被篡改,被篡改后能够自动恢复;

(四)开办电子公告服务的,具有用户注册信息和发布信息审计功能;

(五)开办电子邮件和网上短信息服务的,能够防范、清除以群发方式发送伪造、隐匿信息发送者真实标记的电子邮件或者短信息。

第十条 提供互联网数据中心服务的单位和联网使用单位除落实本规定第七条规定的互联网安全保护技术措施外,还应当落实具有以下功能的安全保护技术措施:

(一)记录并留存用户注册信息;

(二)在公共信息服务中发现、停止传输违法信息,并保留相关记录;

(三)联网使用单位使用内部网络地址与互联网网络地址转换方式向用户提供接入服务的,能够记录并留存用户使用的互联网网络地址和内部网络地址对应关系。

第十一条 提供互联网上网服务的单位,除落实本规定第七条规定的互联网安全保护技术措施外,还应当安装并运行互联网公共上网服务场所安全管理系统。

第十二条 互联网服务提供者依照本规定采取的互联网安全保护技术措施应当具有符合公共安全行业技术标准的联网接口。

第十三条 互联网服务提供者和联网使用单位依照本规定落实的记录留存技术措施,应当具有至少保存六十天记录备份的功能。

第十四条 互联网服务提供者和联网使用单位不得实施下列破坏互联网安全保护技术措施的行为:

(一)擅自停止或者部分停止安全保护技术设施、技术手段运行;

(二)故意破坏安全保护技术设施;

(三)擅自删除、篡改安全保护技术设施、技术手段运行程序和记录;

(四)擅自改变安全保护技术措施的用途和范围;

(五)其他故意破坏安全保护技术措施或者妨碍其功能正常发挥的行为。

5. 罚则

第十五条 违反本规定第七条至第十四条规定的,由公安机关依照《计算机信息网络国际联网安全保护管理办法》第二十一条的规定予以处罚。

第十六条 公安机关应当依法对辖区内互联网服务提供者和联网使用单位安全保护技术措施的落实情况进行指导、监督和检查。公安机关在依法监督检查时,互联网服务提供者、联网使用单位应当派人参加。公安机关对监督检查发现的问题,应当提出改进意见,通知互联网服务提供者、联网使用单位及时整改。公安机关在监督检查时,监督检查人员不得少于二人,并应当出示执法身份证件。

第十七条 公安机关及其工作人员违反本规定,有滥用职权,徇私舞弊行为的,对直接负责的主管人员和其他直接责任人员依法给予行政处分;构成犯罪的,依法追究刑事责任。

第十八条 本规定所称互联网服务提供者,是指向用户提供互联网接入服务、互联网数据中心服务、互联网信息服务和互联网上网服务的单位。本规定所称联网使用单位,是指为本单位应用需要连接并使用互联网的单位。

本规定所称提供互联网数据中心服务的单位,是指提供主机托管、租赁和虚拟空间租用等服务的单位。

第十九条 本规定自 2006 年 3 月 1 日起施行。

12.3 密码管理局发布的规章和规范性文件

12.3.1 电子认证服务密码管理办法

2005 年 3 月 31 日,国家密码管理局发布了《电子认证服务密码管理办法》,该办法自 2005 年 4 月 1 日起施行。

1. 目的

第一条　为了规范电子认证服务提供者使用密码的行为,根据《中华人民共和国电子签名法》和《商用密码管理条例》,制定本办法。

2. 适用范围与调整对象

第三条　电子认证服务提供者采用密码技术为社会公众提供第三方电子认证服务的系统(以下称电子认证服务系统)使用商用密码。

3. 相关监管部门

第二条　国家密码管理局对电子认证服务提供者使用密码的行为实施监督管理。

省、自治区、直辖市密码管理机构受国家密码管理局的委托,依据本办法承担有关管理工作。

4. 基本要求

第四条　提供电子认证服务,应当依据本办法申请《电子认证服务使用密码许可证》。

第五条　申请《电子认证服务使用密码许可证》应当具备下列条件:

(一)具有符合《证书认证系统密码及其相关安全技术规范》的电子认证服务系统;

(二)电子认证服务系统由具有商用密码产品生产资质的单位承建;

(三)电子认证服务系统采用的商用密码产品是国家密码管理局认定的产品;

(四)电子认证服务系统通过国家密码管理局安全性审查。

第六条　申请《电子认证服务使用密码许可证》应当向省、自治区、直辖市密码管理机构提交下列材料:

(一)使用密码的书面申请;

(二)企业法人营业执照或者企业名称预先核准通知书(复印件);

(三)电子认证服务系统通过安全性审查的通知(复印件)。

第七条　省、自治区、直辖市密码管理机构应当自受理申请材料之日起 5 个工作日内,将全部申请材料报国家密码管理局。

第八条　国家密码管理局应当自收到省、自治区、直辖市密码管理机构报送的材料之日起 15 个工作日内对申报材料进行审查,并做出是否许可的决定。予以许可的,发给《电子认证服务使用密码许可证》;不予许可的,书面通知申请人并说明理由。

第九条　电子认证服务系统的运行应当符合《证书认证系统密码及其相关安全技术规范》。

电子认证服务提供者对其电子认证服务系统进行技术改造的,事先将具体方案报国家密码管理局备案,事后向国家密码管理局申请安全性审查,通过审查的方可投入运行。

5. 罚则

第十条　电子认证服务提供者擅自对电子认证服务系统进行技术改造的,由国家密码管理局责令改正,并根据不同情况向信息产业主管部门提出处罚建议。

第十一条　国家密码管理局和省、自治区、直辖市密码管理机构的工作人员滥用职权、玩忽职守、徇私舞弊，不依法履行监管职责的，给予行政处分；构成犯罪的，依法追究刑事责任。

第十二条　本办法施行前已从事电子认证服务的机构拟继续提供电子认证服务的，所使用的电子认证服务系统符合《证书认证系统密码及其相关安全技术规范》并通过国家密码管理机构的技术鉴定的，只需持书面申请领取《电子认证服务使用密码许可证》。

12.3.2　商用密码产品销售管理规定

2005年12月11日，国家密码管理局公布了《商用密码产品销售管理规定》，本规定自2006年1月1日起施行。

1. 目的

第一条　为了加强商用密码产品销售管理，规范商用密码产品销售行为，根据《商用密码管理条例》，制定本规定。

2. 适用范围与调整对象

第二条　商用密码产品销售活动适用本规定。

第三条　本规定所称商用密码产品，是指采用密码技术对不涉及国家秘密内容的信息进行加密保护或者安全认证的产品。

第四条　国家对商用密码产品销售实行许可制度。销售商用密码产品应当取得《商用密码产品销售许可证》。

未经许可，任何单位和个人不得销售商用密码产品。

3. 相关监管部门

第五条　国家密码管理局主管全国的商用密码产品销售管理工作。

省、自治区、直辖市密码管理机构依据本规定承担有关管理工作。

4. 基本要求

第六条　申请《商用密码产品销售许可证》的单位应当具备下列条件：

(一)有独立的法人资格；

(二)有熟悉商用密码产品知识和承担售后服务的人员以及相应的资金保障；

(三)有完善的销售服务和安全保密管理制度；

(四)法律、行政法规规定的其他条件。

第七条　申请《商用密码产品销售许可证》应当向所在地的省、自治区、直辖市密码管理机构提交下列材料：

(一)《商用密码产品销售许可证申请表》；

(二)企业法人营业执照、税务登记证件复印件；

(三)证明其符合本规定第六条第(二)项、第(三)项、第(四)项所列条件的材料。

第八条　申请单位提交的材料齐备并且符合规定形式的，省、自治区、直辖市密码管理机构应当受理并发给《受理通知书》；申请材料不齐备或者不符合规定形式的，省、自治区、直辖市密码管理机构应当当场或者在5个工作日内一次告知需要补正的全部内容。不予受理的，应当书面通知并说明理由。

省、自治区、直辖市密码管理机构应当自受理申请之日起5个工作日内完成初审，并将初审意见和全部申请材料报送国家密码管理局。

国家密码管理局应当自受理申请之日起20个工作日内作出是否批准的决定。

国家密码管理局认为必要时，可以对申请单位进行现场考察。考察所需时间不计算在本规定所设定的期限内。

第九条 国家密码管理局批准申请单位从事商用密码产品销售活动的，应当自作出批准决定之日起10个工作日内发给《商用密码产品销售许可证》，并向社会公布。

《商用密码产品销售许可证》有效期3年。

第十条 取得《商用密码产品销售许可证》的单位（以下称商用密码产品销售许可单位），应当自取得《商用密码产品销售许可证》之日起30日内，到所在地的工商行政管理部门办理许可经营项目登记手续。

第十一条 商用密码产品销售许可单位设立分支机构销售商用密码产品的，应当自设立之日起30日内，持分支机构营业执照到分支机构所在地的省、自治区、直辖市密码管理机构备案。

第十二条 商用密码产品销售许可单位变更名称的，应当自变更之日起30日内，持变更证明文件到所在地的省、自治区、直辖市密码管理机构办理《商用密码产品销售许可证》更换手续。

商用密码产品销售许可单位变更住所、法定代表人的，应当自变更之日起30日内，持变更证明文件到所在地的省、自治区、直辖市密码管理机构备案。

商用密码产品销售许可单位破产、解散或者被撤销的，原持有的《商用密码产品销售许可证》自行失效。

第十三条 商用密码产品销售许可单位销售的商用密码产品，应当是经国家指定的机构检测、认证合格并加施强制性认证标志的产品。

商用密码产品销售许可单位销售的暂未列入强制性认证目录的商用密码产品，应当是经国家密码管理局指定的产品质量检测机构检测合格的产品。

商用密码产品销售许可单位不得销售境外研制生产的密码产品。

第十四条 商用密码产品销售许可单位，应当详细登记直接使用商用密码产品的用户的名称（姓名）、住所、组织机构代码（居民身份证号码）以及产品的名称、型号、用途、数量。

商用密码产品销售许可单位应当每季度将销售登记情况如实报所在地的省、自治区、直辖市密码管理机构备案。

省、自治区、直辖市密码管理机构应当及时将商用密码产品销售汇总情况报国家密码管理局备案。

第十五条 商用密码产品销售许可单位将商用密码产品销售给在华的境外组织或者个人的，应当核验其持有的密码产品准用证。

第十六条 商用密码产品销往境外的，按照密码产品出口管理规定办理。

第十七条 宣传、公开展览商用密码产品，应当事先报所在地的省、自治区、直辖市密码管理机构批准。

第十八条 商用密码产品销售许可单位及其人员，应当对所接触和掌握的商用密码技术承担保密义务。

第十九条 销售、运输、保管商用密码产品应当采取相应的安全措施。

第二十条 商用密码产品销售许可单位应当严格执行安全保密管理制度，对其人员进行保密教育。

5. 罚则

第二十一条 违反本规定的行为，依照《商用密码管理条例》予以处罚。

第二十二条 《商用密码产品销售许可证》由国家密码管理局印制。

第二十三条 本规定自2006年1月1日起施行。

12.3.3 商用密码科研管理规定

2005 年 12 月 11 日，国家密码管理局公布了《商用密码科研管理规定》，本规定自 2006 年 1 月 1 日起施行。

1. 目的

第一条 为了加强商用密码科研管理，促进商用密码技术进步，根据《商用密码管理条例》，制定本规定。

2. 适用范围与调整对象

第二条 商用密码体制、协议、算法及其技术规范的科研活动适用本规定，学术和理论研究除外。

3. 相关监管部门

第三条 国家密码管理局主管全国的商用密码科研管理工作。

4. 基本要求

第四条 商用密码科研由国家密码管理局指定的单位（以下称商用密码科研定点单位）承担。

第五条 国家密码管理局根据商用密码发展以及科研的需要，指定商用密码科研定点单位。

商用密码科研定点单位必须具备独立法人资格，具有从事密码科研相应的技术力量和设备，能够采用先进的编码理论和技术，编制具有较高保密强度和抗攻击能力的商用密码算法。

第六条 国家密码管理局指定商用密码科研定点单位原则上定期集中进行。

指定商用密码科研定点单位的程序如下：

（一）申请单位填写《商用密码科研定点单位申请表》，提交国家密码管理局；

（二）对申请单位提交的书面材料进行初审，提出初审意见；

（三）对通过初审的单位进行实地考察，必要时组织专家进行评估；

（四）作出指定决定并告知指定结果。

第七条 被指定为商用密码科研定点单位的，由国家密码管理局发给《商用密码科研定点单位证书》并予以公布。

《商用密码科研定点单位证书》有效期 6 年。

国家密码管理局对商用密码科研定点单位每年考核一次。考核不合格的，撤销其商用密码科研定点单位资质。

第八条 商用密码科研定点单位变更名称的，应当自变更之日起 30 日内，持变更证明文件到国家密码管理局更换《商用密码科研定点单位证书》。

商用密码科研定点单位变更住所、法定代表人的，应当自变更之日起 30 日内，持变更证明文件到国家密码管理局备案。

商用密码科研定点单位变更隶属关系、资本结构或者商用密码科研能力发生重大变化的，应当报告国家密码管理局。不适宜继续从事商用密码科研的，由国家密码管理局撤销其科研定点单位资质。

第九条 商用密码科研项目由国家密码管理局下达或者商用密码科研定点单位自选。

第十条 国家密码管理局采用任务书的形式下达项目。任务书应当明确项目名称、设计要求、技术指标、进度要求、成果形式等。

国家密码管理局依据任务书对项目的进展情况进行检查。

第十一条　商用密码科研定点单位研究完成下达的项目后，应当向国家密码管理局申请验收。

申请项目验收，应当提交下列材料：

(一)验收申请；

(二)研究工作总结报告；

(三)编制方案及说明；

(四)安全性分析报告。

申请验收商用密码算法项目的，还应当提交商用密码算法源程序、程序说明和算法工程实现的评估报告。

第十二条　国家密码管理局组织专家对申请验收的项目进行评审，并根据专家评审意见作出是否同意通过验收的决定。同意通过验收的，国家密码管理局发给证明文件。

第十三条　通过验收的商用密码科研项目成果，由国家密码管理局组织推广应用。

未通过国家密码管理局验收的商用密码科研项目成果不得投入应用。

第十四条　商用密码科研定点单位自选项目应当向国家密码管理局备案，并提交项目可行性研究报告。

项目完成后，应当向国家密码管理局申请成果鉴定。成果鉴定及成果的推广应用参照本规定第十一条、第十二条、第十三条办理。

第十五条　商用密码科研定点单位及其人员，应当对所接触和掌握的商用密码技术承担保密义务。

第十六条　商用密码科研定点单位应当建立健全保密规章制度，对其人员进行保密教育。

第十七条　商用密码科研活动应当在符合安全保密要求的环境中进行。

商用密码技术资料应当由专人保管，并采取相应的保密措施，防止商用密码技术的泄露。

第十八条　商用密码科研定点单位不得雇用外籍人员或者境外人员参与商用密码科研活动。

第十九条　参与商用密码科研项目评审、管理的专家和工作人员，应当对研究内容、技术方案和科研成果承担保密义务。

5. 罚则

第二十条　违反本规定的行为，依照《商用密码管理条例》予以处罚。

第二十一条　《商用密码科研定点单位证书》由国家密码管理局印制。

第二十二条　本规定自 2006 年 1 月 1 日起施行。

12.3.4　商用密码产品生产管理规定

2005 年 12 月 11 日，国家密码管理局公布了《商用密码产品生产管理规定》，本规定自 2006 年 1 月 1 日起施行。

1. 目的

第一条　为了加强商用密码产品生产管理，规范商用密码产品生产活动，根据《商用密码管理条例》，制定本规定。

2. 适用范围与调整对象

第二条　本规定所称商用密码产品，是指采用密码技术对不涉及国家秘密内容的信息进行加密保护或者安全认证的产品。

第三条　商用密码产品生产活动适用本规定。本规定所称商用密码产品生产包括商用密码产品的研制开发。

第四条　商用密码产品由国家密码管理局指定的单位(以下称商用密码产品生产定点单位)生产。未经指定,任何单位和个人不得生产商用密码产品。

商用密码产品的品种和型号必须经国家密码管理局批准。

3. 相关监管部门

第五条　国家密码管理局主管全国的商用密码产品生产管理工作。

省、自治区、直辖市密码管理机构依据本规定承担有关管理工作。

第六条　国家密码管理局根据商用密码发展的需要,指定商用密码产品生产定点单位。

商用密码产品生产定点单位必须具备独立的法人资格,具有与开发、生产商用密码产品相适应的技术力量和场所,具有确保商用密码产品质量的设备、生产工艺和质量保证体系,满足法律、行政法规规定的其它条件。

第七条　国家密码管理局指定商用密码产品生产定点单位原则上定期集中进行。

指定商用密码产品生产定点单位的程序如下:

(一)申请单位填写《商用密码产品生产定点单位申请表》,提交所在地的省、自治区、直辖市密码管理机构;

(二)省、自治区、直辖市密码管理机构对申请单位提交的书面材料进行初审,提出初审意见;

(三)国家密码管理局对通过初审的单位进行实地考察;

(四)国家密码管理局作出指定决定并告知指定结果。

第八条　被指定为商用密码产品生产定点单位的,由国家密码管理局发给《商用密码产品生产定点单位证书》并予以公布。

《商用密码产品生产定点单位证书》有效期3年。

第九条　商用密码产品生产定点单位应当自取得《商用密码产品生产定点单位证书》之日起30日内,到所在地的工商行政管理部门办理许可经营项目登记手续。

第十条　国家密码管理局对商用密码产品生产定点单位进行年度考核。

商用密码产品生产定点单位应当于每年3月1日之前,填写《商用密码产品生产定点单位考核表》并交所在地的省、自治区、直辖市密码管理机构。省、自治区、直辖市密码管理机构应当于3月31日之前将考核意见报国家密码管理局。

考核结果由国家密码管理局公布。考核不合格的,撤销其商用密码产品生产定点单位资质。商用密码产品生产定点单位未在规定期限内填报考核材料的,视为考核不合格。

取得《商用密码产品生产定点单位证书》未满6个月的,不参加该年度的考核。

4. 基本要求

第十一条　商用密码产品生产定点单位变更名称的,应当自变更之日起30日内,持变更证明文件到所在地的省、自治区、直辖市密码管理机构办理《商用密码产品生产定点单位证书》更换手续。

商用密码产品生产定点单位变更住所、法定代表人的,应当自变更之日起30日内,持变更证明文件到所在地的省、自治区、直辖市密码管理机构备案。

商用密码产品生产定点单位破产、解散或者被撤销的,原持有的《商用密码产品生产定点单位证书》自行失效。

第十二条　商用密码产品生产定点单位生产商用密码产品,应当在研制出产品样品后向国家密码管理局申请产品品种和型号。

申请产品品种和型号应当向所在地的省、自治区、直辖市密码管理机构提交下列材料：

（一）商用密码产品品种和型号申请书；

（二）技术工作总结报告；

（三）安全性设计报告；

（四）用户手册；

（五）测试说明。

商用密码产品所采用的密码算法应当是国家密码管理局认可的算法。

第十三条　商用密码产品生产定点单位提交的申请材料齐备并且符合规定形式的，省、自治区、直辖市密码管理机构应当受理并发给《受理通知书》；申请材料不齐备或者不符合规定形式的，省、自治区、直辖市密码管理机构应当当场或者在5个工作日内一次告知需要补正的全部内容。不予受理的，应当书面通知并说明理由。

省、自治区、直辖市密码管理机构应当自受理申请之日起5个工作日内完成初审，并将初审意见和全部申请材料报送国家密码管理局。

国家密码管理局收到省、自治区、直辖市密码管理机构报送的材料后应当组织安全性审查（含产品样品测试，下同），并自省、自治区、直辖市密码管理机构受理申请之日起20个工作日内，将安全性审查所需时间书面告知申请人。

通过安全性审查的，在5个工作日内批给产品品种和型号，发给产品品种和型号证书，并予以公布。未通过安全性审查的，不予批准并说明理由。

安全性审查所需时间不计算在本规定所设定的期限内。

第十四条　商用密码产品生产定点单位应当按照批准的品种和型号生产产品，并在产品上标明产品型号。

第十五条　商用密码产品必须经国家指定的机构检测、认证合格，并加施强制性认证标志后方可出厂。

暂未列入强制性认证目录的商用密码产品，必须经国家密码管理局指定的产品质量检测机构检测合格。

第十六条　商用密码产品生产定点单位及其人员，应当对所接触和掌握的商用密码技术承担保密义务。

第十七条　商用密码产品生产定点单位应当建立健全保密规章制度，对其人员进行保密教育。

第十八条　生产商用密码产品应当在符合安全保密要求的环境中进行。

保管商用密码产品应当采取相应的安全措施。

第十九条　商用密码技术资料、关键部件应当由专人保管，并采取相应的保密措施，防止商用密码技术的泄露。生产过程中产生的废弃品应当妥善销毁。

第二十条　参与商用密码产品安全性审查的专家和工作人员，应当对商用密码产品的技术方案和安全设计方案承担保密义务。

5. 罚则

第二十一条　违反本规定的行为，依照《商用密码管理条例》予以处罚。

第二十二条　《商用密码产品生产定点单位证书》由国家密码管理局印制。

第二十三条　本规定自2006年1月1日起施行。

12.3.5 商用密码产品使用管理规定

2007年3月24日，国家密码管理局公布了《商用密码产品使用管理规定》，本规定自2007年5月1日起施行。

1. 目的

第一条 为了规范商用密码产品使用行为，根据《商用密码管理条例》，制定本规定。

2. 适用范围与调整对象

第二条 中国公民、法人和其他组织使用商用密码产品的行为适用本规定。

第三条 本规定所称商用密码产品，是指采用密码技术对不涉及国家秘密内容的信息进行加密保护或安全认证的产品。

3. 相关监管部门

第四条 国家密码管理局主管全国的商用密码产品使用管理工作。

省、自治区、直辖市密码管理机构依据本规定承担有关管理工作。

4. 基本要求

第五条 中国公民、法人和其他组织需要对不涉及国家秘密内容的信息进行加密保护或安全认证的，均可以使用商用密码产品。

使用商用密码产品，应当遵守国家法律，不得损害国家利益、社会公共利益和其他公民的合法权益，不得利用商用密码产品进行违法犯罪活动。

第六条 中国公民、法人和其他组织都应当使用国家密码管理局准予销售的商用密码产品，不得使用自行研制的或境外生产的密码产品。

国家密码管理局定期公布准予销售的商用密码产品目录。

第七条 需要使用商用密码产品的，应当到商用密码产品销售许可单位购买。

购买商用密码产品应当向商用密码产品销售许可单位出示本人身份证，说明直接使用商用密码产品的用户名称（姓名）、地址（住址）以及产品用途，提供用户组织机构代码证（居民身份证）复印件。

第八条 需要维修商用密码产品的，应当交该产品的生产单位或销售单位维修。

第九条 外商投资企业（包括中外合资经营企业、中外合作经营企业、外资企业、外商投资股份有限公司等）确因业务需要，必须使用境外生产的密码产品与境外进行互联互通的，经国家密码管理局批准，可以使用境外生产的密码产品。

外商投资企业申请使用境外生产的密码产品，应当事先填写《使用境外生产的密码产品登记表》，交所在地的省、自治区、直辖市密码管理机构。

省、自治区、直辖市密码管理机构自受理申请之日起5个工作日内，对《使用境外生产的密码产品登记表》进行审查并报国家密码管理局。

国家密码管理局应当自省、自治区、直辖市密码管理机构受理申请之日起20个工作日内，对《使用境外生产的密码产品登记表》进行审核。准予使用的，发给《使用境外生产的密码产品准用证》。

《使用境外生产的密码产品准用证》有效期3年。

第十条 使用境外生产的密码产品的外商投资企业的名称、地址、密码产品用途发生变更的，应当自变更之日起10日内，到所在地的省、自治区、直辖市密码管理机构办理《使用境外生产的密码产品准用证》更换手续。

第十一条　外商投资企业终止使用境外生产的密码产品的，应当自终止使用之日起 30 日内，书面告知所在地的省、自治区、直辖市密码管理机构，并交回《使用境外生产的密码产品准用证》。

第十二条　外商投资企业申请使用的密码产品需要从境外进口的，应当申请办理《密码产品进口许可证》。

密码产品入境时，外商投资企业应当向海关如实申报并提交《密码产品进口许可证》，海关凭此办理验放手续。

第十三条　用户不得转让其使用的密码产品。

5. 罚则

第十四条　违反本规定的行为，依照《商用密码管理条例》予以处罚。

第十五条　《使用境外生产的密码产品登记表》、《使用境外生产的密码产品准用证》、《密码产品进口许可证》由国家密码管理局统一印制。

第十六条　本规定自 2007 年 5 月 1 日起施行。

12.4　其他部门发布的信息安全规章和规范性文件

12.4.1　涉及国家秘密的通信、办公自动化和计算机信息系统审批暂行办法

1998 年 10 月 27 日，中保办发布了《涉及国家秘密的通信、办公自动化和计算机信息系统审批暂行办法》。

1. 目的和宗旨

第一条　为落实《中共中央关于加强新形势下保密工作的决定》中“涉及国家秘密的通信、办公自动化和计算机信息系统的建设，必须与保密设施的建设同步进行，报经地(市)级以上保密部门审批后，才能投入使用”的要求，规范审批工作，制定本办法。

第二条　审批工作应当坚持讲求科学，实事求是，既确保国家秘密又便利各项工作的原则。

2. 适用范围与调整对象

第三条　本办法适用于地(市)级以上保密部门对涉及国家秘密的通信、办公自动化和计算机信息系统(以下简称涉密系统)的审批工作。

第五条　本办法所称的通信、办公自动化和计算机信息系统是指以计算机、电话机、传真机、打印机、文字处理机、声像设备等为终端设备，利用计算机、通信、网络等技术进行信息采集、处理、存储和传输的设备、技术、管理的组合。

第六条　本办法所称的保密设施是指为防止涉密信息的泄露或者被非法窃取而采取的设备、技术和管理的组合。

第二十三条　军队的涉密系统审批工作按军队的有关规定执行。

3. 相关监管部门

第四条　国家保密局主管涉密系统的审批工作。

4. 基本要求

第二章　审批权限

第七条　地(市)级以上各级保密局审批本行政区域内的涉密系统。跨区域的涉密系统由上一级保密局审批。

第八条　中央和国家机关各部门管理的涉密系统由各部门的保密工作机构审查，由部门主管保密工作的领导批准，并报国家保密局备案。国家保密局视情况进行核查或抽查。

第三章　审批程序

第九条　涉密系统投入使用之前，保密部门应当对涉密系统主管部门(单位)报送的保密设施情况书面材料进行初步审查。报送的书面材料应当包括：

(一)涉密系统的用途、结构及软硬件配置的基本情况；

(二)涉密系统所处理信息的最高密级和涉密信息的运行状况；

(三)涉密系统采取的安全保密技术措施以及有关的认证结论或者审批件(复印件)；

(四)涉密系统保密管理制度。

第十条　保密部门进行现场考察和测试。

第十一条　保密部门组织有关主管部门、专家对涉密系统的安全保密情况进行评估论证。

第十二条　保密部门对具备投入运行条件的涉密系统应当批准使用。对不完全具备投入运行条件的应指出存在的问题和漏洞，由其主管部门(单位)改进后另行报批；对不采取改进措施继续使用的，应当责令其主管部门(单位)停止使用。

第十三条　已经投入使用尚未经过审批的涉密系统，保密部门应当要求其主管部门(单位)报送保密设施情况的书面材料，并且按照上述程序进行审批。

第四章　审批内容

第十四条　涉密信息的定密制度和管理制度应当符合《中华人民共和国保守国家秘密法》及其实施办法和有关法规。

第十五条　涉密系统应当符合《计算机信息系统保密管理暂行规定》。

第十六条　涉密系统不得直接或间接国际联网，必须实行物理隔离。

第十七条　涉密系统的身份认证应当符合以下要求：

(一)口令应当由系统安全保密管理人员集中产生供用户选用，并有口令更换记录，不得由用户产生；

(二)处理秘密级信息的系统口令长度不得少于六个字符，口令更换周期不得长于一个月；处理机密级信息的系统，口令长度不得少于八个字符，口令更换周期不得长于一周；处理绝密级信息的系统，应当采用一次性口令或生理特征等强认证措施；

(三)口令必须加密存储，并且保证口令存放载体的物理安全；

(四)口令在网络中必须加密传输。

第十八条　涉密系统的访问控制应当符合以下要求：

(一)处理秘密级、机密级信息的系统，访问应当按照用户类别控制；

(二)处理绝密级信息的系统，访问必须控制到单个用户。

第十九条　涉密信息的存储、传输应当符合以下要求：

(一)秘密级、机密级信息应当加密传输。涉密系统完全处于其主管部门(单位)独立使用和管理的封闭建筑群内，可以只采取物理保护措施；

(二)绝密级信息应当加密存储、加密传输；

(三)使用的加密措施应当经过有关主管部门批准，并且与所保护的信息密级一致。

第二十条　涉密系统的审计跟踪应当符合以下要求：

(一)涉密系统应当有详细的系统日志，记录每个用户的每次活动(访问时间、地址、数据、程序、设备等)以及系统出错和配置修改等信息；

(二)处理秘密级、机密级信息的系统,系统安全保密管理人员应当定期审查系统日志并作审查记录,审查周期不得长于一个月;

(三)处理绝密级信息的系统,应当能够检测并且记录侵犯系统的事件,及时自动告警。系统安全保密管理人员应当定期审查系统日志并作审查记录,审查周期不得长于一周。

第二十一条　涉密系统有关设备电磁泄漏发射应当符合以下要求:

(一)有关设备应当具有符合国家保密标准《电话机电磁泄漏发射限值和测试方法》(BMB-1)或者中华人民共和国公共安全和保密标准《信息设备电磁泄漏发射限值》(GBB-1)的相应标识;

(二)不符合 GBB-1 标准的设备在处理绝密级信息的系统中应当在符合国家保密标准的屏蔽室内使用;

(三)不符合 GBB-1 标准的设备在处理秘密级、机密级信息的系统中使用,应当安装经国家主管部门批准的干扰器;

(四)保密部门应当依据国家保密标准《使用现场的信息设备电磁泄漏发射测试方法和安全判据》(BMB-2),现场检查有关设备的电磁泄漏发射情况。

第二十二条　党政专用电信网应当符合《关于有线电通信保密技术要求暂行规定》和《党政专用电话网保密技术验收要求》。

12.4.2　信息安全产品测评认证管理办法

1999 年 6 月 28 日,国务院产品质量监督行政主管部门发布了《信息安全产品测评认证管理办法》。

1. 目的

1.1　为规范国家信息安全测评认证活动,根据《中华人民共和国标准化法》、《中华人民共和国产品质量法》、《中华人民共和国产品质量认证管理条例》和国家有关信息安全的法律、法规、行政规章制订本办法。

1.2　本办法经中国国家信息安全测评认证管理委员会审查,并经国务院产品质量监督行政主管部门批准。

2. 适用范围与调整对象

2.1　本办法为信息产品安全测评认证的基本依据,从事信息产品安全测评认证的机构和人员须遵守本办法的规定。

2.2　本办法规定了用户申请信息产品安全测评认证的基本要求和通用程序,申请认证的用户应遵守本办法的相应规定。

3. 认证类型

根据认证对象和认证要素的不同,本办法将认证分为 4 种类型,即产品型式认证、产品认证、信息系统安全认证、信息安全服务认证。

3.1　产品型式认证

产品型式认证属于产品质量认证的一种,其特点是仅包括质量认证基本要素中的"型式试验"和"监督检验"两个要素。

产品型式认证的基本要求是:对认证申请者送达的样品进行型式试验(测试评估),若符合标准要求,即予认证。获取证书后,认证中心再从市场和/或工厂(车间)抽样,对其进行核查试验即监督检验,若检验合格即维持认证,否则取消认证。

3.2　产品认证

产品认证属于典型完整的产品质量认证，其特点是包括了质量认证的全部基本要素，即包括了“型式试验”、“质量体系检查”、“监督检验”和“监督检查”。

产品认证的基本要求是：对认证申请者送达的样品进行型式试验（测试评估），同时对申请者的质量体系（即质量保证能力）进行检查、评审。这两方面都符合有关标准要求，则予以认证。获取证书后，认证中心再从市场和/或工厂（车间）抽样进行核查试验，即监督检验，同时对其质量体系进行监督性复查，若两方面都合格，即维持认证，否则取消认证。

3.3　信息系统安全认证

信息系统安全认证属于产品质量认证的综合形式，包括了构成信息系统的物理网络及其有关产品的质量（安全）认证和信息系统的运行过程、信息系统提供的服务以及这种过程与服务中的管理、保证能力（相当于信息系统本身的质量体系）的安全认证。

信息系统安全认证的基本要求是：对认证申请者的信息系统设计方案和安全设计方案进行静态评估，对构成信息系统的物理网络及其有关产品进行认证（由产品生产商另行申请）、对信息系统的运行和服务进行实际测试评估，对信息系统的管理和保障体系进行评估验证。上述四方面若均符合有关标准和规范要求，则予以认证。获得证书后，对上述四方面进行监督检验、监督检查，若监督检验、检查合格，则维持认证，否则取消认证。

3.4　信息安全服务认证

信息安全服务认证属于产品质量认证的特殊形式，其对象是向社会提供信息安全服务的企事业机构，其实质是对这些机构的能力与资源进行认证。信息安全服务的内容包括信息安全产品的研制，生产和/或信息安全产品经营、信息安全技术和管理咨询培训、信息安全系统（网络）集成以及其他信息安全的中介性服务。

信息安全服务认证的基本要求是：对认证申请者的技术、资源、法律、管理等方面的资质、能力和稳定性、可靠性进行评估，对其质量体系进行评审，若符合有关标准、规范，则予以认证，获取证书后，对上述各方面进行监督性核查、验证，核查、验证合格，即维持认证，否则取消认证。

中国国家信息安全测评认证中心开展四类认证活动，其有关细节，在认证中心和认证管理委员会的有关程序文件及规范指南中详细规定。

4. 认证依据

信息产品安全测评认证活动严格依据有关标准进行。

依据的标准为：国家标准、有关行业标准和认证管理委员会确认的国际标准和其他补充技术要求。

5. 认证通用程序

上述四种类型认证的通用程序为：申请认证——产品型式试验——质量体系评定——颁发证书——证后监督（现场抽样检验和质量体系现场检查。每年至少一次。）——复评（三年一次）

证书的有效期为三年。

本办法中的四种类型认证，由于其对象与要素均不相同，其具体程序环节、内容及其表述称谓，与通用程序有相应的增减和变通。

不同类型认证的具体程序，在中国国家信息安全测评认证中心相应的程序文件中规定。

6. 证书、标志及其使用

6.1　本办法仅规定不同类型的认证证书的名称、标志图形及其使用条件。对获取认证后的证书标志管理办法，由中国国家信息安全测评认证中心在相应的程序文件中规定。

6.2　产品型式认证。获得产品型式认证的产品，由认证中心颁发“中国国家信息安全产品型式认证证书”，其认证标志图形为：在标志通用图形下方（方圆接合处）标注英文单词“型式”TYPE 的缩写 TYP。

6.3　产品认证。获得产品认证的产品，由认证中心颁发“中国国家信息安全产品认证证书”，其认证标志为：在标志通用图形的下方（方圆接合处），标注英文单词“产品”PRODUCT 的缩写 PRD。

6.4　信息系统安全认证。获得信息系统安全认证的系统，由认证中心颁发“中国国家信息安全信息系统安全认证证书”，其认证标志为：在标志通用图形的下方（方圆接合处），标注英文单词“系统”SYSTEM 的缩写 SYS。

6.5　信息安全服务认证。获得信息安全服务认证的企事业机构，由认证中心颁发“中国国家信息安全服务认证证书”，其认证标志为：在标志通用图形的下方（方圆接合处），标注英文单词“服务”SERVICE 的缩写 SRV。

6.6　获取产品型式认证的产品，按中国国家信息安全测评认证中心“认证证书和认证标志管理办法”使用证书，但不能在该产品外表、合格证、说明书、包装以及其他媒体上使用认证图形标志。

6.7　获得产品认证、信息系统安全认证和信息安全服务认证的产品、系统和有关机构，按照中国国家信息安全测评认证中心“认证证书和认证标志管理办法”使用认证证书和标志图形。

12.4.3　通信网络安全防护管理办法

2010 年 1 月 21 日，中华人民共和国工业和信息化部第 11 号令发布了《通信网络安全防护管理办法》，该办法于 2009 年 12 月 29 日经由中华人民共和国工业和信息化部第 8 次部务会议审议通过，自 2010 年 3 月 1 日起施行。

1. 目的

第一条　为了加强对通信网络安全的管理，提高通信网络安全防护能力，保障通信网络安全畅通，根据《中华人民共和国电信条例》，制定本办法。

2. 适用范围与调整对象

第二条　中华人民共和国境内的电信业务经营者和互联网域名服务提供者（以下统称“通信网络运行单位”）管理和运行的公用通信网和互联网（以下统称“通信网络”）的网络安全防护工作，适用本办法。

本办法所称互联网域名服务，是指设置域名数据库或者域名解析服务器，为域名持有者提供域名注册或者权威解析服务的行为。

本办法所称网络安全防护工作，是指为防止通信网络阻塞、中断、瘫痪或者被非法控制，以及为防止通信网络中传输、存储、处理的数据信息丢失、泄露或者被篡改而开展的工作。

第三条　通信网络安全防护工作坚持积极防御、综合防范、分级保护的原则。

3. 相关监管部门

第四条　中华人民共和国工业和信息化部（以下简称工业和信息化部）负责全国通信网络安全防护工作的统一指导、协调和检查，组织建立健全通信网络安全防护体系，制定通信行业相关标准。

各省、自治区、直辖市通信管理局（以下简称通信管理局）依据本办法的规定，对本行政区域内的通信网络安全防护工作进行指导、协调和检查。

工业和信息化部与通信管理局统称“电信管理机构”。

第五条　通信网络运行单位应当按照电信管理机构的规定和通信行业标准开展通信网络安全防护工作，对本单位通信网络安全负责。

4. 基本要求

第六条　通信网络运行单位新建、改建、扩建通信网络工程项目，应当同步建设通信网络安全保障设施，并与主体工程同时进行验收和投入运行。

通信网络安全保障设施的新建、改建、扩建费用，应当纳入本单位建设项目概算。

第七条　通信网络运行单位应当对本单位已正式投入运行的通信网络进行单元划分，并按照各通信网络单元遭到破坏后可能对国家安全、经济运行、社会秩序、公众利益的危害程度，由低到高分别划分为一级、二级、三级、四级、五级。

电信管理机构应当组织专家对通信网络单元的分级情况进行评审。

通信网络运行单位应当根据实际情况适时调整通信网络单元的划分和级别，并按照前款规定进行评审。

第八条　通信网络运行单位应当在通信网络定级评审通过后三十日内，将通信网络单元的划分和定级情况按照以下规定向电信管理机构备案：

（一）基础电信业务经营者集团公司向工业和信息化部申请办理其直接管理的通信网络单元的备案；基础电信业务经营者各省（自治区、直辖市）子公司、分公司向当地通信管理局申请办理其负责管理的通信网络单元的备案；

（二）增值电信业务经营者向作出电信业务经营许可决定的电信管理机构备案；

（三）互联网域名服务提供者向工业和信息化部备案。

第九条　通信网络运行单位办理通信网络单元备案，应当提交以下信息：

（一）通信网络单元的名称、级别和主要功能；

（二）通信网络单元责任单位的名称和联系方式；

（三）通信网络单元主要负责人的姓名和联系方式；

（四）通信网络单元的拓扑架构、网络边界、主要软硬件及型号和关键设施位置；

（五）电信管理机构要求提交的涉及通信网络安全的其他信息。

前款规定的备案信息发生变化的，通信网络运行单位应当自信息变化之日起三十日内向电信管理机构变更备案。

通信网络运行单位报备的信息应当真实、完整。

第十条　电信管理机构应当对备案信息的真实性、完整性进行核查，发现备案信息不真实、不完整的，通知备案单位予以补正。

第十一条　通信网络运行单位应当落实与通信网络单元级别相适应的安全防护措施，并按照以下规定进行符合性评测：

（一）三级及三级以上通信网络单元应当每年进行一次符合性评测；

（二）二级通信网络单元应当每两年进行一次符合性评测。

通信网络单元的划分和级别调整的，应当自调整完成之日起九十日内重新进行符合性评测。

通信网络运行单位应当在评测结束后三十日内，将通信网络单元的符合性评测结果、整改情况或者整改计划报送通信网络单元的备案机构。

第十二条　通信网络运行单位应当按照以下规定组织对通信网络单元进行安全风险评估，及时消除重大网络安全隐患：

（一）三级及三级以上通信网络单元应当每年进行一次安全风险评估；

(二)二级通信网络单元应当每两年进行一次安全风险评估。

国家重大活动举办前,通信网络单元应当按照电信管理机构的要求进行安全风险评估。

通信网络运行单位应当在安全风险评估结束后三十日内,将安全风险评估结果、隐患处理情况或者处理计划报送通信网络单元的备案机构。

第十三条　通信网络运行单位应当对通信网络单元的重要线路、设备、系统和数据等进行备份。

第十四条　通信网络运行单位应当组织演练,检验通信网络安全防护措施的有效性。

通信网络运行单位应当参加电信管理机构组织开展的演练。

第十五条　通信网络运行单位应当建设和运行通信网络安全监测系统,对本单位通信网络的安全状况进行监测。

第十六条　通信网络运行单位可以委托专业机构开展通信网络安全评测、评估、监测等工作。

工业和信息化部应当根据通信网络安全防护工作的需要,加强对前款规定的受托机构的安全评测、评估、监测能力指导。

第十七条　电信管理机构应当对通信网络运行单位开展通信网络安全防护工作的情况进行检查。

电信管理机构可以采取以下检查措施:

(一)查阅通信网络运行单位的符合性评测报告和风险评估报告;

(二)查阅通信网络运行单位有关网络安全防护的文档和工作记录;

(三)向通信网络运行单位工作人员询问了解有关情况;

(四)查验通信网络运行单位的有关设施;

(五)对通信网络进行技术性分析和测试;

(六)法律、行政法规规定的其他检查措施。

第十八条　电信管理机构可以委托专业机构开展通信网络安全检查活动。

第十九条　通信网络运行单位应当配合电信管理机构及其委托的专业机构开展检查活动,对于检查中发现的重大网络安全隐患,应当及时整改。

第二十条　电信管理机构对通信网络安全防护工作进行检查,不得影响通信网络的正常运行,不得收取任何费用,不得要求接受检查的单位购买指定品牌或者指定单位的安全软件、设备或者其他产品。

第二十一条　电信管理机构及其委托的专业机构的工作人员对于检查工作中获悉的国家秘密、商业秘密和个人隐私,有保密的义务。

5. 罚则

第二十二条　违反本办法第六条第一款、第七条第一款和第三款、第八条、第九条、第十一条、第十二条、第十三条、第十四条、第十五条、第十九条规定的,由电信管理机构依据职权责令改正;拒不改正的,给予警告,并处五千元以上三万元以下的罚款。

第二十三条　电信管理机构的工作人员违反本办法第二十条、第二十一条规定的,依法给予行政处分;构成犯罪的,依法追究刑事责任。

12.4.4　关于加强信息安全保障工作的意见

2003 年 9 月 7 日中共中央办公厅、国务院办公厅发出通知,转发《国家信息化领导小组关于加强信息安全保障工作的意见》,并要求各地结合实际认真贯彻落实。

《国家信息化领导小组关于加强信息安全保障工作的意见》是为进一步提高信息安全保障工作的能力和水平,维护公众利益和国家安全,促进信息化建设健康发展而提出的。具体意见有以下几点:

一、加强信息安全保障工作的总体要求和主要原则

二、实行信息安全等级保护

三、加强以密码技术为基础的信息保护和网络信任体系建设

四、建设和完善信息安全监控体系

五、重视信息安全应急处理工作

六、加强信息安全技术研究开发,推进信息安全产业发展

七、加强信息安全法制建设和标准化建设

八、加快信息安全人才培养,增强全民信息安全意识

九、保证信息安全基金

十、加强对信息安全保障工作的领导,建立健全信息安全管理责任制。国家保密局对部分省级机关计算机信息系统进行保密检查

根据中共中央保密委员会办公室、国家保密局有关对计算机信息系统使用管理情况进行保密检查的通知要求,根据国家保密局和省国家保密局有关涉密计算机和上国际互联网计算机使用保密管理的规定、标准要求,省国家保密局在各地以及省直机关单位自查的基础上,于7～8月对部分省直机关单位计算机信息系统使用管理情况进行了抽查检查工作。从目前已抽查的部分省直机关单位重要部门、要害部位的保密检查中发现存在以下问题。

(1)目前,我省大部分单位的内部局域网还没有经保密部门审批。省局多次发文,各单位内部办公局域网的保密问题仍没有引起足够重视。

(2)按中办发〔2003〕17号文规定,电子政务网络划分为涉密网和非涉密网,即电子政务内网和电子政务外网。有部分单位对网络的划分不明确,所有的网络接在Internet上。

(3)有的部门的涉密计算机随意通过电话线就可上国际互联网;有的在自检自查后,还有部分计算机中有过上国际互联网的历史;少数部门还存在上国际互联网的计算机存储涉密信息的严重问题。

(4)涉密计算机管理不严。在我们检查时办公室门开着,计算机开着,但人不在,计算机上存有各种内部信息。有的单位存在至今还没有制定涉密计算机、上国际互联网计算机相应管理制度的问题。普遍存在涉密计算机不设防,磁介质不标密,管理跟不上,监督检查不落实的状况。

涉密计算机系统须按国家有关规定履行一定的验资和审批手续,才能进行建设和投入使用。但至今仍有少数部门在建设涉密计算机系统时对国家有关规定置若罔闻。在招投标中对施工方不验涉密系统资质,网络系统安全保密方案不申报审批,建成的涉密网络不经审批就运行的情况时有发生。

涉密计算机上国际互联网和上国际互联网计算机涉及国家秘密问题,都是泄露国家秘密的行为,必须引起各级领导高度重视。希望各地、各部门、各单位针对以上问题认真进行检查,切实把计算机的安全保密问题提高到关系国家安全和利益,关系到电子政务安全、健康、有序地发展的高度来认识。并加强保密组织领导,加大宣传教育、督促检查的力度,增强各级领导和干部的保密意识,落实保密工作责任制,切实加强涉密计算机和上国际互联网计算机的使用和保密管理,做到既充分发挥计算机在推动办公自动化和信息化进程的积极作用,又确保国家秘密信息的

安全。

电子政务安全保密的若干问题

一、电子政务与保密工作部门的关系？

保密工作部门在电子政务建设与应用中的职责是安全保密管理。安全保密管理是电子政务安全保密体系框架的安全保密要素之一。安全保密管理涉及方方面面，也涉及电子政务建设和应用的全过程。电子政务安全保密体系框架还包括其他安全保密要素：安全保密策略、安全保密法规、安全保密组织、安全保密标准、安全保密服务、安全保密技术和产品、安全保密基础设施。安全保密管理与各个要素是密切相关的。管理要明确策略，比如"涉密最小化"就是一种策略，目的是保重点、保核心，做到该保的一定保住，该放的一定放开。管理还要健全法规，比如保密法的修改就要考虑电子政务及政务公开、信息公开等情况。用法律法规明确哪些政务、信息公开，哪些要保密，规范行为，保障电子政务建设和应用的健康发展。我们知道，管理是通过组织机构去实现的，电子政务建设中要健全有关安全保密组织。管理要完善标准和规范，比如政务内网就要按照涉密网的相关保密标准去要求，管理还要规范服务，加强系统安全保密测评和安全保密培训。另外，管理在安全保密技术与产品方面体现在推动技术进步和产品的检测认证方面。在安全保密基础设施建设中也要加强安全保密管理，比如公钥基础设施 PKI 和备份与灾难恢复系统的安全保密管理。

二、保密工作部门在电子政务中要做哪些工作？

总体来讲，保密工作部门在电子政务建设与应用中要做好安全保密管理工作。具体来讲，应体现在以下几个方面。

(一)正确界定涉密网络，做好政务内网和政务外网的划分。

政府部门在建设电子政务时，普遍遇到的问题是：对于本地区、本部门政务内网和政务外网的划分难于把握。即涉密网(政务内网)要不要建，要建多大才既有利于保密又方便工作。过去有一种误区，认为网络划分是政务部门的事，只要你划为涉密网了，保密工作部门再按涉密网的要求去管理。这样的结果往往造成对上网的业务信息资源涉密程度界定不清，网络划分不够合理，造成先天不足，增加了安全保密管理的难度。保密工作部门在电子政务建设的规划阶段，应协助政务部门，结合实际需求，正确界定涉密网络，做好政务内网与政务外网的划分。

(二)重点抓好政务内网建设与应用中的安全保密管理。

政务内网是涉密网，就要按照中央保密委员会以及国家保密局的一整套对涉密网的要求去管理。保密工作部门对电子政务安全保密管理的重点就是抓好政务内网的安全保密管理。安全保密管理要贯穿政务内网建设与应用的始终。

(1)督促政务部门对政务内网的安全保密设施要同步规划，同步建设。预留并保证安全保密建设经费。

(2)加强涉密信息系统集成资质单位的管理、监督和培训，要求政务部门选择具有涉密信息系统集成资质的单位承担政务内网的设计和建设。

(3)积极向政务部门宣传涉密信息系统保密要求，使政务部门清楚具体要求，正确掌握标准。

(4)协助政务部门抓好政务内网安全保密方案设计和论证，降低由于方案存在先天不足带来的安全保密风险。

(5)加强工程监理，确保在政务内网实际工程建设中落实方案提出的各项安全保密措施。

(6)做好系统测评，由国家保密局涉密信息系统安全保密测评中心及相关机构采用现场检测与专家评估的方式对政务内网进行测评，给出测评结论，作为审批的基础。

(7)网络运行前检查和督促政务部门对安全保密管理组织、人员和制度的落实,实施严格审批。

(8)网络通过审批运行后,加强检查,发现问题及时堵塞漏洞,消除隐患。

(三)加强政务外网和政务网站的保密管理

政务外网规模大,用户多且与互联网逻辑隔离,存在较大的安全风险。保密工作部门对于政务外网的保密管理主要体现在明确要求,督促检查,确保国家秘密信息不在政务外网上处理,确保政务外网与政务内网和其他涉密网络物理隔离。

政府网站包括中央政府及各部门和各级地方政府及各部门的网站,构建在互联网上。网站上发布的信息将会在第一时间在全世界范围被知晓。保密工作部门对政府网站的保密管理主要体现在监督有关部门严格执行上网信息保密审查制度,严禁涉及国家秘密的信息上网。加强上网信息的保密检查,一经发现涉密信息,应立即删除,并严肃查处和追究有关人员的责任。

习　　题

1. 由科委发布的信息安全规章和规范性文件有哪些?
2. 单位或个人制作计算机病毒将受到什么处罚?
3. 根据《信息安全等级保护管理办法》,从事国际联网业务的单位和个人应该履行哪些安全责任和义务?
4. 《信息安全等级保护管理办法》确定了信息系统安全保护的哪五个等级?
5. 安全专用产品在我国境内上市前应履行哪些手续?
6. 哪些情形不列入国家科学技术秘密的范围?
7. 安全专用产品中含有有害数据危害计算机信息系统安全的,适用何种处罚?
8. 互联网服务提供者和联网使用单位不得实施哪些破坏互联网安全保护技术措施的行为?
9. 申请《商用密码产品销售许可证》的单位应当具备哪些条件?
10. 《境外组织或个人使用密码产品准用证》有效期是多长时间?

参考文献

陈忠文,麦永浩 . 2008. 信息安全标准与法律法规[M]. 武汉:武汉大学出版社 .

中国信息安全产品测评认证中心 . 2003. 信息安全标准与法律法规[M]. 北京:人民邮电出版社 .

ANSI X9. 62,Public Key Cryptography For The Financial Services Industry:The Elliptic Curve Digital Signature Algorithm (Ecdsa)[S].

DoD 5200. 28-STD,Trusted Computer System Evaluation Criteria(TCSEC)[S].

FIPS PUB 180-1,Secure Hash Standard[S].

FIPS PUB 186,Digital Signature Standard[S].

FIPS PUB 46,Data Encryption Standard (DES)[S].

GA/T 387-2002,计算机信息系统安全等级保护网络技术要求[S].

GA/T 388-2002,计算机信息系统安全等级保护操作系统技术要求[S].

GA/T 389-2002,计算机信息系统安全等级保护数据库管理系统技术要求[S].

GA/T 390-2002,计算机信息系统安全等级保护通用技术要求[S].

GA/T 391-2002,计算机信息系统安全等级保护管理要求[S].

GB 15851-1995,信息技术　安全技术　带消息恢复的数字签名方案[S].

GB/17859-1999,计算机信息系统安全保护等级划分准则[S].

GB/T 17902. 1-1999,信息技术　安全技术　带附录的数字签名　第 1 部分:概述[S].

GB/T 17902. 2-2005,信息技术　安全技术　带附录的数字签名　第 2 部分:基于身份的机制[S].

GB/T 20269-2006,信息安全技术　信息系统安全管理要求[S].

GB/T 20271-2006,信息安全技术　信息系统通用安全技术要求[S].

GB/T 21052-2007,信息安全技术　信息安全等级保护信息系统物理安全技术要求[S].

GB/T 22239-2008,信息安全技术　信息系统安全等级保护基本要求[S].

ISO/IEC 15946-1:2008,Information technology-Security techniques-Cryptographic techniques based on elliptic curves-Part 1:General[S].

ISO/IEC 15946-5:2009,Information technology-Security techniques-Cryptographic techniques based on elliptic curves-Part 5:Elliptic curve generation[S].

ISO/IEC 17799:2005,信息安全管理实施指南[S].

ISO/IEC 18033-3:2010,specifies block ciphers[S].

ISO/IEC 9594-8:1998,X. 509 标准信息技术-开放系统互连-目录-第 8 部分:鉴别框架[S].

ISO/IEC 9797-1:2011,Information technology-Security techniques-Message Authentication Codes (MACs)-Part 1:Mechanisms using a block cipher[S].

ISO9735,Electronic Data Interchange For Administration,Commerce and Transport (UN/EDIFACT)[S].

NCSC. 1991. Trusted Database Interpretation[S].

RFC 2246,The TLS Protocol Version 1. 0[S].

RFC 1321,The MD5 Message-Digest Algorithm[S].

RFC 2040,The RC5,RC5-CBC,RC5-CBC-Pad,and RC5-CTS Algorithms[S].

RFC 2104,HMAC:Keyed-Hashing for Message Authentication[S].

RFC 2144,The CAST-128 Encryption Algorithm[S].

RFC 2268,A Description of the RC2(r) Encryption Algorithm[S].

RFC 2311,S/MIME Version 2 Message Specification[S].

RFC 2312,S/MIME Version 2 Certificate Handling[S].
RFC 2401,Security Architecture for the Internet Protocol[S].
RFC 2402,IP Authentication Header[S].
RFC 2406,IP Encapsulating Security Payload(ESP)[S].
RFC 2407,The Internet IP Security Domain of Interpretation for ISAKMP[S].
RFC 2408,Internet Security Association and Key Management Protocol(ISAKMP)[S].
RFC 2409,The Internet Key Exchange(IKE)[S].
RFC 2612,The CAST-256 Encryption Algorithm[S].
RFC 2632,S/MIME Version 3 Certificate Handling[S].
RFC 2633,S/MIME Version 3 Message Specification[S].

附录 A　ISO/IEC 信息安全相关标准一览表

编　号	名　称	发布日期
ISO/IEC 27033-3:2010	Information technology-Security techniques-Network security-Part 3:Reference networking scenarios-Threats,design techniques and control issues	2010/12/3
ISO/IEC 18045:2008	Information technology-Security techniques-Methodology for IT security evaluation	2008/8/19
ISO/IEC 9594-8:2008	Information technology-Open Systems Interconnection-The Directory:Publickey and attribute certificate frameworks	2008/12/15
ISO/IEC 9798-3:1998	Information technology-Security techniques-Entity authentication-Part 3: Mechanisms using digital signature techniques	1998/10/15
ISO/IEC 10118-2:2010	Information technology-Security techniques-Hash-functions-Part 2: Hash-functions using an n-bit block cipher	2010/10/11
ISO/IEC 18028-4:2005	Information technology-Security techniques-IT network security-Part 4: Securing remote access	2005/4/13
ISO/IEC 10118-4:1998	Information technology-Security techniques-Hash-functions-Part 4: Hash-functions using modular arithmetic	1998/12/20
ISO/IEC 15816:2002	Information technology-Security techniques-Security information objects for access control	2002/1/31
ISO/IEC 15945:2002	Information technology-Security techniques-Specification of TTP services to support the application of digital signatures	2002/2/14
ISO/IEC 18032:2005	Information technology-Security techniques-Prime number generation	2005/2/2
ISO/IEC 10118-1:2000	Information technology-Security techniques. Hash-functions-Part 1:General	2000/6/8
ISO/IEC TR 14516:2002	Information technology-Security techniques-Guidelines for the use and management of Trusted Third Party services	2002/6/27
ISO/IEC 9798-4:1999	Information technology-Security techniques-Entity authentication-Part 4: Mechanisms using a cryptographic check function	1999/12/16
ISO/IEC 7064:2003	Information technology-Security techniques-Check character systems	2003/3/7
ISO/IEC 19790:2006	Information technology-Security techniques-Security requirements for cryptographic modules	2006/3/9
ISO/IEC 18043:2006	Information technology-Security techniques-Selection,deployment and operations of intrusion detection systems	2006/6/19
ISO/IEC 18033-1:2005	Information technology-Security techniques-Encryption algorithms-Part 1:General	2005/3/1
ISO/IEC 18033-2:2006	Information technology-Security techniques-Encryption algorithms-Part 2: Asymmetric ciphers	2006/5/8
ISO/IEC 10116:2006	Information technology-Security techniques-Modes of operation for an n-bit block cipher	2006/2/3
ISO/IEC 11770-4:2006	Information technology-Security techniques-Key management-Part 4: Mechanisms based on weak secrets	2006/5/4
ISO/IEC TR 15443-1:2005	Information technology-Security techniques-A framework for IT security assurance-Part 1:Overview and framework	2005/2/8

续表

编　号	名　称	发布日期
ISO/IEC 10118-3:2004	Information technology-Security techniques-Hash-functions-Part 3: Dedicated hash-functions	2004/2/24
ISO/IEC 18028-2:2006	Information technology-Security techniques-IT network security-Part 2: Network security architecture	2006/2/3
ISO/IEC 18028-3:2005	Information technology-Security techniques-IT network security-Part 3: Securing communications between networks using security gateways	2005/12/12
ISO/IEC 18028-5:2006	Information technology-Security techniques-IT network security-Part 5: Securing communications across networks using virtual private networks	2006/7/5
ISO/IEC 24761:2009	Information technology-Security techniques-Authentication context for biometrics	2009/5/11
ISO/IEC 24759:2008	Information technology-Security techniques-Test requirements for cryptographic modules	2008/6/26
ISO/IEC 24762:2008	Information technology-Security techniques-Guidelines for information and communications technology disaster recovery services	2008/1/31
ISO/IEC TR 15443-3:2007	Information technology-Security techniques-A framework for IT security assurance-Part 3:Analysis of assurance methods	2007/12/13
ISO/IEC 27000:2009	Information technology-Security techniques-Information security management systems-Overview and vocabulary	2009/4/30
ISO/IEC 27001:2005	Information technology-Security techniques-Information security management systems-Requirements	2005/10/14
ISO/IEC 27003:2010	Information technology-Security techniques-Information security management system implementation guidance	2010/2/3
ISO/IEC 27004:2009	Information technology-Security techniques-Information security management-Measurement	2009/12/7
ISO/IEC 9796-3:2006	Information technology-Security techniques-Digital signature schemes giving message recovery-Part 3:Discrete logarithm based mechanisms	2006/9/12
ISO/IEC 27011:2008	Information technology-Security techniques-Information security management guidelines for telecommunications organizations based on ISO/IEC 27002	2008/12/15
ISO/IEC 14888-1:2008	Information technology-Security techniques-Digital signatures with appendix-Part 1: General	2008/4/1
ISO/IEC 14888-2:2008	Information technology-Security techniques-Digital signatures with appendix-Part 2: Integer factorization based mechanisms	2008/4/1
ISO/IEC TR 15446:2009	Information technology-Security techniques-Guide for the production of Protection Profiles and Security Targets	2009/2/24
ISO/IEC 21827:2008	Information technology-Security techniques-Systems Security Engineering-Capability Maturity Model? (SSE-CMM®)	2008/10/16
ISO/IEC 13888-3:2009	Information technology-Security techniques-Non-repudiation-Part 3: Mechanisms using asymmetric techniques	2009/12/7
ISO/IEC 15946-1:2008	Information technology-Security techniques-Cryptographic techniques based on elliptic curves-Part 1:General	2008/3/31
ISO/IEC 19772:2009	Information technology-Security techniques-Authenticated encryption	2009/2/12
ISO/IEC 11770-2:2008	Information technology-Security techniques-Key management-Part 2: Mechanisms using symmetric techniques	2008/6/3

续表

编　号	名　称	发布日期
ISO/IEC 15946-5:2009	Information technology-Security techniques-Cryptographic techniques based on elliptic curves-Part 5:Elliptic curve generation	2009/12/10
ISO/IEC 11770-3:2008	Information technology-Security techniques-Key management-Part 3: Mechanisms using asymmetric techniques	2008/7/2
ISO/IEC 27002:2005	Information technology-Security techniques-Code of practice for information security management	2005/6/15
ISO/IEC 15408-1:2009	Information technology-Security techniques-Evaluation criteria for IT security-Part 1:Introduction and general model	2009/12/3
ISO/IEC 13888-1:2009	Information technology-Security techniques-Non-repudiation-Part 1:General	2009/7/9
ISO/IEC 18014-3:2009	Information technology-Security techniques-Time-stamping services-Part 3: Mechanisms producing linked tokens	2009/12/15
ISO/IEC 9798-5:2009	Information technology-Security techniques-Entity authentication-Part 5: Mechanisms using zero-knowledge techniques	2009/12/11
ISO/IEC 18014-2:2009	Information technology-Security techniques-Time-stamping services-Part 2: Mechanisms producing independent tokens	2009/12/14
ISO/IEC 9798-2:2008	Information technology-Security techniques-Entity authentication-Part 2: Mechanisms using symmetric encipherment algorithms	2008/12/9
ISO/IEC 18014-1:2008	Information technology-Security techniques-Time-stamping services-Part 1: Framework	2008/8/26
ISO/IEC 19792:2009	Information technology-Security techniques-Security evaluation of biometrics	2009/7/30
ISO/IEC 27033-1:2009	Information technology-Security techniques-Network security-Part 1: Overview and concepts	2009/12/10
ISO/IEC TR 19791:2010	Information technology-Security techniques-Security assessment of operational systems	2010/3/22
ISO/IEC 9798-1:2010	Information technology-Security techniques-Entity authentication-Part 1:General	2010/6/16
ISO/IEC 9798-6:2010	Information technology-Security techniques-Entity authentication-Part 6: Mechanisms using manual data transfer	2010/11/17
ISO/IEC 11770-1:2010	Information technology-Security techniques-Key management-Part 1:Framework	2010/11/22
ISO/IEC 13888-2:2010	Information technology-Security techniques-Non-repudiation-Part 2: Mechanisms using symmetric techniques	2010/12/1
ISO/IEC 9796-2:2010	Information technology-Security techniques-Digital signature schemes giving message recovery-Part 2:Integer factorization based mechanisms	2010/12/15
ISO/IEC 18033-3:2010	Information technology-Security techniques-Encryption algorithms-Part 3:Block ciphers	2010/12/14
ISO/IEC TR 15443-2:2005	Information technology-Security techniques-A framework for IT security assurance-Part 2:Assurance methods	2005/9/19
ISO/IEC 27031:2011	Information technology-Security techniques-Guidelines for information and communication technology readiness for business continuity	2011/3/1
ISO/IEC 9797-1:2011	Information technology-Security techniques-Message Authentication Codes (MACs)-Part 1:Mechanisms using a block cipher	2011/3/1
ISO/IEC 15408-3:2008	Information technology-Security techniques-Evaluation criteria for IT security-Part 3:Security assurance components	2008/8/19

续表

编　号	名　称	发布日期
ISO/IEC 15408-2:2008	Information technology-Security techniques-Evaluation criteria for IT security-Part 2:Security functional components	2008/8/19
ISO/IEC 27005:2011	Information technology-Security techniques-Information security risk management	2011/5/19
ISO/IEC 24745:2011	Information technology-Security techniques-Biometric information protection	2011/6/17
ISO/IEC 9797-2:2011	Information technology-Security techniques-Message Authentication Codes (MACs)-Part 2:Mechanisms using a dedicated hash-function	2011/5/2
ISO/IEC 27035:2011	Information technology-Security techniques-Information security incident management	2011/8/17
ISO/IEC TR 27008:2011	Information technology-Security techniques-Guidelines for auditors on information security controls	2011/10/6
ISO/IEC 14888-3:2006	Information technology-Security techniques-Digital signatures with appendix-Part 3: Discrete logarithm based mechanisms	2006/11/13
ISO/IEC 9797-3:2011	Information technology-Security techniques-Message Authentication Codes (MACs)-Part 3:Mechanisms using a universal hash-function	2011/11/8
ISO/IEC 18031:2011	Information technology-Security techniques-Random bit generation	2011/11/8
ISO/IEC 27007:2011	Information technology-Security techniques-Guidelines for information security management systems auditing	2011/11/14
ISO/IEC 27034-1:2011	Information technology-Security techniques-Application security-Part 1: Overview and concepts	2011/11/21
ISO/IEC 27006:2011	Information technology-Security techniques-Requirements for bodies providing audit and certification of information security management systems	2011/11/29
ISO/IEC 24760-1:2011	Information technology-Security techniques-A framework for identity management-Part 1:Terminology and concepts	2011/12/7
ISO/IEC 29100:2011	Information technology-Security techniques-Privacy framework	2011/12/5
ISO/IEC 29150:2011	Information technology-Security techniques-Signcryption	2011/12/16
ISO/IEC 11770-5:2011	Information technology-Security techniques-Key management-Part 5:Group key management	2011/12/16
ISO/IEC 18033-4:2011	Information technology-Security techniques-Encryption algorithms-Part 4:Stream ciphers	2011/12/16
ISO/IEC 29128:2011	Information technology-Security techniques-Verification of cryptographic protocols	2011/12/7
ISO/IEC 29192-2:2012	Information technology-Security techniques-Lightweight cryptography-Part 2: Block ciphers	2012/1/10

说明:本表收录信息截至 2012 年 2 月

附录B 信息安全相关RFC标准一览表

编号	名 称	发布日期	状态
RFC 1108	U. S. Department of Defense Security Options for the Internet Protocol	1991/11/1	Historic
RFC 1281	Guidelines for the Secure Operation of the Internet	1991/11/1	Informational
RFC 1319	The MD2 Message-Digest Algorithm	1992/4/1	Historic
RFC 1320	The MD4 Message-Digest Algorithm	1992/4/1	Historic
RFC 1321	The MD5 Message-Digest Algorithm	1992/4/1	Informational
RFC 1351	SNMP Administrative Model	1992/7/1	Historic
RFC 1352	SNMP Security Protocols	1992/7/1	Historic
RFC 1353	Definitions of Managed Objects for Administration of SNMP Parties	1992/7/1	Historic
RFC 1413	Identification Protocol	1993/2/1	Proposed Standard
RFC 1414	Identification MIB	1993/2/1	Historic
RFC 1421	Privacy Enhancement for Internet Electronic Mail：Part I：Message Encryption and Authentication Procedures	1993/2/1	Historic
RFC 1422	Privacy Enhancement for Internet Electronic Mail：Part II：Certificate-Based Key Management	1993/2/1	Historic
RFC 1423	Privacy Enhancement for Internet Electronic Mail：Part III：Algorithms，Modes，and Identifiers	1993/2/1	Historic
RFC 1424	Privacy Enhancement for Internet Electronic Mail：Part IV：Key Certification and Related Services	1993/2/1	Historic
RFC 1445	Administrative Model for version 2 of the Simple Network Management Protocol (SNMPv2)	1993/4/1	Historic
RFC 1446	Security Protocols for version 2 of the Simple Network Management Protocol (SNMPv2)	1993/4/1	Historic
RFC 1447	Party MIB for version 2 of the Simple Network Management Protocol (SNMPv2)	1993/4/1	Historic
RFC 1507	DASS-Distributed Authentication Security Service	1993/9/1	Experimental
RFC 1508	Generic Security Service Application Program Interface	1993/9/1	Proposed Standard
RFC 1509	Generic Security Service API ：C-bindings	1993/9/1	Proposed Standard
RFC 1510	The Kerberos Network Authentication Service (V5)	1993/9/1	Proposed Standard
RFC 1825	Security Architecture for the Internet Protocol	1995/8/1	Proposed Standard
RFC 1826	IP Authentication Header	1995/8/1	Proposed Standard
RFC 1827	IP Encapsulating Security Payload (ESP)	1995/8/1	Proposed Standard
RFC 1828	IP Authentication using Keyed MD5	1995/8/1	Historic
RFC 1829	The ESP DES-CBC Transform	1995/8/1	Proposed Standard
RFC 1847	Security Multiparts for MIME：Multipart/Signed and Multipart/Encrypted	1995/10/1	Proposed Standard
RFC 1848	MIME Object Security Services	1995/10/1	Historic

续表

编号	名　称	发布日期	状态
RFC 1928	SOCKS Protocol Version 5	1996/3/1	Proposed Standard
RFC 1929	Username/Password Authentication for SOCKS V5	1996/3/1	Proposed Standard
RFC 1938	A One-Time Password System	1996/5/1	Proposed Standard
RFC 1961	GSS-API Authentication Method for SOCKS Version 5	1996/6/1	Proposed Standard
RFC 1964	The Kerberos Version 5 GSS-API Mechanism	1996/6/1	Proposed Standard
RFC 2025	The Simple Public-Key GSS-API Mechanism (SPKM)	1996/10/1	Proposed Standard
RFC 2065	Domain Name System Security Extensions	1997/1/1	Proposed Standard
RFC 2078	Generic Security Service Application Program Interface, Version 2	1997/1/1	Proposed Standard
RFC 2084	Considerations for Web Transaction Security	1997/1/1	Informational
RFC 2085	HMAC-MD5 IP Authentication with Replay Prevention	1997/2/1	Proposed Standard
RFC 2104	HMAC:Keyed-Hashing for Message Authentication	1997/2/1	Informational
RFC 2137	Secure Domain Name System Dynamic Update	1997/4/1	Proposed Standard
RFC 2228	FTP Security Extensions	1997/10/1	Proposed Standard
RFC 2243	OTP Extended Responses	1997/11/1	Proposed Standard
RFC 2289	A One-Time Password System	1998/2/1	Standard
RFC 2444	The One-Time-Password SASL Mechanism	1998/10/1	Proposed Standard
RFC 2401	Security Architecture for the Internet Protocol	1998/11/1	Proposed Standard
RFC 2402	IP Authentication Header	1998/11/1	Proposed Standard
RFC 2403	The Use of HMAC-MD5-96 within ESP and AH	1998/11/1	Proposed Standard
RFC 2404	The Use of HMAC-SHA-1-96 within ESP and AH	1998/11/1	Proposed Standard
RFC 2405	The ESP DES-CBC Cipher Algorithm With Explicit IV	1998/11/1	Proposed Standard
RFC 2406	IP Encapsulating Security Payload (ESP)	1998/11/1	Proposed Standard
RFC 2407	The Internet IP Security Domain of Interpretation for ISAKMP	1998/11/1	Proposed Standard
RFC 2408	Internet Security Association and Key Management Protocol (ISAKMP)	1998/11/1	Proposed Standard
RFC 2409	The Internet Key Exchange (IKE)	1998/11/1	Proposed Standard
RFC 2410	The NULL Encryption Algorithm and Its Use With IPsec	1998/11/1	Proposed Standard
RFC 2411	IP Security Document Roadmap	1998/11/1	Informational
RFC 2412	The OAKLEY Key Determination Protocol	1998/11/1	Informational
RFC 2440	OpenPGP Message Format	1998/11/1	Proposed Standard
RFC 2451	The ESP CBC-Mode Cipher Algorithms	1998/11/1	Proposed Standard
RFC 2478	The Simple and Protected GSS-API Negotiation Mechanism	1998/12/1	Proposed Standard
RFC 2479	Independent Data Unit Protection Generic Security Service Application Program Interface (IDUP-GSS-API)	1998/12/1	Informational
RFC 2246	The TLS Protocol Version 1.0	1999/1/1	Proposed Standard
RFC 2459	Internet X.509 Public Key Infrastructure Certificate and CRL Profile	1999/1/1	Proposed Standard
RFC 2510	Internet X.509 Public Key Infrastructure Certificate Management Protocols	1999/3/1	Proposed Standard
RFC 2511	Internet X.509 Certificate Request Message Format	1999/3/1	Proposed Standard

续表

编号	名　称	发布日期	状态
RFC 2527	Internet X. 509 Public Key Infrastructure Certificate Policy and Certification Practices Framework	1999/3/1	Informational
RFC 2528	Internet X. 509 Public Key Infrastructure Representation of Key Exchange Algorithm (KEA) Keys in Internet X. 509 Public Key Infrastructure Certificates	1999/3/1	Informational
RFC 2535	Domain Name System Security Extensions	1999/3/1	Proposed Standard
RFC 2536	DSA KEYs and SIGs in the Domain Name System (DNS)	1999/3/1	Proposed Standard
RFC 2537	RSA/MD5 KEYs and SIGs in the Domain Name System (DNS)	1999/3/1	Proposed Standard
RFC 2538	Storing Certificates in the Domain Name System (DNS)	1999/3/1	Proposed Standard
RFC 2539	Storage of Diffie-Hellman Keys in the Domain Name System (DNS)	1999/3/1	Proposed Standard
RFC 2540	Detached Domain Name System (DNS) Information	1999/3/1	Experimental
RFC 2541	DNS Security Operational Considerations	1999/3/1	Informational
RFC 2559	Internet X. 509 Public Key Infrastructure Operational Protocols-LDAPv2	1999/4/1	Historic
RFC 2585	Internet X. 509 Public Key Infrastructure Operational Protocols:FTP and HTTP	1999/5/1	Proposed Standard
RFC 2560	X. 509 Internet Public Key Infrastructure Online Certificate Status Protocol-OCSP	1999/6/1	Proposed Standard
RFC 2587	Internet X. 509 Public Key Infrastructure LDAPv2 Schema	1999/6/1	Proposed Standard
RFC 2630	Cryptographic Message Syntax	1999/6/1	Proposed Standard
RFC 2631	Diffie-Hellman Key Agreement Method	1999/6/1	Proposed Standard
RFC 2632	S/MIME Version 3 Certificate Handling	1999/6/1	Proposed Standard
RFC 2633	S/MIME Version 3 Message Specification	1999/6/1	Proposed Standard
RFC 2634	Enhanced Security Services for S/MIME	1999/6/1	Proposed Standard
RFC 2659	Security Extensions For HTML	1999/8/1	Experimental
RFC 2660	The Secure HyperText Transfer Protocol	1999/8/1	Experimental
RFC 2692	SPKI Requirements	1999/9/1	Experimental
RFC 2693	SPKI Certificate Theory	1999/9/1	Experimental
RFC 2712	Addition of Kerberos Cipher Suites to Transport Layer Security (TLS)	1999/10/1	Proposed Standard
RFC 2743	Generic Security Service Application Program Interface Version 2,Update 1	2000/1/1	Proposed Standard
RFC 2744	Generic Security Service API Version 2 :C-bindings	2000/1/1	Proposed Standard
RFC 2773	Encryption using KEA and SKIPJACK	2000/2/1	Experimental
RFC 2785	Methods for Avoiding the "Small-Subgroup" Attacks on the Diffie-Hellman Key Agreement Method for S/MIME	2000/3/1	Informational
RFC 2786	Diffie-Helman USM Key Management Information Base and Textual Convention	2000/3/1	Experimental
RFC 2797	Certificate Management Messages over CMS	2000/4/1	Proposed Standard
RFC 2817	Upgrading to TLS Within HTTP/1. 1	2000/5/1	Proposed Standard
RFC 2818	HTTP Over TLS	2000/5/1	Informational
RFC 2847	LIPKEY-A Low Infrastructure Public Key Mechanism Using SPKM	2000/6/1	Proposed Standard
RFC 2853	Generic Security Service API Version 2:Java Bindings	2000/6/1	Proposed Standard
RFC 2857	The Use of HMAC-RIPEMD-160-96 within ESP and AH	2000/6/1	Proposed Standard
RFC 2807	XML Signature Requirements	2000/7/1	Informational

编号	名　称	发布日期	状态
RFC 2875	Diffie-Hellman Proof-of-Possession Algorithms	2000/7/1	Proposed Standard
RFC 2876	Use of the KEA and SKIPJACK Algorithms in CMS	2000/7/1	Informational
RFC 2984	Use of the CAST-128 Encryption Algorithm in CMS	2000/10/1	Proposed Standard
RFC 3039	Internet X. 509 Public Key Infrastructure Qualified Certificates Profile	2001/1/1	Proposed Standard
RFC 3029	Internet X. 509 Public Key Infrastructure Data Validation and Certification Server Protocols	2001/2/1	Experimental
RFC 3058	Use of the IDEA Encryption Algorithm in CMS	2001/2/1	Informational
RFC 3075	XML-Signature Syntax and Processing	2001/3/1	Proposed Standard
RFC 3076	Canonical XML Version 1. 0	2001/3/1	Informational
RFC 3129	Requirements for Kerberized Internet Negotiation of Keys	2001/6/1	Informational
RFC 3156	MIME Security with OpenPGP	2001/8/1	Proposed Standard
RFC 3157	Securely Available Credentials-Requirements	2001/8/1	Informational
RFC 3161	Internet X. 509 Public Key Infrastructure Time-Stamp Protocol (TSP)	2001/8/1	Proposed Standard
RFC 3164	The BSD Syslog Protocol	2001/8/1	Informational
RFC 3125	Electronic Signature Policies	2001/9/1	Experimental
RFC 3126	Electronic Signature Formats for long term electronic signatures	2001/9/1	Informational
RFC 3183	Domain Security Services using S/MIME	2001/10/1	Experimental
RFC 3185	Reuse of CMS Content Encryption Keys	2001/10/1	Proposed Standard
RFC 3195	Reliable Delivery for syslog	2001/11/1	Proposed Standard
RFC 3211	Password-based Encryption for CMS	2001/12/1	Proposed Standard
RFC 3217	Triple-DES and RC2 Key Wrapping	2001/12/1	Informational
RFC 3218	Preventing the Million Message Attack on Cryptographic Message Syntax	2002/1/1	Informational
RFC 3275	(Extensible Markup Language) XML-Signature Syntax and Processing	2002/3/1	Draft Standard
RFC 3278	Use of Elliptic Curve Cryptography (ECC) Algorithms in Cryptographic Message Syntax (CMS)	2002/4/1	Informational
RFC 3279	Algorithms and Identifiers for the Internet X. 509 Public Key Infrastructure Certificate and Certificate Revocation List (CRL) Profile	2002/4/1	Proposed Standard
RFC 3280	Internet X. 509 Public Key Infrastructure Certificate and Certificate Revocation List (CRL) Profile	2002/4/1	Proposed Standard
RFC 3281	An Internet Attribute Certificate Profile for Authorization	2002/4/1	Proposed Standard
RFC 3114	Implementing Company Classification Policy with the S/MIME Security Label	2002/5/1	Informational
RFC 3268	Advanced Encryption Standard (AES) Ciphersuites for Transport Layer Security (TLS)	2002/6/1	Proposed Standard
RFC 3274	Compressed Data Content Type for Cryptographic Message Syntax (CMS)	2002/6/1	Proposed Standard
RFC 3369	Cryptographic Message Syntax (CMS)	2002/8/1	Proposed Standard
RFC 3370	Cryptographic Message Syntax (CMS) Algorithms	2002/8/1	Proposed Standard
RFC 3379	Delegated Path Validation and Delegated Path Discovery Protocol Requirements	2002/9/1	Informational
RFC 3394	Advanced Encryption Standard (AES) Key Wrap Algorithm	2002/9/1	Informational

续表

编号	名　称	发布日期	状态
RFC 3456	Dynamic Host Configuration Protocol (DHCPv4) Configuration of IPsec Tunnel Mode	2003/1/1	Proposed Standard
RFC 3457	Requirements for IPsec Remote Access Scenarios	2003/1/1	Informational
RFC 3447	Public-Key Cryptography Standards (PKCS) #1:RSA Cryptography Specifications Version 2.1	2003/2/1	Informational
RFC 3526	More Modular Exponential (MODP) Diffie-Hellman groups for Internet Key Exchange (IKE)	2003/5/1	Proposed Standard
RFC 3537	Wrapping a Hashed Message Authentication Code (HMAC) key with a Triple-Data Encryption Standard (DES) Key or an Advanced Encryption Standard (AES) Key	2003/5/1	Proposed Standard
RFC 3546	Transport Layer Security (TLS) Extensions	2003/6/1	Proposed Standard
RFC 3547	The Group Domain of Interpretation	2003/7/1	Proposed Standard
RFC 3554	On the Use of Stream Control Transmission Protocol (SCTP) with IPsec	2003/7/1	Proposed Standard
RFC 3560	Use of the RSAES-OAEP Key Transport Algorithm in Cryptographic Message Syntax (CMS)	2003/7/1	Proposed Standard
RFC 3565	Use of the Advanced Encryption Standard (AES) Encryption Algorithm in Cryptographic Message Syntax (CMS)	2003/7/1	Proposed Standard
RFC 3585	IPsec Configuration Policy Information Model	2003/8/1	Proposed Standard
RFC 3586	IP Security Policy (IPSP) Requirements	2003/8/1	Proposed Standard
RFC 3566	The AES-XCBC-MAC-96 Algorithm and Its Use With IPsec	2003/9/1	Proposed Standard
RFC 3602	The AES-CBC Cipher Algorithm and Its Use with IPsec	2003/9/1	Proposed Standard
RFC 3620	The TUNNEL Profile	2003/10/1	Proposed Standard
RFC 3628	Policy Requirements for Time-Stamping Authorities (TSAs)	2003/11/1	Informational
RFC 3647	Internet X.509 Public Key Infrastructure Certificate Policy and Certification Practices Framework	2003/11/1	Informational
RFC 3653	XML-Signature XPath Filter 2.0	2003/12/1	Informational
RFC 3657	Use of the Camellia Encryption Algorithm in Cryptographic Message Syntax (CMS)	2004/1/1	Proposed Standard
RFC 3664	The AES-XCBC-PRF-128 Algorithm for the Internet Key Exchange Protocol (IKE)	2004/1/1	Proposed Standard
RFC 3686	Using Advanced Encryption Standard (AES) Counter Mode With IPsec Encapsulating Security Payload (ESP)	2004/1/1	Proposed Standard
RFC 3706	A Traffic-Based Method of Detecting Dead Internet Key Exchange (IKE) Peers	2004/2/1	Informational
RFC 3709	Internet X.509 Public Key Infrastructure:Logotypes in X.509 Certificates	2004/2/1	Proposed Standard
RFC 3715	IPsec-Network Address Translation (NAT) Compatibility Requirements	2004/3/1	Informational
RFC 3739	Internet X.509 Public Key Infrastructure:Qualified Certificates Profile	2004/3/1	Proposed Standard
RFC 3740	The Multicast Group Security Architecture	2004/3/1	Informational
RFC 3741	Exclusive XML Canonicalization,Version 1.0	2004/3/1	Informational
RFC 3713	A Description of the Camellia Encryption Algorithm	2004/4/1	Informational
RFC 3760	Securely Available Credentials (SACRED)-Credential Server Framework	2004/4/1	Informational

续表

编号	名　称	发布日期	状态
RFC 3749	Transport Layer Security Protocol Compression Methods	2004/5/1	Proposed Standard
RFC 3770	Certificate Extensions and Attributes Supporting Authentication in Point-to-Point Protocol (PPP) and Wireless Local Area Networks (WLAN)	2004/5/1	Proposed Standard
RFC 3767	Securely Available Credentials Protocol	2004/6/1	Proposed Standard
RFC 3779	X. 509 Extensions for IP Addresses and AS Identifiers	2004/6/1	Proposed Standard
RFC 3820	Internet X. 509 Public Key Infrastructure (PKI) Proxy Certificate Profile	2004/6/1	Proposed Standard
RFC 3826	The Advanced Encryption Standard (AES) Cipher Algorithm in the SNMP User-based Security Model	2004/6/1	Proposed Standard
RFC 3850	Secure/Multipurpose Internet Mail Extensions (S/MIME) Version 3. 1 Certificate Handling	2004/7/1	Proposed Standard
RFC 3851	Secure/Multipurpose Internet Mail Extensions (S/MIME) Version 3. 1 Message Specification	2004/7/1	Proposed Standard
RFC 3852	Cryptographic Message Syntax (CMS)	2004/7/1	Proposed Standard
RFC 3854	Securing X. 400 Content with Secure/Multipurpose Internet Mail Extensions (S/MIME)	2004/7/1	Proposed Standard
RFC 3855	Transporting Secure/Multipurpose Internet Mail Extensions (S/MIME) Objects in X. 400	2004/7/1	Proposed Standard
RFC 3830	MIKEY:Multimedia Internet KEYing	2004/8/1	Proposed Standard
RFC 3874	A 224-bit One-way Hash Function:SHA-224	2004/9/1	Informational
RFC 3884	Use of IPsec Transport Mode for Dynamic Routing	2004/9/1	Informational
RFC 3947	Negotiation of NAT-Traversal in the IKE	2005/1/1	Proposed Standard
RFC 3948	UDP Encapsulation of IPsec ESP Packets	2005/1/1	Proposed Standard
RFC 3961	Encryption and Checksum Specifications for Kerberos 5	2005/2/1	Proposed Standard
RFC 3962	Advanced Encryption Standard (AES) Encryption for Kerberos 5	2005/2/1	Proposed Standard
RFC 4009	The SEED Encryption Algorithm	2005/2/1	Informational
RFC 4010	Use of the SEED Encryption Algorithm in Cryptographic Message Syntax (CMS)	2005/2/1	Proposed Standard
RFC 4013	SASLprep:Stringprep Profile for User Names and Passwords	2005/2/1	Proposed Standard
RFC 4025	A Method for Storing IPsec Keying Material in DNS	2005/3/1	Proposed Standard
RFC 4046	Multicast Security (MSEC) Group Key Management Architecture	2005/4/1	Informational
RFC 4050	Using the Elliptic Curve Signature Algorithm (ECDSA) for XML Digital Signatures	2005/4/1	Informational
RFC 4051	Additional XML Security Uniform Resource Identifiers (URIs)	2005/4/1	Proposed Standard
RFC 4043	Internet X. 509 Public Key Infrastructure Permanent Identifier	2005/5/1	Proposed Standard
RFC 4059	Internet X. 509 Public Key Infrastructure Warranty Certificate Extension	2005/5/1	Informational
RFC 4073	Protecting Multiple Contents with the Cryptographic Message Syntax (CMS)	2005/5/1	Proposed Standard
RFC 4109	Algorithms for Internet Key Exchange version 1 (IKEv1)	2005/5/1	Proposed Standard
RFC 4055	Additional Algorithms and Identifiers for RSA Cryptography for use in the Internet X. 509 Public Key Infrastructure Certificate and Certificate Revocation List (CRL) Profile	2005/6/1	Proposed Standard

续表

编号	名　称	发布日期	状态
RFC 4056	Use of the RSASSA-PSS Signature Algorithm in Cryptographic Message Syntax (CMS)	2005/6/1	Proposed Standard
RFC 4082	Timed Efficient Stream Loss-Tolerant Authentication (TESLA): Multicast Source Authentication Transform Introduction	2005/6/1	Informational
RFC 4086	Randomness Requirements for Security	2005/6/1	Best Current Practice
RFC 4106	The Use of Galois/Counter Mode (GCM) in IPsec Encapsulating Security Payload (ESP)	2005/6/1	Proposed Standard
RFC 4107	Guidelines for Cryptographic Key Management	2005/6/1	Best Current Practice
RFC 4120	The Kerberos Network Authentication Service (V5)	2005/7/1	Proposed Standard
RFC 4121	The Kerberos Version 5 Generic Security Service Application Program Interface (GSS-API) Mechanism: Version 2	2005/7/1	Proposed Standard
RFC 4132	Addition of Camellia Cipher Suites to Transport Layer Security (TLS)	2005/7/1	Proposed Standard
RFC 4134	Examples of S/MIME Messages	2005/7/1	Informational
RFC 4108	Using Cryptographic Message Syntax (CMS) to Protect Firmware Packages	2005/8/1	Proposed Standard
RFC 4162	Addition of SEED Cipher Suites to Transport Layer Security (TLS)	2005/8/1	Proposed Standard
RFC 4158	Internet X. 509 Public Key Infrastructure: Certification Path Building	2005/9/1	Informational
RFC 4210	Internet X. 509 Public Key Infrastructure Certificate Management Protocol (CMP)	2005/9/1	Proposed Standard
RFC 4211	Internet X. 509 Public Key Infrastructure Certificate Request Message Format (CRMF)	2005/9/1	Proposed Standard
RFC 4178	The Simple and Protected Generic Security Service Application Program Interface (GSS-API) Negotiation Mechanism	2005/10/1	Proposed Standard
RFC 4196	The SEED Cipher Algorithm and Its Use with IPsec	2005/10/1	Proposed Standard
RFC 4212	Alternative Certificate Formats for the Public-Key Infrastructure Using X. 509 (PKIX) Certificate Management Protocols	2005/10/1	Informational
RFC 4270	Attacks on Cryptographic Hashes in Internet Protocols	2005/11/1	Informational
RFC 4226	HOTP: An HMAC-Based One-Time Password Algorithm	2005/12/1	Informational
RFC 4231	Identifiers and Test Vectors for HMAC-SHA-224, HMAC-SHA-256, HMAC-SHA-384, and HMAC-SHA-512	2005/12/1	Proposed Standard
RFC 4262	X. 509 Certificate Extension for Secure/Multipurpose Internet Mail Extensions (S/MIME) Capabilities	2005/12/1	Proposed Standard
RFC 4269	The SEED Encryption Algorithm	2005/12/1	Informational
RFC 4279	Pre-Shared Key Ciphersuites for Transport Layer Security (TLS)	2005/12/1	Proposed Standard
RFC 4301	Security Architecture for the Internet Protocol	2005/12/1	Proposed Standard
RFC 4302	IP Authentication Header	2005/12/1	Proposed Standard
RFC 4303	IP Encapsulating Security Payload (ESP)	2005/12/1	Proposed Standard
RFC 4304	Extended Sequence Number (ESN) Addendum to IPsec Domain of Interpretation (DOI) for Internet Security Association and Key Management Protocol (ISAKMP)	2005/12/1	Proposed Standard

续表

编号	名　称	发布日期	状态
RFC 4305	Cryptographic Algorithm Implementation Requirements for Encapsulating Security Payload (ESP) and Authentication Header (AH)	2005/12/1	Proposed Standard
RFC 4306	Internet Key Exchange (IKEv2) Protocol	2005/12/1	Proposed Standard
RFC 4307	Cryptographic Algorithms for Use in the Internet Key Exchange Version 2 (IKEv2)	2005/12/1	Proposed Standard
RFC 4308	Cryptographic Suites for IPsec	2005/12/1	Proposed Standard
RFC 4309	Using Advanced Encryption Standard (AES) CCM Mode with IPsec Encapsulating Security Payload (ESP)	2005/12/1	Proposed Standard
RFC 4312	The Camellia Cipher Algorithm and Its Use With IPsec	2005/12/1	Proposed Standard
RFC 4322	Opportunistic Encryption using the Internet Key Exchange (IKE)	2005/12/1	Informational
RFC 4325	Internet X. 509 Public Key Infrastructure Authority Information Access Certificate Revocation List (CRL) Extension	2005/12/1	Proposed Standard
RFC 4250	The Secure Shell (SSH) Protocol Assigned Numbers	2006/1/1	Proposed Standard
RFC 4251	The Secure Shell (SSH) Protocol Architecture	2006/1/1	Proposed Standard
RFC 4252	The Secure Shell (SSH) Authentication Protocol	2006/1/1	Proposed Standard
RFC 4253	The Secure Shell (SSH) Transport Layer Protocol	2006/1/1	Proposed Standard
RFC 4254	The Secure Shell (SSH) Connection Protocol	2006/1/1	Proposed Standard
RFC 4255	Using DNS to Securely Publish Secure Shell (SSH) Key Fingerprints	2006/1/1	Proposed Standard
RFC 4256	Generic Message Exchange Authentication for the Secure Shell Protocol (SSH)	2006/1/1	Proposed Standard
RFC 4335	The Secure Shell (SSH) Session Channel Break Extension	2006/1/1	Proposed Standard
RFC 4344	The Secure Shell (SSH) Transport Layer Encryption Modes	2006/1/1	Proposed Standard
RFC 4345	Improved Arcfour Modes for the Secure Shell (SSH) Transport Layer Protocol	2006/1/1	Proposed Standard
RFC 4357	Additional Cryptographic Algorithms for Use with GOST 28147-89, GOST R 34. 10-94, GOST R 34. 10-2001, and GOST R 34. 11-94 Algorithms	2006/1/1	Informational
RFC 4359	The Use of RSA/SHA-1 Signatures within Encapsulating Security Payload (ESP) and Authentication Header (AH)	2006/1/1	Proposed Standard
RFC 4334	Certificate Extensions and Attributes Supporting Authentication in Point-to-Point Protocol (PPP) and Wireless Local Area Networks (WLAN)	2006/2/1	Proposed Standard
RFC 4383	The Use of Timed Efficient Stream Loss-Tolerant Authentication (TESLA) in the Secure Real-time Transport Protocol (SRTP)	2006/2/1	Proposed Standard
RFC 4386	Internet X. 509 Public Key Infrastructure Repository Locator Service	2006/2/1	Experimental
RFC 4387	Internet X. 509 Public Key Infrastructure Operational Protocols: Certificate Store Access via HTTP	2006/2/1	Proposed Standard
RFC 4401	A Pseudo-Random Function (PRF) API Extension for the Generic Security Service Application Program Interface (GSS-API)	2006/2/1	Proposed Standard
RFC 4402	A Pseudo-Random Function (PRF) for the Kerberos V Generic Security Service Application Program Interface (GSS-API) Mechanism	2006/2/1	Proposed Standard
RFC 4434	The AES-XCBC-PRF-128 Algorithm for the Internet Key Exchange Protocol (IKE)	2006/2/1	Proposed Standard
RFC 4418	UMAC: Message Authentication Code using Universal Hashing	2006/3/1	Informational

续表

编号	名　称	发布日期	状态
RFC 4419	Diffie-Hellman Group Exchange for the Secure Shell (SSH) Transport Layer Protocol	2006/3/1	Proposed Standard
RFC 4430	Kerberized Internet Negotiation of Keys (KINK)	2006/3/1	Proposed Standard
RFC 4432	RSA Key Exchange for the Secure Shell (SSH) Transport Layer Protocol	2006/3/1	Proposed Standard
RFC 4442	Bootstrapping Timed Efficient Stream Loss-Tolerant Authentication (TESLA)	2006/3/1	Proposed Standard
RFC 4346	The Transport Layer Security (TLS) Protocol Version 1.1	2006/4/1	Proposed Standard
RFC 4347	Datagram Transport Layer Security	2006/4/1	Proposed Standard
RFC 4366	Transport Layer Security (TLS) Extensions	2006/4/1	Proposed Standard
RFC 4478	Repeated Authentication in Internet Key Exchange (IKEv2) Protocol	2006/4/1	Experimental
RFC 4462	Generic Security Service Application Program Interface (GSS-API) Authentication and Key Exchange for the Secure Shell (SSH) Protocol	2006/5/1	Proposed Standard
RFC 4476	Attribute Certificate (AC) Policies Extension	2006/5/1	Proposed Standard
RFC 4490	Using the GOST 28147-89, GOST R 34.11-94, GOST R 34.10-94, and GOST R 34.10-2001 Algorithms with Cryptographic Message Syntax (CMS)	2006/5/1	Proposed Standard
RFC 4491	Using the GOST R 34.10-94, GOST R 34.10-2001, and GOST R 34.11-94 Algorithms with the Internet X.509 Public Key Infrastructure Certificate and CRL Profile	2006/5/1	Proposed Standard
RFC 4492	Elliptic Curve Cryptography (ECC) Cipher Suites for Transport Layer Security (TLS)	2006/5/1	Informational
RFC 4503	A Description of the Rabbit Stream Cipher Algorithm	2006/5/1	Informational
RFC 4507	Transport Layer Security (TLS) Session Resumption without Server-Side State	2006/5/1	Proposed Standard
RFC 4543	The Use of Galois Message Authentication Code (GMAC) in IPsec ESP and AH	2006/5/1	Proposed Standard
RFC 4422	Simple Authentication and Security Layer (SASL)	2006/6/1	Proposed Standard
RFC 4493	The AES-CMAC Algorithm	2006/6/1	Informational
RFC 4494	The AES-CMAC-96 Algorithm and Its Use with IPsec	2006/6/1	Proposed Standard
RFC 4505	Anonymous Simple Authentication and Security Layer (SASL) Mechanism	2006/6/1	Proposed Standard
RFC 4534	Group Security Policy Token v1	2006/6/1	Proposed Standard
RFC 4535	GSAKMP: Group Secure Association Key Management Protocol	2006/6/1	Proposed Standard
RFC 4537	Kerberos Cryptosystem Negotiation Extension	2006/6/1	Proposed Standard
RFC 4555	IKEv2 Mobility and Multihoming Protocol (MOBIKE)	2006/6/1	Proposed Standard
RFC 4556	Public Key Cryptography for Initial Authentication in Kerberos (PKINIT)	2006/6/1	Proposed Standard
RFC 4557	Online Certificate Status Protocol (OCSP) Support for Public Key Cryptography for Initial Authentication in Kerberos (PKINIT)	2006/6/1	Proposed Standard
RFC 4563	The Key ID Information Type for the General Extension Payload in Multimedia Internet KEYing (MIKEY)	2006/6/1	Proposed Standard
RFC 4595	Use of IKEv2 in the Fibre Channel Security Association Management Protocol	2006/7/1	Informational
RFC 4634	US Secure Hash Algorithms (SHA and HMAC-SHA)	2006/7/1	Informational
RFC 4615	The Advanced Encryption Standard-Cipher-based Message Authentication Code-Pseudo-Random Function-128 (AES-CMAC-PRF-128) Algorithm for the Internet Key Exchange Protocol (IKE)	2006/8/1	Proposed Standard

续表

编号	名　称	发布日期	状态
RFC 4616	The PLAIN Simple Authentication and Security Layer (SASL) Mechanism	2006/8/1	Proposed Standard
RFC 4621	Design of the IKEv2 Mobility and Multihoming (MOBIKE) Protocol	2006/8/1	Informational
RFC 4630	Update to DirectoryString Processing in the Internet X. 509 Public Key Infrastructure Certificate and Certificate Revocation List (CRL) Profile	2006/8/1	Proposed Standard
RFC 4650	HMAC-Authenticated Diffie-Hellman for Multimedia Internet KEYing (MIKEY)	2006/9/1	Proposed Standard
RFC 4686	Analysis of Threats Motivating DomainKeys Identified Mail (DKIM)	2006/9/1	Informational
RFC 4680	TLS Handshake Message for Supplemental Data	2006/10/1	Proposed Standard
RFC 4681	TLS User Mapping Extension	2006/10/1	Proposed Standard
RFC 4683	Internet X. 509 Public Key Infrastructure Subject Identification Method (SIM)	2006/10/1	Proposed Standard
RFC 4705	GigaBeam High-Speed Radio Link Encryption	2006/10/1	Informational
RFC 4718	IKEv2 Clarifications and Implementation Guidelines	2006/10/1	Informational
RFC 4716	The Secure Shell (SSH) Public Key File Format	2006/11/1	Informational
RFC 4738	MIKEY-RSA-R: An Additional Mode of Key Distribution in Multimedia Internet KEYing (MIKEY)	2006/11/1	Proposed Standard
RFC 4739	Multiple Authentication Exchanges in the Internet Key Exchange (IKEv2) Protocol	2006/11/1	Experimental
RFC 4746	Extensible Authentication Protocol (EAP) Password Authenticated Exchange	2006/11/1	Informational
RFC 4752	The Kerberos V5 ("GSSAPI") Simple Authentication and Security Layer (SASL) Mechanism	2006/11/1	Proposed Standard
RFC 4758	Cryptographic Token Key Initialization Protocol (CT-KIP) Version 1. 0 Revision 1	2006/11/1	Informational
RFC 4757	The RC4-HMAC Kerberos Encryption Types Used by Microsoft Windows	2006/12/1	Informational
RFC 4768	Desired Enhancements to Generic Security Services Application Program Interface (GSS-API) Version 3 Naming	2006/12/1	Informational
RFC 4772	Security Implications of Using the Data Encryption Standard (DES)	2006/12/1	Informational
RFC 4753	ECP Groups For IKE and IKEv2	2007/1/1	Informational
RFC 4754	IKE and IKEv2 Authentication Using the Elliptic Curve Digital Signature Algorithm (ECDSA)	2007/1/1	Proposed Standard
RFC 4771	Integrity Transform Carrying Roll-Over Counter for the Secure Real-time Transport Protocol (SRTP)	2007/1/1	Proposed Standard
RFC 4785	Pre-Shared Key (PSK) Ciphersuites with NULL Encryption for Transport Layer Security (TLS)	2007/1/1	Proposed Standard
RFC 4806	Online Certificate Status Protocol (OCSP) Extensions to IKEv2	2007/2/1	Proposed Standard
RFC 4809	Requirements for an IPsec Certificate Management Profile	2007/2/1	Informational
RFC 4822	RIPv2 Cryptographic Authentication	2007/2/1	Proposed Standard
RFC 4765	The Intrusion Detection Message Exchange Format (IDMEF)	2007/3/1	Experimental
RFC 4766	Intrusion Detection Message Exchange Requirements	2007/3/1	Informational
RFC 4767	The Intrusion Detection Exchange Protocol (IDXP)	2007/3/1	Experimental
RFC 4807	IPsec Security Policy Database Configuration MIB	2007/3/1	Proposed Standard

续表

编号	名　称	发布日期	状态
RFC 4808	Key Change Strategies for TCP-MD5	2007/3/1	Informational
RFC 4819	Secure Shell Public Key Subsystem	2007/3/1	Proposed Standard
RFC 4835	Cryptographic Algorithm Implementation Requirements for Encapsulating Security Payload (ESP) and Authentication Header (AH)	2007/4/1	Proposed Standard
RFC 4853	Cryptographic Message Syntax (CMS) Multiple Signer Clarification	2007/4/1	Proposed Standard
RFC 4851	The Flexible Authentication via Secure Tunneling Extensible Authentication Protocol Method (EAP-FAST)	2007/5/1	Informational
RFC 4868	Using HMAC-SHA-256, HMAC-SHA-384, and HMAC-SHA-512 with IPsec	2007/5/1	Proposed Standard
RFC 4869	Suite B Cryptographic Suites for IPsec	2007/5/1	Informational
RFC 4870	Domain-Based Email Authentication Using Public Keys Advertised in the DNS (DomainKeys)	2007/5/1	Historic
RFC 4871	DomainKeys Identified Mail (DKIM) Signatures	2007/5/1	Proposed Standard
RFC 4894	Use of Hash Algorithms in Internet Key Exchange (IKE) and IPsec	2007/5/1	Informational
RFC 4909	Multimedia Internet KEYing (MIKEY) General Extension Payload for Open Mobile Alliance BCAST LTKM/STKM Transport	2007/6/1	Informational
RFC 4962	Guidance for Authentication, Authorization, and Accounting (AAA) Key Management	2007/7/1	Best Current Practice
RFC 4982	Support for Multiple Hash Algorithms in Cryptographically Generated Addresses (CGAs)	2007/7/1	Proposed Standard
RFC 4945	The Internet IP Security PKI Profile of IKEv1/ISAKMP, IKEv2, and PKIX	2007/8/1	Proposed Standard
RFC 4985	Internet X. 509 Public Key Infrastructure Subject Alternative Name for Expression of Service Name	2007/8/1	Proposed Standard
RFC 5021	Extended Kerberos Version 5 Key Distribution Center (KDC) Exchanges over TCP	2007/8/1	Proposed Standard
RFC 5035	Enhanced Security Services (ESS) Update: Adding CertID Algorithm Agility	2007/8/1	Proposed Standard
RFC 5008	Suite B in Secure/Multipurpose Internet Mail Extensions (S/MIME)	2007/9/1	Informational
RFC 5019	The Lightweight Online Certificate Status Protocol (OCSP) Profile for High-Volume Environments	2007/9/1	Proposed Standard
RFC 5016	Requirements for a DomainKeys Identified Mail (DKIM) Signing Practices Protocol	2007/10/1	Informational
RFC 4880	OpenPGP Message Format	2007/11/1	Proposed Standard
RFC 5054	Using the Secure Remote Password (SRP) Protocol for TLS Authentication	2007/11/1	Informational
RFC 5056	On the Use of Channel Bindings to Secure Channels	2007/11/1	Proposed Standard
RFC 5074	DNSSEC Lookaside Validation (DLV)	2007/11/1	Informational
RFC 5081	Using OpenPGP Keys for Transport Layer Security (TLS) Authentication	2007/11/1	Experimental
RFC 5083	Cryptographic Message Syntax (CMS) Authenticated-Enveloped-Data Content Type	2007/11/1	Proposed Standard
RFC 5084	Using AES-CCM and AES-GCM Authenticated Encryption in the Cryptographic Message Syntax (CMS)	2007/11/1	Proposed Standard
RFC 5055	Server-Based Certificate Validation Protocol (SCVP)	2007/12/1	Proposed Standard

续表

编号	名　称	发布日期	状态
RFC 5070	The Incident Object Description Exchange Format	2007/12/1	Proposed Standard
RFC 5091	Identity-Based Cryptography Standard (IBCS) #1:Supersingular Curve Implementations of the BF and BB1 Cryptosystems	2007/12/1	Informational
RFC 5077	Transport Layer Security (TLS) Session Resumption without Server-Side State	2008/1/1	Proposed Standard
RFC 5114	Additional Diffie-Hellman Groups for Use with IETF Standards	2008/1/1	Informational
RFC 5126	CMS Advanced Electronic Signatures (CAdES)	2008/3/1	Informational
RFC 5169	Handover Key Management and Re-Authentication Problem Statement	2008/3/1	Informational
RFC 5216	The EAP-TLS Authentication Protocol	2008/3/1	Proposed Standard
RFC 5178	Generic Security Service Application Program Interface (GSS-API) Internationalization and Domain-Based Service Names and Name Type	2008/5/1	Proposed Standard
RFC 5179	Generic Security Service Application Program Interface (GSS-API) Domain-Based Service Names Mapping for the Kerberos V GSS Mechanism	2008/5/1	Proposed Standard
RFC 5280	Internet X. 509 Public Key Infrastructure Certificate and Certificate Revocation List (CRL) Profile	2008/5/1	Proposed Standard
RFC 5197	On the Applicability of Various Multimedia Internet KEYing (MIKEY) Modes and Extensions	2008/6/1	Informational
RFC 5209	Network Endpoint Assessment (NEA):Overview and Requirements	2008/6/1	Informational
RFC 5272	Certificate Management over CMS (CMC)	2008/6/1	Proposed Standard
RFC 5273	Certificate Management over CMS (CMC):Transport Protocols	2008/6/1	Proposed Standard
RFC 5274	Certificate Management Messages over CMS (CMC):Compliance Requirements	2008/6/1	Proposed Standard
RFC 5275	CMS Symmetric Key Management and Distribution	2008/6/1	Proposed Standard
RFC 5217	Memorandum for Multi-Domain Public Key Infrastructure Interoperability	2008/7/1	Informational
RFC 5246	The Transport Layer Security (TLS) Protocol Version 1. 2	2008/8/1	Proposed Standard
RFC 5282	Using Authenticated Encryption Algorithms with the Encrypted Payload of the Internet Key Exchange version 2 (IKEv2) Protocol	2008/8/1	Proposed Standard
RFC 5288	AES Galois Counter Mode (GCM) Cipher Suites for TLS	2008/8/1	Proposed Standard
RFC 5289	TLS Elliptic Curve Cipher Suites with SHA-256/384 and AES Galois Counter Mode (GCM)	2008/8/1	Informational
RFC 5295	Specification for the Derivation of Root Keys from an Extended Master Session Key (EMSK)	2008/8/1	Proposed Standard
RFC 5296	EAP Extensions for EAP Re-authentication Protocol (ERP)	2008/8/1	Proposed Standard
RFC 5349	Elliptic Curve Cryptography (ECC) Support for Public Key Cryptography for Initial Authentication in Kerberos (PKINIT)	2008/9/1	Informational
RFC 5297	Synthetic Initialization Vector (SIV) Authenticated Encryption Using the Advanced Encryption Standard (AES)	2008/10/1	Informational
RFC 5374	Multicast Extensions to the Security Architecture for the Internet Protocol	2008/11/1	Proposed Standard
RFC 5386	Better-Than-Nothing Security:An Unauthenticated Mode of IPsec	2008/11/1	Proposed Standard
RFC 5387	Problem and Applicability Statement for Better-Than-Nothing Security (BTNS)	2008/11/1	Informational
RFC 5408	Identity-Based Encryption Architecture and Supporting Data Structures	2009/1/1	Informational

续表

编号	名　称	发布日期	状态
RFC 5409	Using the Boneh-Franklin and Boneh-Boyen Identity-Based Encryption Algorithms with the Cryptographic Message Syntax (CMS)	2009/1/1	Informational
RFC 5406	Guidelines for Specifying the Use of IPsec Version 2	2009/2/1	Best Current Practice
RFC 5433	Extensible Authentication Protocol-Generalized Pre-Shared Key (EAP-GPSK) Method	2009/2/1	Proposed Standard
RFC 5469	DES and IDEA Cipher Suites for Transport Layer Security (TLS)	2009/2/1	Informational
RFC 5424	The Syslog Protocol	2009/3/1	Proposed Standard
RFC 5425	Transport Layer Security (TLS) Transport Mapping for Syslog	2009/3/1	Proposed Standard
RFC 5426	Transmission of Syslog Messages over UDP	2009/3/1	Proposed Standard
RFC 5427	Textual Conventions for Syslog Management	2009/3/1	Proposed Standard
RFC 5480	Elliptic Curve Cryptography Subject Public Key Information	2009/3/1	Proposed Standard
RFC 5485	Digital Signatures on Internet-Draft Documents	2009/3/1	Informational
RFC 5487	Pre-Shared Key Cipher Suites for TLS with SHA-256/384 and AES Galois Counter Mode	2009/3/1	Proposed Standard
RFC 5489	ECDHE_PSK Cipher Suites for Transport Layer Security (TLS)	2009/3/1	Informational
RFC 5528	Camellia Counter Mode and Camellia Counter with CBC-MAC Mode Algorithms	2009/4/1	Informational
RFC 5529	Modes of Operation for Camellia for Use with IPsec	2009/4/1	Proposed Standard
RFC 5554	Clarifications and Extensions to the Generic Security Service Application Program Interface (GSS-API) for the Use of Channel Bindings	2009/5/1	Proposed Standard
RFC 5581	The Camellia Cipher in OpenPGP	2009/6/1	Informational
RFC 5570	Common Architecture Label IPv6 Security Option (CALIPSO)	2009/7/1	Informational
RFC 5585	DomainKeys Identified Mail (DKIM) Service Overview	2009/7/1	Informational
RFC 5587	Extended Generic Security Service Mechanism Inquiry APIs	2009/7/1	Proposed Standard
RFC 5588	Generic Security Service Application Program Interface (GSS-API) Extension for Storing Delegated Credentials	2009/7/1	Proposed Standard
RFC 5617	DomainKeys Identified Mail (DKIM) Author Domain Signing Practices (ADSP)	2009/8/1	Proposed Standard
RFC 5636	Traceable Anonymous Certificate	2009/8/1	Experimental
RFC 5647	AES Galois Counter Mode for the Secure Shell Transport Layer Protocol	2009/8/1	Informational
RFC 5653	Generic Security Service API Version 2:Java Bindings Update	2009/8/1	Proposed Standard
RFC 5672	RFC 4871 DomainKeys Identified Mail (DKIM) Signatures-Update	2009/8/1	Proposed Standard
RFC 5649	Advanced Encryption Standard (AES) Key Wrap with Padding Algorithm	2009/9/1	Informational
RFC 5652	Cryptographic Message Syntax (CMS)	2009/9/1	Standard
RFC 5660	IPsec Channels:Connection Latching	2009/10/1	Proposed Standard
RFC 5685	Redirect Mechanism for the Internet Key Exchange Protocol Version 2 (IKEv2)	2009/11/1	Proposed Standard
RFC 5697	Other Certificates Extension	2009/11/1	Experimental
RFC 5656	Elliptic Curve Algorithm Integration in the Secure Shell Transport Layer	2009/12/1	Proposed Standard
RFC 5708	X. 509 Key and Signature Encoding for the KeyNote Trust Management System	2010/1/1	Informational
RFC 5723	Internet Key Exchange Protocol Version 2 (IKEv2) Session Resumption	2010/1/1	Proposed Standard

续表

编号	名 称	发布日期	状态
RFC 5750	Secure/Multipurpose Internet Mail Extensions (S/MIME) Version 3.2 Certificate Handling	2010/1/1	Proposed Standard
RFC 5751	Secure/Multipurpose Internet Mail Extensions (S/MIME) Version 3.2 Message Specification	2010/1/1	Proposed Standard
RFC 5752	Multiple Signatures in Cryptographic Message Syntax (CMS)	2010/1/1	Proposed Standard
RFC 5753	Use of Elliptic Curve Cryptography (ECC) Algorithms in Cryptographic Message Syntax (CMS)	2010/1/1	Informational
RFC 5754	Using SHA2 Algorithms with Cryptographic Message Syntax	2010/1/1	Proposed Standard
RFC 5755	An Internet Attribute Certificate Profile for Authorization	2010/1/1	Proposed Standard
RFC 5756	Updates for RSAES-OAEP and RSASSA-PSS Algorithm Parameters	2010/1/1	Proposed Standard
RFC 5758	Internet X.509 Public Key Infrastructure: Additional Algorithms and Identifiers for DSA and ECDSA	2010/1/1	Proposed Standard
RFC 5759	Suite B Certificate and Certificate Revocation List (CRL) Profile	2010/1/1	Informational
RFC 5544	Syntax for Binding Documents with Time-Stamps	2010/2/1	Informational
RFC 5683	Password-Authenticated Key (PAK) Diffie-Hellman Exchange	2010/2/1	Informational
RFC 5739	IPv6 Configuration in Internet Key Exchange Protocol Version 2 (IKEv2)	2010/2/1	Experimental
RFC 5746	Transport Layer Security (TLS) Renegotiation Indication Extension	2010/2/1	Proposed Standard
RFC 5639	Elliptic Curve Cryptography (ECC) Brainpool Standard Curves and Curve Generation	2010/3/1	Informational
RFC 5705	Keying Material Exporters for Transport Layer Security (TLS)	2010/3/1	Proposed Standard
RFC 5749	Distribution of EAP-Based Keys for Handover and Re-Authentication	2010/3/1	Proposed Standard
RFC 5792	PA-TNC: A Posture Attribute (PA) Protocol Compatible with Trusted Network Connect (TNC)	2010/3/1	Proposed Standard
RFC 5793	PB-TNC: A Posture Broker (PB) Protocol Compatible with Trusted Network Connect (TNC)	2010/3/1	Proposed Standard
RFC 5776	Use of Timed Efficient Stream Loss-Tolerant Authentication (TESLA) in the Asynchronous Layered Coding (ALC) and NACK Oriented Reliable Multicast (NORM) Protocols	2010/4/1	Experimental
RFC 5816	ESSCertIDv2 Update for RFC 3161	2010/4/1	Proposed Standard
RFC 5836	Extensible Authentication Protocol (EAP) Early Authentication Problem Statement	2010/4/1	Informational
RFC 5840	Wrapped Encapsulating Security Payload (ESP) for Traffic Visibility	2010/4/1	Proposed Standard
RFC 5848	Signed Syslog Messages	2010/5/1	Proposed Standard
RFC 5863	DomainKeys Identified Mail (DKIM) Development, Deployment, and Operations	2010/5/1	Informational
RFC 5868	Problem Statement on the Cross-Realm Operation of Kerberos	2010/5/1	Informational
RFC 5869	HMAC-based Extract-and-Expand Key Derivation Function (HKDF)	2010/5/1	Informational
RFC 5877	The application/pkix-attr-cert Media Type for Attribute Certificates	2010/5/1	Informational
RFC 5878	Transport Layer Security (TLS) Authorization Extensions	2010/5/1	Experimental
RFC 5879	Heuristics for Detecting ESP-NULL Packets	2010/5/1	Informational

续表

编号	名　称	发布日期	状态
RFC 5896	Generic Security Service Application Program Interface (GSS-API): Delegate if Approved by Policy	2010/6/1	Proposed Standard
RFC 5903	Elliptic Curve Groups modulo a Prime (ECP Groups) for IKE and IKEv2	2010/6/1	Informational
RFC 5911	New ASN. 1 Modules for Cryptographic Message Syntax (CMS) and S/MIME	2010/6/1	Informational
RFC 5912	New ASN. 1 Modules for the Public Key Infrastructure Using X. 509 (PKIX)	2010/6/1	Informational
RFC 5913	Clearance Attribute and Authority Clearance Constraints Certificate Extension	2010/6/1	Proposed Standard
RFC 5914	Trust Anchor Format	2010/6/1	Proposed Standard
RFC 5915	Elliptic Curve Private Key Structure	2010/6/1	Informational
RFC 5916	Device Owner Attribute	2010/6/1	Informational
RFC 5917	Clearance Sponsor Attribute	2010/6/1	Informational
RFC 5932	Camellia Cipher Suites for TLS	2010/6/1	Proposed Standard
RFC 5801	Using Generic Security Service Application Program Interface (GSS-API) Mechanisms in Simple Authentication and Security Layer (SASL): The GS2 Mechanism Family	2010/7/1	Proposed Standard
RFC 5802	Salted Challenge Response Authentication Mechanism (SCRAM) SASL and GSS-API Mechanisms	2010/7/1	Proposed Standard
RFC 5803	Lightweight Directory Access Protocol (LDAP) Schema for Storing Salted Challenge Response Authentication Mechanism (SCRAM) Secrets	2010/7/1	Informational
RFC 5901	Extensions to the IODEF-Document Class for Reporting Phishing	2010/7/1	Proposed Standard
RFC 5929	Channel Bindings for TLS	2010/7/1	Proposed Standard
RFC 5930	Using Advanced Encryption Standard Counter Mode (AES-CTR) with the Internet Key Exchange version 02 (IKEv2) Protocol	2010/7/1	Informational
RFC 5748	IANA Registry Update for Support of the SEED Cipher Algorithm in Multimedia Internet KEYing (MIKEY)	2010/8/1	Informational
RFC 5934	Trust Anchor Management Protocol (TAMP)	2010/8/1	Proposed Standard
RFC 5937	Using Trust Anchor Constraints during Certification Path Processing	2010/8/1	Informational
RFC 5940	Additional Cryptographic Message Syntax (CMS) Revocation Information Choices	2010/8/1	Proposed Standard
RFC 5941	Sharing Transaction Fraud Data	2010/8/1	Informational
RFC 5958	Asymmetric Key Packages	2010/8/1	Proposed Standard
RFC 5967	The application/pkcs10 Media Type	2010/8/1	Informational
RFC 5990	Use of the RSA-KEM Key Transport Algorithm in the Cryptographic Message Syntax (CMS)	2010/9/1	Proposed Standard
RFC 5996	Internet Key Exchange Protocol Version 2 (IKEv2)	2010/9/1	Proposed Standard
RFC 5998	An Extension for EAP-Only Authentication in IKEv2	2010/9/1	Proposed Standard
RFC 6010	Cryptographic Message Syntax (CMS) Content Constraints Extension	2010/9/1	Proposed Standard
RFC 6012	Datagram Transport Layer Security (DTLS) Transport Mapping for Syslog	2010/10/1	Proposed Standard
RFC 6024	Trust Anchor Management Requirements	2010/10/1	Informational
RFC 6025	ASN. 1 Translation	2010/10/1	Informational
RFC 6027	IPsec Cluster Problem Statement	2010/10/1	Informational

续表

编号	名　称	发布日期	状态
RFC 6030	Portable Symmetric Key Container (PSKC)	2010/10/1	Proposed Standard
RFC 6042	Transport Layer Security (TLS) Authorization Using KeyNote	2010/10/1	Informational
RFC 6045	Real-time Inter-network Defense (RID)	2010/11/1	Informational
RFC 6046	Transport of Real-time Inter-network Defense (RID) Messages	2010/11/1	Informational
RFC 6031	Cryptographic Message Syntax (CMS) Symmetric Key Package Content Type	2010/12/1	Proposed Standard
RFC 6032	Cryptographic Message Syntax (CMS) Encrypted Key Package Content Type	2010/12/1	Proposed Standard
RFC 6033	Algorithms for Cryptographic Message Syntax (CMS) Encrypted Key Package Content Type	2010/12/1	Proposed Standard
RFC 6043	MIKEY-TICKET: Ticket-Based Modes of Key Distribution in Multimedia Internet KEYing (MIKEY)	2011/3/1	Informational

说明：本表收录信息截至 2012 年 2 月

附录C　NIST 信息安全相关标准一览表

编　号	名　称	发布日期
FIPS 201-2	DRAFT Personal Identity Verification (PIV) of Federal Employees and Contractors	2011 年 3 月
FIPS 201-1	Personal Identity Verification (PIV) of Federal Employees and Contractors	2006 年 3 月
FIPS 200	Minimum Security Requirements for Federal Information and Information Systems	2006 年 3 月
FIPS 199	Standards for Security Categorization of Federal Information and Information Systems	2004 年 2 月
FIPS 198-1	The Keyed-Hash Message Authentication Code (HMAC)	2008 年 7 月
FIPS 197	Advanced Encryption Standard	2001 年 11 月
FIPS 196	Entity Authentication Using Public Key Cryptography	1997 年 2 月
FIPS 191	Guideline for The Analysis of Local Area Network Security	1994 年 11 月
FIPS 190	Guideline for the Use of Advanced Authentication Technology Alternatives	1994 年 9 月
FIPS 188	Standard Security Label for Information Transfer	1994 年 9 月
FIPS 186-3	Digital Signature Standard (DSS)	2009 年 6 月
FIPS 185	Escrowed Encryption Standard	1994 年 2 月
FIPS 181	Automated Password Generator	1993 年 10 月
FIPS 180-4	DRAFT Secure Hash Standard (SHS)	2011 年 2 月
FIPS 180-3	Secure Hash Standard (SHS)	2008 年 10 月
FIPS 140-3	DRAFT Security Requirements for Cryptographic Modules (Revised Draft)	2009 年 12 月
FIPS 140-2	Security Requirements for Cryptographic Modules	2001 年 5 月
FIPS 140-1	FIPS 140-1:Security Requirements for Cryptographic Modules	1994 年 1 月
FIPS 113	Computer Data Authentication (no electronic version available)	1985 年 5 月
SP 800-155	DRAFT BIOS Integrity Measurement Guidelines	2011 年 12 月
SP 800-153	Guidelines for Securing Wireless Local Area Networks (WLANs)	2012 年 2 月
SP 800-147	Basic Input/Output System (BIOS) Protection Guidelines	2011 年 4 月
SP 800-146	DRAFT Cloud Computing Synopsis and Recommendations	2011 年 5 月
SP 800-145	A NIST Definition of Cloud Computing	2011 年 9 月
SP 800-144	Guidelines on Security and Privacy in Public Cloud Computing	2011 年 12 月
SP 800-142	Practical Combinatorial Testing	2010 年 10 月
SP 800-137	Information Security Continuous Monitoring for Federal Information Systems and Organizations	2011 年 9 月
SP 800-135 Rev. 1	Recommendation for Existing Application-Specific Key Derivation Functions	2011 年 12 月
SP 800-133	DRAFT Recommendation for Cryptographic Key Generation	2011 年 8 月
SP 800-132	Recommendation for Password-Based Key Derivation Part 1:Storage Applications	2010 年 12 月
SP 800-131 C	DRAFT Transitions:Validating the Transition from FIPS 186-2 to FIPS 186-3	2011 年 2 月
SP 800-131 B	DRAFT Transitions:Validation of Transitioning Cryptographic Algorithm and Key Lengths	2011 年 2 月

续表

编　号	名　称	发布日期
SP 800-131 A	Transitions:Recommendation for Transitioning the Use of Cryptographic Algorithms and Key Lengths	2011 年 1 月
SP 800-130	DRAFT A Framework for Designing Cryptographic Key Management Systems	2010 年 6 月
SP 800-128	Guide for Security-Focused Configuration Management of Information Systems	2011 年 8 月
SP 800-127	Guide to Securing WiMAX Wireless Communications	2010 年 9 月
SP 800-126 Rev. 2	The Technical Specification for the Security Content Automation Protocol (SCAP):SCAP Version 1. 2	2011 年 9 月
SP 800-126 Rev. 1	The Technical Specification for the Security Content Automation Protocol (SCAP):SCAP Version 1. 1	2011 年 2 月
SP 800-126	The Technical Specification for the Security Content Automation Protocol (SCAP):SCAP Version 1. 0	2009 年 11 月
SP 800-125	Guide to Security for Full Virtualization Technologies	2011 年 1 月
SP 800-124	Guidelines on Cell Phone and PDA Security	2008 年 10 月
SP 800-123	Guide to General Server Security	2008 年 7 月
SP 800-122	Guide to Protecting the Confidentiality of Personally Identifiable Information (PII)	2010 年 4 月
SP 800-121 Rev. 1	DRAFT Guide to Bluetooth Security	2011 年 9 月
SP 800-121	Guide to Bluetooth Security	2008 年 9 月
SP 800-120	Recommendation for EAP Methods Used in Wireless Network Access Authentication	2009 年 9 月
SP 800-119	Guidelines for the Secure Deployment of IPv6	2010 年 12 月
SP 800-118	DRAFT Guide to Enterprise Password Management	2009 年 4 月
SP 800-117 Rev. 1	DRAFT Guide to Adopting and Using the Security Content Automation Protocol (SCAP) Version 1. 2	2012 年 1 月
SP 800-117	Guide to Adopting and Using the Security Content Automation Protocol (SCAP) Version 1. 0	2010 年 7 月
SP 800-116	A Recommendation for the Use of PIV Credentials in Physical Access Control Systems (PACS)	2008 年 11 月
SP 800-115	Technical Guide to Information Security Testing and Assessment	2008 年 9 月
SP 800-114	User's Guide to Securing External Devices for Telework and Remote Access	2007 年 11 月
SP 800-113	Guide to SSL VPNs	2008 年 7 月
SP 800-111	Guide to Storage Encryption Technologies for End User Devices	2007 年 11 月
SP 800-108	Recommendation for Key Derivation Using Pseudorandom Functions	2009 年 10 月
SP 800-107 Revised	DRAFT Recommendation for Applications Using Approved Hash Algorithms	2011 年 9 月
SP 800-107	Recommendation for Applications Using Approved Hash Algorithms	2009 年 2 月
SP 800-106	Randomized Hashing for Digital Signatures	2009 年 2 月
SP 800-104	A Scheme for PIV Visual Card Topography	2007 年 6 月
SP 800-103	DRAFT An Ontology of Identity Credentials,Part I:Background and Formulation	2006 年 10 月
SP 800-102	Recommendation for Digital Signature Timeliness	2009 年 9 月
SP 800-101	Guidelines on Cell Phone Forensics	2007 年 5 月
SP 800-100	Information Security Handbook:A Guide for Managers	2006 年 10 月

续表

编　号	名　称	发布日期
SP 800-98	Guidelines for Securing Radio Frequency Identification (RFID) Systems	2007 年 4 月
SP 800-97	Establishing Wireless Robust Security Networks: A Guide to IEEE 802. 11i	2007 年 2 月
SP 800-96	PIV Card to Reader Interoperability Guidelines	2006 年 9 月
SP 800-95	Guide to Secure Web Services	2007 年 8 月
SP 800-94	Guide to Intrusion Detection and Prevention Systems (IDPS)	2007 年 2 月
SP 800-92	Guide to Computer Security Log Management	2006 年 9 月
SP 800-90 A	Recommendation for Random Number Generation Using Deterministic Random Bit Generators	2012 年 1 月
SP 800-89	Recommendation for Obtaining Assurances for Digital Signature Applications	2006 年 11 月
SP 800-88	Guidelines for Media Sanitization	2006 年 9 月
SP 800-87 Rev. 1	Codes for Identification of Federal and Federally-Assisted Organizations	2008 年 4 月
SP 800-86	Guide to Integrating Forensic Techniques into Incident Response	2006 年 8 月
SP 800-85 B-1	DRAFT PIV Data Model Conformance Test Guidelines	2009 年 9 月
SP 800-85 B	PIV Data Model Test Guidelines	2006 年 7 月
SP 800-85 A-2	PIV Card Application and Middleware Interface Test Guidelines (SP800-73-3 Compliance)	2010 年 7 月
SP 800-84	Guide to Test, Training, and Exercise Programs for IT Plans and Capabilities	2006 年 9 月
SP 800-83	Guide to Malware Incident Prevention and Handling	2005 年 11 月
SP 800-82	Guide to Industrial Control Systems (ICS) Security	2011 年 6 月
SP 800-81 Rev. 1	Secure Domain Name System (DNS) Deployment Guide	2010 年 4 月
SP 800-79-1	Guidelines for the Accreditation of Personal Identity Verification (PIV) Card Issuers (PCI's)	2008 年 6 月
SP 800-78-3	Cryptographic Algorithms and Key Sizes for Personal Identification Verification (PIV)	2010 年 12 月
SP 800-77	Guide to IPsec VPNs	2005 年 12 月
SP 800-76-2	DRAFT Biometric Data Specification for Personal Identity Verification	2011 年 4 月
SP 800-76-1	Biometric Data Specification for Personal Identity Verification	2007 年 1 月
SP 800-73-3	Interfaces for Personal Identity Verification (4 Parts) Pt. 1-End Point PIV Card Application Namespace, Data Model & Representation Pt. 2-PIV Card Application Card Command Interface Pt. 3-PIV Client Application Programming Interface Pt. 4-The PIV Transitional Interfaces & Data Model Specification	2010 年 2 月
SP 800-72	Guidelines on PDA Forensics	2004 年 11 月
SP 800-70 Rev. 2	National Checklist Program for IT Products: Guidelines for Checklist Users and Developers	2011 年 2 月
SP 800-69	Guidance for Securing Microsoft Windows XP Home Edition: A NIST Security Configuration Checklist	2006 年 9 月
SP 800-68 Rev. 1	Guide to Securing Microsoft Windows XP Systems for IT Professionals	2008 年 10 月
SP 800-67 Rev. 1	Recommendation for the Triple Data Encryption Algorithm (TDEA) Block Cipher	2012 年 1 月
SP 800-66 Rev. 1	An Introductory Resource Guide for Implementing the Health Insurance Portability and Accountability Act (HIPAA) Security Rule	2008 年 10 月
SP 800-65 Rev. 1	DRAFT Recommendations for Integrating Information Security into the Capital Planning and Investment Control Process (CPIC)	2009 年 7 月

续表

编　号	名　称	发布日期
SP 800-65	Integrating IT Security into the Capital Planning and Investment Control Process	2005 年 1 月
SP 800-64 Rev. 2	Security Considerations in the System Development Life Cycle	2008 年 10 月
SP 800-63 Rev. 1	Electronic Authentication Guideline	2011 年 12 月
SP 800-63 Version 1. 0. 2	Electronic Authentication Guideline	2006 年 4 月
SP 800-61 Rev. 2	DRAFT Computer Security Incident Handling Guide	2012 年 1 月
SP 800-61 Rev. 1	Computer Security Incident Handling Guide	2008 年 3 月
SP 800-60 Rev. 1	Guide for Mapping Types of Information and Information Systems to Security Categories:(2 Volumes)-Volume 1:Guide Volume 2:Appendices	2008 年 8 月
SP 800-59	Guideline for Identifying an Information System as a National Security System	2003 年 8 月
SP 800-58	Security Considerations for Voice Over IP Systems	2005 年 1 月
SP 800-57 Part 1	DRAFT Recommendation for Key Management:Part 1:General	2011 年 5 月
SP 800-57	Recommendation for Key Management	2007 年 3 月
SP 800-56 C	Recommendation for Key Derivation through Extraction-then-Expansion	2011 年 11 月
SP 800-56 B	Recommendation for Pair-Wise Key Establishment Schemes Using Integer Factorization Cryptography	2009 年 8 月
SP 800-56 A	Recommendation for Pair-Wise Key Establishment Schemes Using Discrete Logarithm Cryptography	2007 年 3 月
SP 800-55 Rev. 1	Performance Measurement Guide for Information Security	2008 年 7 月
SP 800-54	Border Gateway Protocol Security	2007 年 7 月
SP 800-53 Rev. 4	DRAFT Security and Privacy Controls for Federal Information Systems and Organizations (Initial Public Draft)	2012 年 2 月
SP 800-53 Rev. 3	Recommended Security Controls for Federal Information Systems and Organizations	2009 年 8 月
SP 800-53 A Rev. 1	Guide for Assessing the Security Controls in Federal Information Systems and Organizations,Building Effective Security Assessment Plans	2010 年 6 月
SP 800-52	Guidelines for the Selection and Use of Transport Layer Security (TLS) Implementations	2005 年 6 月
SP 800-51 Rev. 1	Guide to Using Vulnerability Naming Schemes	2011 年 2 月
SP 800-50	Building an Information Technology Security Awareness and Training Program	2003 年 10 月
SP 800-49	Federal S/MIME V3 Client Profile	2002 年 11 月
SP 800-48 Rev. 1	Guide to Securing Legacy IEEE 802. 11 Wireless Networks	2008 年 7 月
SP 800-47	Security Guide for Interconnecting Information Technology Systems	2002 年 8 月
SP 800-46 Rev. 1	Guide to Enterprise Telework and Remote Access Security	2009 年 6 月
SP 800-45 Version 2	Guidelines on Electronic Mail Security	2007 年 2 月
SP 800-44 Version 2	Guidelines on Securing Public Web Servers	2007 年 9 月
SP 800-43	Systems Administration Guidance for Windows 2000 Professional System	2002 年 11 月
SP 800-41 Rev. 1	Guidelines on Firewalls and Firewall Policy	2009 年 9 月
SP 800-40 Version 2. 0	Creating a Patch and Vulnerability Management Program	2005 年 11 月

续表

编　号	名　称	发布日期
SP 800-39	Managing Information Security Risk:Organization,Mission,and Information System View	2011 年 3 月
SP 800-38 F	DRAFT Recommendation for Block Cipher Modes of Operation:Methods for Key Wrapping	2011 年 8 月
SP 800-38 A	Recommendation for Block Cipher Modes of Operation-Methods and Techniques	2001 年 12 月
SP 800-38 A-Addendum	Recommendation for Block Cipher Modes of Operation:Three Variants of Ciphertext Stealing for CBC Mode	2010 年 10 月
SP 800-38 B	Recommendation for Block Cipher Modes of Operation:The CMAC Mode for Authentication	2005 年 5 月
SP 800-38 C	Recommendation for Block Cipher Modes of Operation:the CCM Mode for Authentication and Confidentiality	2004 年 5 月
SP 800-38 D	Recommendation for Block Cipher Modes of Operation: Galois/Counter Mode (GCM) and GMAC	2007 年 11 月
SP 800-38 E	Recommendation for Block Cipher Modes of Operation:The XTS-AES Mode for Confidentiality on Storage Devices	2010 年 1 月
SP 800-37 Rev. 1	Guide for Applying the Risk Management Framework to Federal Information Systems: A Security Life Cycle Approach	2010 年 12 月
SP 800-36	Guide to Selecting Information Technology Security Products	2003 年 10 月
SP 800-35	Guide to Information Technology Security Services	2003 年 10 月
SP 800-34 Rev. 1	Contingency Planning Guide for Federal Information Systems (Errata Page-Nov. 11,2010)	2010 年 5 月
SP 800-33	Underlying Technical Models for Information Technology Security	2001 年 12 月
SP 800-32	Introduction to Public Key Technology and the Federal PKI Infrastructure	2001 年 2 月
SP 800-30 Rev. 1	DRAFT Guide for Conducting Risk Assessments	2011 年 9 月
SP 800-30	Risk Management Guide for Information Technology Systems	2002 年 7 月
SP 800-29	A Comparison of the Security Requirements for Cryptographic Modules in FIPS 140-1 and FIPS 140-2	2001 年 6 月
SP 800-28 Version 2	Guidelines on Active Content and Mobile Code	2008 年 3 月
SP 800-27 Rev. A	Engineering Principles for Information Technology Security (A Baseline for Achieving Security)	2004 年 6 月
SP 800-25	Federal Agency Use of Public Key Technology for Digital Signatures and Authentication	2000 年 10 月
SP 800-24	PBX Vulnerability Analysis:Finding Holes in Your PBX Before Someone Else Does	2000 年 8 月
SP 800-23	Guidelines to Federal Organizations on Security Assurance and Acquisition/Use of Tested/Evaluated Products	2000 年 8 月
SP 800-22 Rev. 1a	A Statistical Test Suite for Random and Pseudorandom Number Generators for Cryptographic Applications	2010 年 4 月
SP 800-21 2nd edition	Guideline for Implementing Cryptography in the Federal Government	2005 年 12 月
SP 800-20	Modes of Operation Validation System for the Triple Data Encryption Algorithm (TMOVS):Requirements and Procedures	1999 年 10 月
SP 800-19	Mobile Agent Security	1999 年 10 月
SP 800-18 Rev. 1	Guide for Developing Security Plans for Federal Information Systems	2006 年 2 月
SP 800-17	Modes of Operation Validation System (MOVS):Requirements and Procedures	1998 年 2 月
SP 800-16 Rev. 1	DRAFT Information Security Training Requirements:A Role-and Performance-Based Model	2009 年 3 月

续表

编　号	名　称	发布日期
SP 800-16	Information Technology Security Training Requirements: A Role-and Performance-Based Model	1998 年 4 月
SP 800-15 Version 1	MISPC Minimum Interoperability Specification for PKI Components	1997 年 9 月
SP 800-14	Generally Accepted Principles and Practices for Securing Information Technology Systems	1996 年 9 月
SP 800-13	Telecommunications Security Guidelines for Telecommunications Management Network	1995 年 10 月
SP 800-12	An Introduction to Computer Security: The NIST Handbook	1995 年 10 月

说明：本表收录信息截至 2012 年 2 月

附录D 信息安全相关中国国家标准一览表

标准号	中文名称	发布日期	状态	状态说明
GB 15851-1995	信息技术 安全技术 带消息恢复的数字签名方案	1995/12/13	有效	
GB/T 17900-1999	网络代理服务器的安全技术要求	1999/11/11	有效	
GB/T 17901.1-1999	信息技术 安全技术 密钥管理 第1部分:框架	1999/11/11	有效	
GB/T 17902.1-1999	信息技术 安全技术 带附录的数字签名 第1部分:概述	1999/11/11	有效	
GB 17859-1999	计算机信息系统安全保护等级划分准则	1999/9/13	有效	
GB/T 18238.1-2000	信息技术 安全技术 散列函数 第1部分:概述	2000/10/17	有效	
GB/T 18238.2-2002	信息技术 安全技术 散列函数 第2部分:采用n位分组密码的散列函数	2002/7/18	有效	
GB/T 18238.3-2002	信息技术 安全技术 散列函数 第3部分:专用散列函数	2002/7/18	有效	
GB/T 19713-2005	信息技术 安全技术 公钥基础设施 在线证书状态协议	2005/4/19	有效	
GB/T 19714-2005	信息技术 安全技术 公钥基础设施 证书管理协议	2005-04-19	有效	
GB/T 19771-2005	信息技术 安全技术 公钥基础设施 PKI组件最小互操作规范	2005/5/25	有效	
GB/T 17902.2-2005	信息技术 安全技术 带附录的数字签名 第2部分:基于身份的机制	2005/4/19	有效	
GB/T 17902.3-2005	信息技术 安全技术 带附录的数字签名 第3部分:基于证书的机制	2005/4/19	有效	
GB/T 15843.5-2005	信息技术 安全技术 实体鉴别 第5部分:使用零知识技术的机制	2005/4/19	有效	
GB/T 16264.8-2005	信息技术 开放系统互连 目录 第8部分:公钥和属性证书框架	2005/5/25	有效	
GB/Z 19717-2005	基于多用途互联网邮件扩展(MIME)的安全报文交换	2005/4/19	有效	
GB/T 20008-2005	信息安全技术 操作系统安全评估准则	2005/11/11	有效	
GB/T 20009-2005	信息安全技术 数据库管理系统安全评估准则	2005/11/11	有效	
GB/T 20010-2005	信息安全技术 包过滤防火墙评估准则	2005/11/11	有效	
GB/T 20011-2005	信息安全技术 路由器安全评估准则	2005/11/11	有效	
GB/T 19715.1-2005	信息技术 信息技术安全管理指南 第1部分:信息技术安全概念和模型	2005/4/19	有效	
GB/T 19715.2-2005	信息技术 信息技术安全管理指南 第2部分:管理和规划信息技术安全	2005-04-19	有效	
GB/T 20269-2006	信息安全技术 信息系统安全管理要求	2006/5/31	有效	
GB/T 20270-2006	信息安全技术 网络基础安全技术要求	2006/5/31	有效	
GB/T 20271-2006	信息安全技术 信息系统通用安全技术要求	2006/5/31	有效	
GB/T 20272-2006	信息安全技术 操作系统安全技术要求	2006/5/31	有效	
GB/T 20273-2006	信息安全技术 数据库管理系统安全技术要求	2006-05-31	有效	

续表

标准号	中文名称	发布日期	状态	状态说明
GB/T 20274.1-2006	信息安全技术　信息系统安全保障评估框架　第1部分:简介和一般模型	2006/5/31	有效	
GB/T 20275-2006	信息安全技术　入侵检测系统技术要求和测试评价方法	2006/5/31	有效	
GB/T 20276-2006	信息安全技术　智能卡嵌入式软件安全技术要求(EAL4 增强级)	2006/5/31	有效	
GB/T 20277-2006	信息安全技术　网络和终端设备隔离部件测试评价方法	2006/5/31	有效	
GB/T 20278-2006	信息安全技术　网络脆弱性扫描产品技术要求	2006/5/31	有效	
GB/T 20279-2006	信息安全技术　网络和终端设备隔离部件安全技术要求	2006/5/31	有效	
GB/T 20280-2006	信息安全技术　网络脆弱性扫描产品测试评价方法	2006/5/31	有效	
GB/T 20281-2006	信息安全技术　防火墙技术要求和测试评价方法	2006/5/31	有效	
GB/T 20282-2006	信息安全技术　信息系统安全工程管理要求	2006/5/31	有效	
GB/Z 20283-2006	信息安全技术　保护轮廓和安全目标的产生指南	2006/5/31	有效	
GB/T 20518-2006	信息安全技术　公钥基础设施　数字证书格式	2006/8/30	有效	
GB/T 20519-2006	信息安全技术　公钥基础设施　特定权限管理中心技术规范	2006/8/30	有效	
GB/T 20520-2006	信息安全技术　公钥基础设施　时间戳规范	2006/8/30	有效	
GB/T 18018-2007	信息安全技术　路由器安全技术要求	2007/6/13	有效	
GB/T 20945-2007	信息安全技术　信息系统安全审计产品技术要求和评价方法	2007/6/13	有效	
GB/T 20979-2007	信息安全技术　虹膜识别系统技术要求	2007/6/18	有效	
GB/T 20983-2007	信息安全技术　网上银行系统信息安全保障评估准则	2007/6/14	有效	
GB/T 20984-2007	信息安全技术　信息安全风险评估规范	2007/6/14	有效	
GB/Z 20985-2007	信息技术　安全技术　信息安全事件管理指南	2007/6/14	有效	
GB/Z 20986-2007	信息安全技术　信息安全事件分类分级指南	2007/6/14	有效	
GB/T 20987-2007	信息安全技术　网上证券交易系统信息安全保障评估准则	2007/6/14	有效	
GB/T 20988-2007	信息安全技术　信息系统灾难恢复规范	2007/6/14	有效	
GB/T 21028-2007	信息安全技术　服务器安全技术要求	2007/6/29	有效	
GB/T 21050-2007	信息安全技术　网络交换机安全技术要求(评估保证级 3)	2007/8/24	有效	
GB/T 21052-2007	信息安全技术　信息安全等级保护　信息系统物理安全技术要求	2007/8/23	有效	
GB/T 21053-2007	信息安全技术　PKI 系统安全等级保护技术要求	2007/8/23	有效	
GB/T 21054-2007	信息安全技术　PKI 系统安全等级保护评估准则	2007/8/23	有效	
GB/T 22239-2008	信息安全技术　信息系统安全等级保护基本要求	2008/6/19	有效	
GB/T 22240-2008	信息安全技术　信息系统安全保护等级定级指南	2008/6/19	有效	
GB/T 22080-2008	信息技术　安全技术　信息安全管理体系　要求	2008/6/19	有效	
GB/T 15852.1-2008	信息技术　安全技术　消息鉴别码　第1部分:采用分组密码的机制	2008/7/2	有效	
GB/T 15843.1-2008	信息技术　安全技术　实体鉴别　第1部分:概述	2008/6/19	有效	
GB/T 15843.2-2008	信息技术　安全技术　实体鉴别　第2部分:采用对称加密算法的机制	2008/6/19	有效	

续表

标准号	中文名称	发布日期	状态	状态说明
GB/T 15843.3-2008	信息技术　安全技术　实体鉴别　第2部分:采用对称加密算法的机制	2008-06-19	有效	
GB/T 15843.4-2008	信息技术　安全技术　实体鉴别　第4部分:采用密码校验函数的机制	2008-06-19	有效	
GB/T 17903.1-2008	信息技术　安全技术　抗抵赖　第1部分:概述	2008/6/26	有效	
GB/T 17903.2-2008	信息技术　安全技术　抗抵赖　第2部分:使用对称技术的机制	2008-06-26	有效	
GB/T 17903.3-2008	信息技术　安全技术　抗抵赖　第3部分:采用非对称技术的机制	2008-07-02	有效	
GB/T 17964-2008	信息安全技术　分组密码算法的工作模式	2008/6/26	有效	
GB/T 18336.1-2008	信息技术　安全技术　信息技术安全性评估准则　第1部分:简介和一般模型	2008-06-26	有效	
GB/T 18336.2-2008	信息技术　安全技术　信息技术安全性评估准则　第2部分:安全功能要求	2008/6/26	有效	
GB/T 18336.3-2008	信息技术　安全技术　信息技术安全性评估准则　第3部分:安全保证要求	2008-06-26	有效	
GB/T 22081-2008	信息技术　信息安全管理实用规则	2008/6/19	有效	
GB 15852-1995	信息技术　安全技术　用分组密码算法做密码校验函数的数据完整性机制	1995-12-13	失效	已被GB/T 15852.1-2008替换
GB/T 15843.2-1997	信息技术　安全技术　实体鉴别　第2部分:采用对称加密算法的机制	1997	失效	已被GB/T 15843.2-2008替换
GB/T 15843.3-1998	信息技术　安全技术　实体鉴别　第3部分:用非对称签名技术的机制	1998/12/8	失效	已被GB/T 15843.3-2008替换
GB/T 15843.1-1999	信息技术　安全技术　实体鉴别　第1部分:概述	1999/11/11	失效	已被GB/T 15843.1-2008替换
GB/T 15843.4-1999	信息技术　安全技术　实体鉴别　第4部分:采用密码校验函数的机制	1999/11/11	失效	已被GB/T 15843.4-2008替换
GB/T 17903.1-1999	信息技术　安全技术　抗抵赖　第1部分:概述	1999/11/11	失效	已被GB/T 17903.1-2008替换
GB/T 17903.2-1999	信息技术　安全技术　抗抵赖　第2部分:使用对称技术的机制	1999/11/11	失效	已被GB/T 17903.2-2008替换
GB/T 17903.3-1999	信息技术　安全技术　抗抵赖　第3部分:采用非对称技术的机制	1999/11/11	失效	已被GB/T 17903.3-2008替换
GB/T 17964-2000	信息技术　安全技术 n 位分组密码的操作方式	2000/1/3	失效	已被GB/T 17964-2008替换
GB/T 18336.1-2001	信息技术　安全技术　信息技术安全性评估准则　第1部分:简介和一般模型	2001/3/8	失效	已被GB/T 18336.1-2008替换
GB/T 18336.2-2001	信息技术　安全技术　信息技术安全性评估准则　第2部分:安全功能要求	2001/3/8	失效	已被GB/T 18336.1-2008替换
GB/T 18336.3-2001	信息技术　安全技术　信息技术安全性评估准则　第3部分:安全保证要求	2001/3/8	失效	已被GB/T 18336.1-2008替换

续表

标准号	中文名称	发布日期	状态	状态说明
GB/T 19716-2005	信息技术　信息安全管理实用规则	2005/4/19	失效	已被 GB/T 22081-2008 替换
GB/T 24363-2009	信息安全技术　信息安全应急响应计划规范	2009/7/30		
GB/Z 24364-2009	信息安全技术　信息安全风险管理指南	2009/7/30		
GB/Z 24294-2009	信息安全技术　基于互联网电子政务信息安全实施指南	2009/7/30		
GB/T 25055-2010	信息安全技术　公钥基础设施安全支撑平台技术框架	2011/2/1		
GB/T 25056-2010	信息安全技术　证书认证系统密码及其相关安全技术规范	2011/2/1		
GB/T 25057-2010	信息安全技术　公钥基础设施　电子签名卡应用接口基本要求	2011/2/1		
GB/T 25058-2010	信息安全技术　信息系统安全等级保护实施指南	2011/2/1		
GB/T 25059-2010	信息安全技术　公钥基础设施　简易在线证书状态协议	2011/2/1		
GB/T 25060-2010	信息安全技术　公钥基础设施　X.509 数字证书应用接口规范	2011/2/1		
GB/T 25061-2010	信息安全技术　公钥基础设施　XML 数字签名语法与处理规范	2011/2/1		
GB/T 25062-2010	信息安全技术　鉴别与授权　基于角色的访问控制模型与管理规范	2011/2/1		
GB/T 25063-2010	信息安全技术　服务器安全测评要求	2011/2/1		
GB/T 25064-2010	信息安全技术　公钥基础设施　电子签名格式规范	2011/2/1		
GB/T 25065-2010	信息安全技术　公钥基础设施　签名生成应用程序的安全要求	2011/2/1		
GB/T 25066-2010	信息安全技术　信息安全产品类别与代码	2011/2/1		
GB/T 25067-2010	信息技术　安全技术　信息安全管理体系审核认证机构的要求	2011/2/1		
GB/T 25069-2010	信息安全技术　术语	2011/2/1		
GB/T 25070-2010	信息安全技术　信息系统等级保护安全设计技术要求	2011/2/1		
GB/T 25068.3-2010	信息技术　安全技术　IT 网络安全　第 3 部分：使用安全网关的网间通信安全保护	2011/2/1		
GB/T 25068.4-2010	信息技术　安全技术　IT 网络安全　第 4 部分：远程接入的安全保护	2011/2/1		
GB/T 25068.5-2010	信息技术　安全技术　IT 网络安全　第 5 部分：使用虚拟专用网的跨网通信安全保护	2011/2/1		

说明：本表收录信息截至 2012 年 2 月